高等学校信息与通信工程“十一五”规划教材

# 单片机原理与实践教程

主　编 / 李北明　于　铭
副主编 / 田　野　孙丹丹
主　审 / 郭黎利

哈尔滨工程大学出版社
Harbin Engineering University Press

## 内容简介

本书以MCS－51单片机为背景，以初学者的角度出发，由浅入深地介绍单片机的硬件系统、指令系统、汇编语言程序设计、单片机的C语言编程、系统扩展与接口技术、单片机抗干扰技术和典型实验。本书语言通俗、实例丰富、代码分析详尽，有较强的实用性和参考价值。

本书既可作为高等院校的单片机原理课程的教材，也可供工程技术人员学习参考或作为培训教材使用。


**图书在版编目（CIP）数据**

单片机原理与实践教程/李北明，于铭主编.
哈尔滨：哈尔滨工程大学出版社，2009.6
ISBN 978－7－81133－479－1

Ⅰ.单… Ⅱ.①李…②于… Ⅲ.单片微型计算机－教材 Ⅳ.TP368.1

中国版本图书馆CIP数据核字（2009）第094060号

---

**出版发行** 哈尔滨工程大学出版社
**社　　址** 哈尔滨市南岗区东大直街124号
**邮政编码** 150001
**发行电话** 0451－82519328
**传　　真** 0451－82519699
**经　　销** 新华书店
**印　　刷** 黑龙江省地质测绘印制中心印刷厂
**开　　本** 787mm×1 092mm 1/16
**印　　张** 18.25
**字　　数** 440千字
**版　　次** 2009年6月第1版
**印　　次** 2009年6月第1次印刷
**定　　价** 32.50元
http://press.hrbeu.edu.cn
E-mail:heupress@hrbeu.edu.cn

# 前言

单片机是20世纪70年代中期发展起来的一种功能强、体积小、可靠性高、价格低廉的大规模集成电路器件。作为典型的嵌入式系统,单片机已被广泛应用于家用电器、机器人、仪器仪表、工业控制单元、办公自动化设备,以及各种通信产品中,成为现代电子系统中最重要的智能化工具。几乎很难找到哪个领域没有单片机的应用实例,如导弹的导航装置、飞机上各种仪表的控制、计算机的网络通信与数据传输、工业自动化过程的实时控制和数据处理、各种智能IC卡、录像机、摄像机、全自动洗衣机的控制、自动控制领域的机器人、智能仪表、医疗器械等。因此,熟悉单片机、掌握单片机、应用单片机已成为当今科技人员的必备技能。目前,单片机技术已成为高等学校的电子、计算机、机械等本专科学生学习的重要课程之一。培养学生的实际工作能力,缩小学生所学理论与实际工作需求之间的距离,缩短学生毕业后对实际工作岗位的适应期是当今高等教育教学,特别是工科类专业教学中非常重要的问题。本书的编写紧跟当前单片机发展应用的新动态,选用主流单片机MCS-51,在讲授基本工作原理的同时,结合编者多年的教学和开发工作经验,给出了许多实例。

为便于读者掌握单片机知识,本书注重实用性,并针对高等学校教学的特点突出动手能力的培养,力争做到系统、全面、深入浅出,并突出了以下特色:

(1)避免仅仅从原理上对MCS-51单片机进行分析和介绍,而是有机地将单片机原理与应用结合起来,通过各种硬件接口设计讲述相关的知识点,使读者有针对性地学习。

(2)增加"单片机C51语言程序设计"这一章。目前大多数单片机教材在介绍单片机编程语言时都以汇编语言为主,但随着单片机应用的深入,在开发较复杂的系统时需要用到C语言,目前的单片机教材多数都没有兼顾到C语言的应用,而专门讲述单片机C语言的教材多数又是属于面向开发的高级教程,对单片机的原理讲述较少。高等院校多数都开设了C语言课程,在这种情况下再专门开设单片机的C语言课程显得没有必要了,因而本书重点介绍用于单片机的C51语言与通用C语言的不同之处和应用于单片机编程时的主要特点。

(3)本书是编者多年单片机教学、科研的结晶,内容通俗易懂,编排合理,由浅入深。为了能给读者较多的应用实例和方法,同时又不至于使篇幅过长,在举例时对于关键和核心的内容尽量讲透,其他内容则点到为止。

本书由哈尔滨工程大学李北明和于铭主编,田野和孙丹丹副主编,其中第2章,第3章,第5章由李北明编写,第4章,第9章至第11章由于铭编写,第1章,第6章至第8章由田野编写,第12章和第13章由孙丹丹编写,全书由李北明统稿,并由哈尔滨工程大学郭黎利教授主审。在本书的编写过程中,田园、赵旦峰、刁鸣、李刚等都提出了很好的修改意见,葛娟,韩静等绘制了本书大部分图,并进行了校对,在此一并表示衷心感谢。

由于作者水平有限,时间仓促,书中难免存在不妥之处,恳请读者批评指正。

编　者

2009年3月

# 目录

# 第 1 章 绪 论

单片微型计算机是 20 世纪 70 年代初期发展起来的，它的产生、发展和壮大以及对国民经济的巨大贡献引起了人们的高度重视。自问世以来，单片机的性能不断提高和完善，其资源不仅能满足很多应用场合的需要，而且具有集成度高、功能强、速度快、体积小、功耗低、使用方便、性能可靠、价格低廉等特点。因此，它在工业控制、智能仪器仪表、数据采集和处理、通信系统、网络系统、汽车工业、国防工业、高级计算器、家用电器等领域的应用日益广泛，并且正在逐步取代现有的多片微机应用系统，单片机的潜力越来越被人们所重视。

## 1.1 单片微型计算机

进入 21 世纪以来，以计算机为代表的 IT 产业发展迅速，各类计算机的应用在工业、农业、国防、科研及日常生活等各个领域发挥着越来越重要的作用，成为当今世界各国工业发展水平的重要标志之一。

自从世界上第一台电子计算机问世以来，计算机的发展日新月异。短短的几十年间，已由电子管数字计算机发展到今天的超大规模集成电路计算机，运算速度由每秒5 000次提高到今天的每秒上百亿次。近年来，计算机一方面向着高速、智能化的超级巨型机方向发展，另一方面向着微型机的方向发展。

首先，让我们通过图 1.1 来看一下计算机的分类。

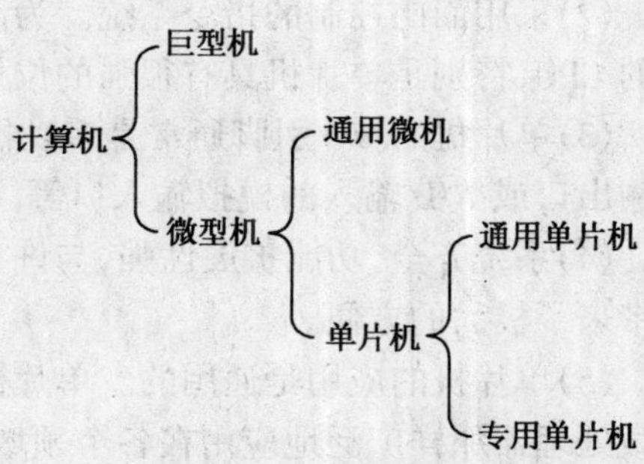


图 1.1 计算机的分类

那么什么是单片机呢？我们先通过图 1.2 了解一下微型计算机的组成。

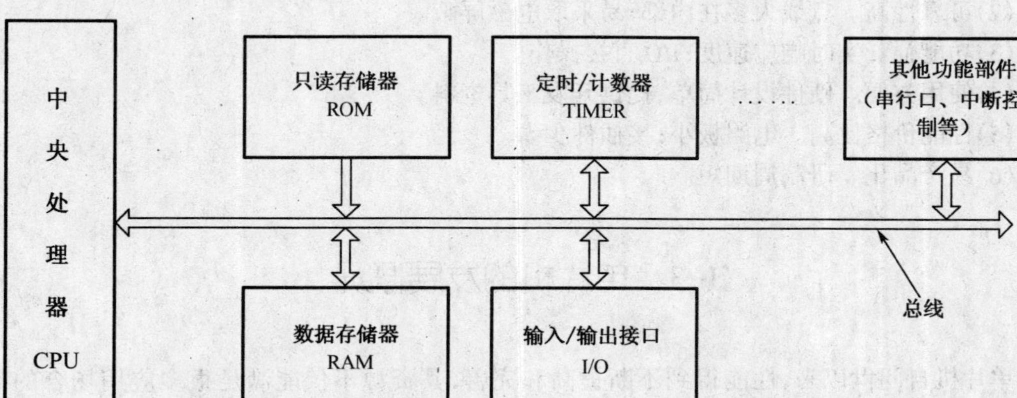


图 1.2 微型计算机的组成

单片机是单片微型计算机(Single-Chip Microcomputer)的简称,它在一个芯片上集成了中央处理器(CPU)、存储器、输入/输出接口、定时器/计数器及其他一些功能部件(如 A/D、D/A 转换器等)。总而言之,一个单片机就相当于一台微型计算机。由于其所有部件都集成在一个芯片上,所以其 CPU 的运算能力、RAM/ROM 的容量、I/O 口的功能及通用性等都不能与微型计算机相比。与通用的计算机不同,单片机的指令功能是按照工业控制的要求设计的,因此它又被称为微控制器(Micro Controller Unit)。

单片机在运算能力、存储容量等方面都不如微型计算机,那么是否可以用微型计算机代替单片机呢?答案是否定的。在生活中到处都有单片机的影子,如手机、家用电器及汽车上的电子设备等基本上都是由单片机控制的,如果上述设备改由微型计算机控制,会使成本大大提高,而且体积庞大。因此,单片机的基本特征是体积小、功耗低、价格低廉。正是由于这些特征使单片机得到了非常广泛的应用。

## 1.2 单片机的特点

单片机与通用微型计算机相比,在硬件结构、指令设置上均有其独到之处,特点如下:

(1)单片机中的存储器 ROM 和 RAM 是严格分工的。ROM 为程序存储器,只存放程序、常数及数据表格;而 RAM 则为数据存储器,用作工作区及存放运算中产生的中间变量。

(2)采用面向控制的指令系统。为满足控制的需要,单片机的逻辑控制能力要优于同等级的 CPU,特别是单片机具有很强的位处理能力。单片机的运行速度也较高。

(3)单片机的 I/O 引脚通常是多功能的。例如通用 I/O 引脚可以复用作外部中断、PPG 的输出口或 A/D 输入的模拟输入口等。

(4)系统齐全,功能扩展性强,与许多通用的微机接口芯片兼容,给应用系统的设计和生产带来了极大的方便。

(5)单片机的应用是通用的。单片机主要作控制器使用,但功能上是通用的,可以像一般微处理器那样广泛地应用在各个领域中。

对于器件方面来讲,单片机具有如下的特点:

(1)体积小。基本功能部件满足要求。

(2)可靠性高。点线大多在内部;易采取电磁屏蔽。

(3)功能强。实时响应速度;I/O 直接操作。

(4)使用方便。硬件设计简单;提供开发工具资料。

(5)性能价格比高。电路板小;接插件少。

(6)易产品化。研制周期短。

## 1.3 单片机的发展概况

单片机自问世以来,性能得到不断提高和完善,其资源不仅能满足很多应用场合的需要,而且具有集成度高、功能强、速度快、体积小、功耗低、使用方便、性能可靠、价格低廉等特点,因此在工业控制、智能仪器仪表、数据采集和处理、通信系统、网络系统、汽车工业、国防工业、高级计算器具、家用电器等领域的应用日益广泛，并且正在逐步取代现有的多片微机应用系统。单片机的潜力越来越被人们所重视，特别是当前用 CMOS 工艺制成的各种单片机，由于其功耗低、使用的温度范围大、抗干扰能力强、能满足一些特殊要求的应用场合，更加扩大了单片机的应用范围，也进一步促进了单片机技术的发展。

自 1976 年 9 月 Intel 公司推出 MCS－48 单片机以来，单片机就受到了广大用户的欢迎。因此，有关公司都争相推出各自的单片机。如 GI 公司推出 PIC1650 系列单片机，Rockwell 公司推出了与 6502 微处理器兼容的 R6500 系列单片机。它们都是 8 位机，片内有 8 位中央处理器(CPU)、并行 I/O 口、8 位定时器/计数器和容量有限的存储器(RAM，ROM)以及简单的中断功能。

1978 年下半年 Motorola 公司推出 M6800 系列单片机，Zilog 公司相继推出 Z8 单片机系列。1980 年 Intel 公司在 MCS－48 系列基础上又推出了高性能的 MCS－51 系列单片机。这类单片机均带有串行 I/O 口，定时器/计数器为 16 位，片内存储容量(RAM，ROM)都相应增大，并有优先级中断处理功能，单片机的功能、寻址范围都比早期的扩大了，它们是当时单片机应用的主流产品。

1982 年 Mostek 公司和 Intel 公司先后又推出了性能更高的 16 位单片机 MK68200 和 MCS－96 系列，NS 公司和 NEC 公司也分别在原有 8 位单片机的基础上推出了 16 位单片机 HPC16040 和 μPD783 ×× 系列。1987 年 Intel 公司推出性能比 8096 高两倍的 CMOS 型 80C196，1988 年又推出了带 EPROM 的 87C196 单片机。由于 16 位单片机推出的时间较迟、价格昂贵、开发设备有限等多种原因，至今还未得到广泛应用，而 8 位单片机已能满足大部分应用的需要。因此，在推出 16 位单片机的同时，高性能的新型 8 位单片机也在不断问世。例如，Motorola 公司推出了带 A/D 和多功能 I/O 的 68MC11 系列，Zilog 公司推出了带有 DMA 功能的 Suqer8，Intel 公司在 1987 年也推出了带 DMA 和 FIFO 的 UPI－452 等。

1990 年 2 月美国推出的 i80860 超级单片机轰动了整个计算机界，它的运算速度为 1.2 亿次/秒，可进行 32 位整数运算和 64 位浮点运算，同时片内具有一个三维图形处理器，可构成超级图形工作站。随着半导体技术的发展，巨型计算机单片化将成为现实。

目前国际市场上 8 位、16 位单片机系列已有很多，但是，在国内使用较多的系列是 Intel 公司的产品，其中 MCS－51 系列单片机应用尤为广泛，二十几年经久不衰，而且还在进一步发展完善，价格越来越低，性能越来越好。单片机技术正以惊人的速度向前发展，就市场上已出现的单片机而言，其技术革新与进步主要表现在以下几个方面。

1. CPU 的发展

增加 CPU 的字长或提高时钟频率均可提高 CPU 的数据处理能力和运算速度。目前，单片机 CPU 的字长有 8 位、16 位和 32 位，时钟频率高达 20 MHz 的单片机也已出现。还有一些 8 位单片机算术逻辑运算部件(ALU)是 16 位，内部采用 16 位数据总线以提高运算速度，如 NEC 公司的 μPD7800 系列的 8 位单片机，Mitsubishi 公司的 M37700 系列单片机。它们的数据处理能力和速度比一般 8 位单片机强，如 μPD7800 系列单片机作一次 16 位乘以 16 位的乘法用 3.2 μs，16 位除以 8 位的除法用 3.0 μs，32 位除以 16 位的除法用 8.3 μs。另外，单片机内部采用双 CPU 结构能大大提高处理能力，如 Rockwell 公司的 R6500/21 和 R65C29 单片机。由于片内两个 CPU 能同时工作，可更好地处理外围设备的中断请求，克服了单 CPU 在多重高速中断响应时的失效问题。同时，由于双 CPU 可以共享存储器和 I/O 接口的资源，因此还可更好地解决信息通信问题，如 Intel 公司的 8044，它的内部实际上是 8051 和 SIU 通信处理机组成，由 SIU 来管理 SDLC 的通信，这样既加快了通信处理的速度，同时还减轻了 8051 的处理负担。

2.片内存储器的发展

(1)扩大存储容量

早期单片机的片内存储器，一般 RAM 为 64～128 字节，ROM 为 1K～2K 字节，寻址范围为 4K 字节。新型单片机片内 RAM 为 256 字节，ROM 多达 16K 字节。如 Intel 公司的 8052，片内 ROM 为 8K 字节，通用仪器公司的 70120 片内 ROM 容量为 12K 字节。片内 ROM 容量最大的是日立公司的 MC6301Y，为 16K 字节。新型单片机的寻址范围可扩大到 64K 字节，甚至 128K 字节(其中随机存储器 RAM 容量为 64K 字节，只读存储器 ROM 容量为 64K 字节)。这类单片机有 Intel 公司的 MCS－51 系列和 Zilog 公司的 Z8601，Z8603，Z8611，Z8681 等。内部 ROM 分可为擦除和一次性可编程(OTP)两种，前者相对后者价高，技术开发时使用，后者适合开发成功后大批量固化在产品中使用。须注意的是，一次性固化在产品上使用的必须是成熟产品，否则会造成经济损失。

(2)闪速存储器

随着 CMOS 工艺的改进和提高，闪速存储器在不断地发展和完善，应用越来越广，容量越来越大，价格越来越低，同时闪存技术在各个领域得到应用，如 ATMEL 公司将闪存技术应用到单片机中，生产出了带闪速存储器的 AT89 系列。对一些小系统，外部可以不用扩展存储芯片，从而使得只用单片机就能构成一个完整的控制系统。

(3)串行存储器

$I^2C$ 总线的快速发展，使得串行数据存储器在容量和存储速度上有了很大的提高，由于其体积小、口线少、价格低，从而得到了广泛的应用。

(4)片内程序的保密措施

为了使片内 EPROM(或 $E^2PROM$)的内容不被复制，一些厂家对片内 EPROM(或 $E^2PROM$)采用了加锁技术，如 Intel 公司的 8X252，加锁后的 EPROM(或 $E^2PROM$)中的程序只能供片内 CPU 读取。否则必须先开锁。开锁时，CPU 先自动擦除 EPROM(或 $E^2PROM$)中的信息，从而达到程序保密的目的。

3.片内输入输出接口功能

最初的单片机，片内只有并行输入/输出接口、定时器/计数器，它们的功能较弱，实际应用中往往需要通过特殊的接口扩展功能，从而也增加了应用系统结构的复杂性。

近年来，新型单片机内的接口，无论从类型和数量上都有很大的发展。这不仅提高了单片机的性能，而且使系统的总体结构也大大简化了。例如，有些单片机的并行 I/O 口，能直接输出大电流和高电压，可直接用于驱动荧光显示管(VFD)、液晶显示器(LCD)和数码显示管(LED)等，应用系统中就不再需要外部驱动电路；有些单片机，片内含有 A/D 转换器，在一些实时控制系统中可省掉外部 A/D 转换器。

目前，在单片机中已出现的各类型新型接口有数十种，如 A/D 转换器、D/A 转换器、DMA 控制器、CRT 控制器、LCD 驱动器、LED 驱动器、VFD 驱动器、正弦波发生器、声音发生器、字符发生器、波特率发生器、锁相环、频率合成器、脉宽调制器，等等。虽然一个单片机内只含若干种接口，但其功能却比初期的单片机强得多。因此，用它可作为高速主机(80286/80386)的通用外设接口。例如以 UPI－452 中的 128 字节的 FIFO 作为高速主机与慢速外设传送数据的缓冲器，然后通过 UPI－452 的 DMA 控制器进行快速数据传送。

目前,单片机的种类繁多,功能多样,将外围电路尽量集中在芯片内,使其成为名副其实的单片机,这也成为一种发展趋势。

4.片内固化应用软件和系统软件

将一些应用软件和系统软件固化于片内 ROM 中,以便简化用户应用程序的编制工作,为用户开发和应用提供方便。例如,RUPI-44 系列单片机,把通信控制软件固化在片内,使用户的通信程序大大简化;Intel 公司在有的 MCS-51 单片机内固化了 PL/M-51 语言,在 8052BH 中固化了 BASIC 解释程序,用户不仅可用汇编语言,还可用 BASIC 语言编程,其 BASIC 语言系统比基本 BASIC 有所扩充,增加了很多适合控制用的语句、命令、运算符等,而且允许 BASIC 语言和汇编语言互相调用。RCA 公司的 68HCO5D2 在片内固化了键盘管理程序,甚至在 CDP1804P 内固化了 PASCAL 语言等。

5.单片机在工艺上的提高

单片机的制造工艺直接影响其性能。早期的单片机采用 PMOS 工艺,随后逐渐采用 NMOS,HMOST 和 CMOS 工艺。目前,8 位单片机中有一半的产品已 CMOS 化,16 位单片机也已开始推出 CMOS 型产品。如 68HC200,80C196 等。为了进一步降低功耗,日立公司的 HD63705 和 RCA 公司的 CDP6805E2 还设有等待(Wait)和停止(Stop)两种工作方式。等待方式时,振荡器工作,CPU 停止工作,存储器和寄存器的内容不变,单片机的总功耗大为下降;停止方式时,振荡器和 CPU 都停止工作,存储器和寄存器内容也保持不变,单片机的功耗为最小。RCA 公司的 CDPS8605E2,在 5 V 工作电压下,正常功耗为 35 mW,等待方式和停止方式时的功耗分别仅为 5 mW 和 5 μW。

此外,采用 CMOS 工艺的单片机,其工作电源范围较宽。采用 NMOS 工艺的单片机,工作电源一般为 4.5~5.5 V。采用 CMOS 工艺的单片机,如 RCA 公司的 CDP1804AC 的工作电源为 4~6.5 V。功耗大小与电源电压成正比,所以降低电源电压即可降低功耗。但是降低电压会减慢指令执行速度,即降低单片机的运算速度,故一般希望在一定速度的前提下,尽量降低工作电压,减小功耗。

随着新型单片机片内接口电路的增多,外引脚也增多。为减少外引脚线,目前主要采用两种方式:一是采用新颖的通信总线以减少外引线;二是改进外封装,如采用扁平引脚封装 FP(Flat Package)、方形引脚封装 QIP(Quad In line Package)和叠背式封装 PBP(Piggk back Package),等等。

单片机的技术还在不断发展,新型单片机还将不断涌现。随着集成工艺的不断发展,单片机一方面向集成度更高、体积更小、功能更强、功耗更低方向发展,另一方面向 32 位以上及双 CPU 方向发展。

## 1.4 单片机产品简介

自从单片机问世以来,在 40 多年中已有众多的单片机产品系列相继诞生。现仅列出部分国际上有一定知名度的公司的产品:

- 仙童(Fairchild)公司和 Mostek 公司的 F8,3870 系列产品;
- NEC 公司的 μCOM-87 系列产品;
- Microchip 公司的 PIC 系列;

• Rockwell 公司的 6500,6501 系列产品；

• Motorola 公司的 6801,6802,6803,6805,68HC11 系列产品；

• Intel 公司的 MCS－48,MCS－51,MCS－96 系列产品。

在我国虽然上述产品均有引进,但由于各种原因,至今在我国所应用的单片机仍然是以 MCS－51 及与其兼容的 8 位单片机为主流系列。随着这一系列的深入开发,其主导地位将得到进一步的巩固。同时 Microchip 公司的 PIC 系列、ATMEL 公司的 AVR 系列也得到越来越广泛地应用。

## 1.5 单片机的应用

单片机在一块芯片上集成了一台微型计算机所需的 CPU、存储器、输入/输出部件和时钟电路等,因此它具有体积小、使用灵活、成本低、易于产品化、抗干扰能力强,可在各种恶劣环境下可靠地工作等特点。特别是它应用面广、控制能力强,因此在工业控制、智能仪表、外设控制、家用电器、机器人、军事装置等方面得到了广泛的应用。

1.测控系统中的应用

控制系统,特别是工业控制系统的工作环境恶劣,各种干扰强,而且往往要求实时控制,故要求控制系统工作稳定、可靠、抗干扰能力强。单片机最适宜用于控制领域,例如炉子恒温控制、电镀生产线自动控制等。

单片机技术的应用使仪表向数字化、智能化、多功能化、柔性化发展,并可使监测、处理、控制等功能一体化,使仪表质量大大减轻,便于携带和使用,同时降低了成本,提高了性能价格比,如数字式 RLC 测量仪、智能转速表、计时器等。

2.智能产品

单片机与传统的机械产品相结合,可使传统机械产品结构简化、控制智能化,构成新型的机、电、仪一体化产品,如数控车床、智能电动玩具、各种家用电器和通信设备等。

3.在智能计算机外设中的应用

在计算机应用系统中,除通用外部设备(键盘、显示器、打印机)外,还有许多用于外部通信、数据采集、多路分配管理、驱动控制等方面的接口。如果这些外部设备和接口全部由主机管理,势必造成主机负担过重、运行速度降低,并且不能提高对各种接口的管理水平。如果采用单片机专门对接口进行控制和管理,则主机和单片机就能并行工作,这不仅大大提高系统的运算速度,而且单片机还可对接口信息进行预处理,减少主机和接口间的通信密度、提高接口控制管理的水平。

## 习题与思考题

1－1 什么是单片机,它与一般微型计算机在结构上有何区别?

1－2 单片机的发展大致可分为几个阶段,各阶段单片机的功能特点是什么?

1－3 说明单片机主要应用在哪些领域?

# 第 2 章　MCS－51 单片机结构

尽管单片机技术不断向高端发展，但目前乃至今后若干年，以 Intel 公司的 MCS－51 系列为代表的 8 位单片机仍是电子设计与制作的主流芯片。MCS－51 系列单片机产品有 8031，8051，8751，80C51，80C31 等型号(前三种为 CMOS 芯片，后两种为 CHMOS 芯片)。它们的结构基本相同，其差别主要反映在存储器的配置上，8031 片内没有程序存储器，8051 内部设有 4K 字节的掩模 ROM 程序存储器，而 8751 是将 8051 片内的 ROM 换成了 EPROM。由 ATMEL 公司生产的 89C51 将 EPROM 改成了 4K 的闪速存储器。本章将对 8051 单片机的结构作以介绍。

## 2.1　MCS－51 单片机内部结构

由于生产厂家和型号的不同，各种单片机内部存储器的配置、串行口及定时器/计数器的数量和功能、特殊功能寄存器数量都会有一些差异，但 MCS－51 系列单片机的总体结构是基本一致的。MCS－51 单片机包含下列几个部件：

- 一个 8 位 CPU；
- 一个片内振荡器及时钟电路；
- 4K 字节 ROM 程序存储器；
- 128 字节 RAM 数据存储器；
- 两个 16 位定时器/计数器；
- 可寻址 64K 外部数据存储器和 64K 外部程序存储器空间的控制电路；
- 32 条可编程的 I/O 线(四个 8 位并行 I/O 端口)；
- 一个可编程全双工串行口；
- 具有 5 个中断源、两级优先级嵌套中断结构。

MCS－51 系列单片机内部结构框图如图 2.1 所示，8051 的内部结构框图如图 2.2 所示。

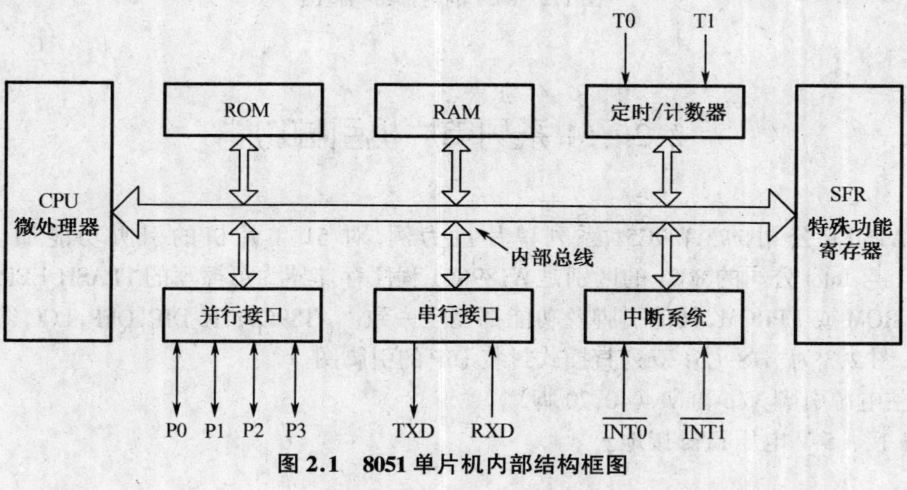


图 2.1　8051 单片机内部结构框图

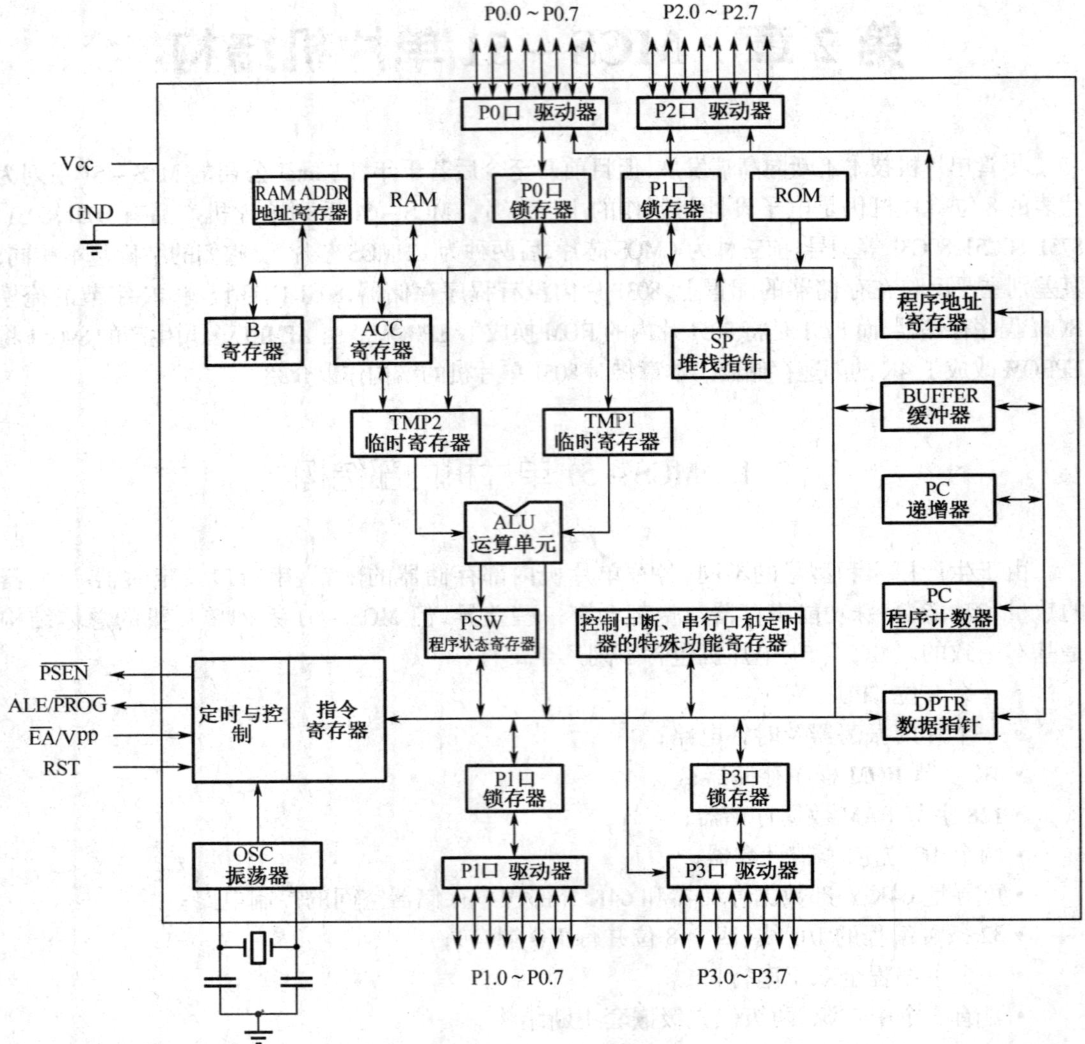


**图 2.2　8051 的内部结构框图**

## 2.2　51 系列单片机引脚功能

以ATMEL 公司的 AT89C51 系列单片机为例，对 51 单片机的引脚功能加以说明。AT89C51 与 Intel 公司的 8051 的区别是 AT89C51 程序存储器为可擦写的 FLASH EEPROM，而 8051 为 ROM 或 EPROM，其他引脚及功能都完全一致。AT89C51 有 DIP，QFP，LCC 等多种封装形式，图 2.3 为 AT89C51 双列直插式封装 DIP 的引脚图。

1. 主电源引脚 Vcc 和 Vss(40，20 脚)

Vcc 接 + 5 V 电压；Vss 接地。

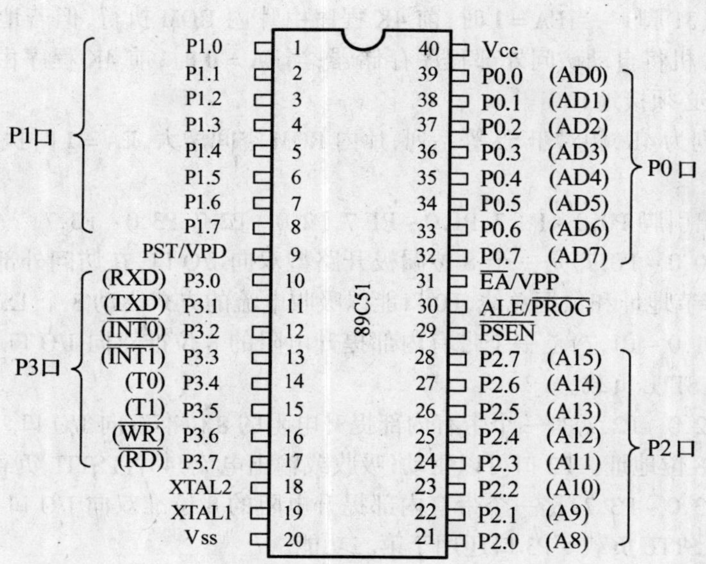


**图 2.3　AT89C51 双列直插式封装 DIP 的引脚图**

2.外接晶振引脚 XTAL1 和 XTAL2(18,19 脚)

(1)XTAL1(19 脚)　接外部石英晶体的一端。在单片机内部,它是一个反相放大器的输入端,这个放大器构成了片内振荡器。当采用外部时钟时,对于 HMOS 单片机,该引脚接地;对于 CHMOS 单片机,该引脚作为外部振荡信号的输入端。

(2)XTAL2(18 脚)　接外部晶体的另一端。在单片机内部,它接至片内振荡器的反相放大器的输出端。当采用外部时钟时,对于 HMOS 单片机,该引脚作为外部振荡信号的输入端;对于 CHMOS 芯片,该引脚悬空不接。

一般 8051 单片机的晶振频率应在 12MHz 以下,常用的有 12 MHz,11.0592 MHz 和 6 MHz。

3.控制与复用引脚 RST/VPD、ALE/$\overline{\text{PROG}}$、$\overline{\text{PSEN}}$和$\overline{\text{EA}}$/VPP

(1)RST/VPD 复位端(9 脚)　使单片机内各寄存器的值变为初始状态的操作称为复位。当复位脉冲的高电平宽度大于两个机器周期时,单片机可完成复位。

复位可分为上电复位和外部复位两种方式。上电复位是在单片机接通电源时对单片机的复位。外部复位是指由外部脉冲促使单片机完成复位动作。在 Vcc 掉电期间,此引脚可接上备用电源,由 VPD 向内部提供备用电源,以保持内部 RAM 中的数据。

(2)ALE/$\overline{\text{PROG}}$(30 脚)　当访问外部存储器时,ALE(允许地址锁存)的输出用于锁存地址的低位字节。即使不访问外部存储器,ALE 仍以不变的频率周期性地出现脉冲信号,此频率为振荡器频率的 1/6。因此,它可用作对外输出的时钟,或用于定时目的。但要注意,每当访问外部数据存储器时,将跳过一个 ALE 脉冲,ALE 端可以驱动(吸收或输出电流)8 个 LSTTL 电路。对于 EPROM 型单片机,在 EPROM 编程期间,此引脚接收编程脉冲($\overline{\text{PROG}}$功能)。

(3)$\overline{\text{PSEN}}$(29 脚)　外部程序存储器的选通信号。在从外部程序存储器取指令(或常数)期间,每个机器两次$\overline{\text{PSEN}}$有效。在此期间,每当访问外部数据存储器时,这两次有效的$\overline{\text{PSEN}}$信号将出现。$\overline{\text{PSEN}}$同样可以驱动 8 个 LSTTL 输入。

(4)$\overline{EA}$/VPP(31脚) 当$\overline{EA}=1$时,前4K程序由片内ROM执行,但若地址值超过4K范围(0FFFH),单片机将自动访问外部程序存储器;当$\overline{EA}=0$时,前4K程序由片外ROM执行(对8031此引脚必须接地)。

只有51系列为4K,相对于52等系列,片内ROM空间增大,$\overline{EA}=1$时执行片内程序地址范围随之增大。

4.输入/输出引脚 P0.0~P0.7,P1.0~P1.7,P2.0~P2.7,P3.0~P3.7

(1)P0口(P0.0~P0.7)是一个8位漏极开路型双向I/O口,在访问外部存储器时,它是分时传送的低字节地址和数据总线,P0口能以吸收电流的方式驱动8个LSTTL负载。

(2)P1口(P1.0~P1.7)是一个带有内部提升电阻的8位准双向I/O口,能驱动(吸收或输出电流)4个LSTTL负载。

(3)P2口(P2.0~P2.7)是一个带有内部提升电阻的8位准双向I/O口,在访问外部存储器时,它输出高8位地址。P2口可以驱动(吸收或输出电流)4个LSTTL负载。

(4)P3口(P3.0~P3.7)是一个带有内部提升电阻的8位准双向I/O口,能驱动(吸收或输出电流)4个LSTTL负载。P3口还用于第二功能。

## 2.3 MCS-51的CPU

CPU是单片机的核心部件,它主要由运算器和控制器等部件组成,CPU的具体结构如图2.4所示。

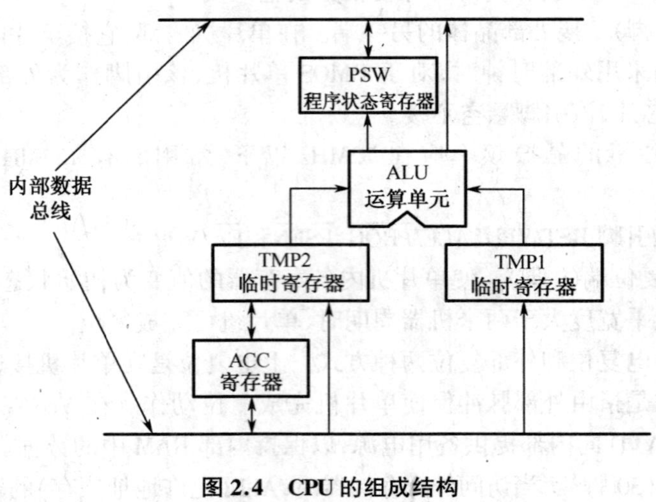


**图2.4 CPU的组成结构**

### 2.3.1 运算器

运算器的功能是进行算术运算和逻辑运算。它可以对半字节(4位)、单字节等数据进行操作,例如能完成加、减、乘、除、加1、减1、BCD码十进制调整、比较等算术运算和**与**、**或**、**异或**、求补、循环等逻辑操作,操作结果的状态信息送至状态寄存器。

8051运算器还包含有一个布尔处理器,用来处理位操作。它以进位标志位C作为累加器，可执行置位、复位、取反、等于 1 转移、等于 0 转移、等于 1 转移且清零以及进位标志位与其他可寻址的位之间进行数据传送等位操作。也能使进位标志位与其他可位寻址的位之间进行逻辑**与**、**或**操作。

1.运算器主要功能

①8 位算术运算

②8 位逻辑运算

③十进制数调整

④位操作（置**1**、清**0**、取反）

⑤数据传输操作

2.累加器 ACC

它是最常用的特殊功能寄存器，大部分单操作数指令的操作取自累加器，很多双操作数指令的一个操作数取自累加器。加、减、乘、除算术运算指令的运算结果都存放在累加器 A 或 AB 寄存器对中。指令系统中用 A 作为累加器的助记符。

3.寄存器 B

B 寄存器是乘除法指令中常用的寄存器。乘法指令的两个操作数分别取自 A 和 B，其结果存放在 AB 寄存器对中。除法指令中，被除数取自 A，除数取自 B，商数存放于 A，余数存放于 B。在其他指令中，B 寄存器可作为 RAM 中的一个单元来使用。

4.程序状态标志寄存器 PSW

程序状态标志寄存器 PSW 是程序运行及反映 ALU 运算结果的标志寄存器。这些标志包括计算加法时的进位、计算减法时的借位及 ACC 寄存器中数据的奇偶等，同时还有一些其他的标志。它是单片机编程时特别需要关注的寄存器。程序状态标志寄存器 PSW 的具体结构如图 2.5 所示。

| PSW.7 | PSW.6 | PSW.5 | PSW.4 | PSW.3 | PSW.2 | PSW.1 | PSW.0 |
|---|---|---|---|---|---|---|---|
| CY | AC | F0 | RS1 | RS0 | OV | – | P |

高位　------------------------------------　低位

**图 2.5　程序状态标志寄存器 PSW 具体结构**

（1）CY（PSW.7）进位标志。在执行某些算术和逻辑指令时，可以被硬件或软件置位或清零。在布尔处理机中它被认为是位累加器，其重要性相当于一般中央处理机中的累加器 A。

（2）OV（PSW.2）溢出标志。当执行算术指令时，由硬件置位或清零，以指示溢出状态。

当执行加法指令 ADD 时，位 6 向位 7 有进位而位 7 不向 CY 进位时，或位 6 不向位 7 进位而位 7 向 CY 进位时，溢出标志 OV 置位，否则清零。

溢出标志常用于 ADD 和 SUBB 指令对带符号数作加减运算，OV = **1** 表示加减运算的结果超出了目的寄存器 A 所能表示的带符号数的范围（ – 128 ~ + 127），具体参见第 3 章中关于 ADD 和 SUBB 指令的说明。

在 MCS – 51 中，无符号数乘法指令 MUL 的执行结果也会影响溢出标志。若置于累加器 A 和寄存器 B 的两个数的乘积超过 255 时，OV = **1**，否则 OV = **0**。此积的高 8 位放在 B 内，低 8 位放在 A 内。因此，OV = **0** 意味着只要从 A 中取得乘积即可，否则要从 BA 寄存器对中取得乘积。

除法指令 DIV 也会影响溢出标志。当除数为 0 时，OV = **1**，否则 OV = **0**。

(3)AC(PSW.6)辅助进位标志。当进行加法或减法操作而产生由低 4 位数(BCD 码一位)向高 4 位数进位或借位时，AC 将被硬件置位，否则就被清零。AC 用于 BCD 码调整中。

CY 当作加法运算时 ACC.7 向上的进位，CY 当作减法运算时向 ACC.7 的借位；OV 为 ACC.6 向 ACC.7 的进位与 ACC.7 向上进位的**异或**；AC 为 ACC.3 向 ACC.4 的进位(低 4 位向高 4 位)。CY，AC，OV 与 ACC 寄存器各位的关系如图 2.6 所示。

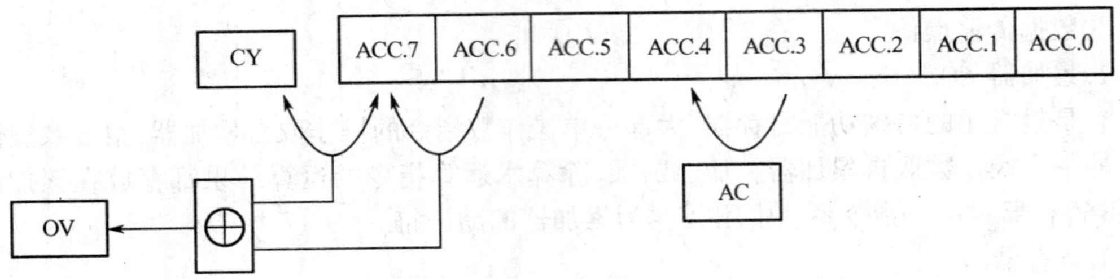


**图 2.6　CY，AC，OV 与 ACC 寄存器各位的关系**

(4)F0(PSW.5)用户标志位。F0 是用户定义的一个状态标记，用软件来使它置位或清零。该标志位状态一经设定，可由软件进行测试，以控制程序的流向。

(5)P(PSW.0)奇偶标志。每个指令周期都由硬件来置位或清零，以表示累加器 A 中 **1** 的位数的奇偶数。若 **1** 的位数为奇数，P 置 **1**，否则 P 清 **0**。

P 标志位对串行通信中的数据传输有重要的意义，在串行通信中常用奇偶校验的办法来检验数据传输的可靠性。在发送端可根据 P 的值对数据的奇偶置位或清零。通信协议中规定采用奇校验的办法，则 P = **0** 时，应对数据(假定由 A 取得)的奇偶位置位，否则就清 **0**。

(6)RS1，RS0(PSW.4，PSW.3)寄存器区选择控制位。可以用软件来置位或清零以确定工作寄存器区。RS1，RS0 与寄存器区的对应关系见表 2.1。

**表 2.1　寄存器工作区选择**

| RS1 | RS0 | 功　能 |
| --- | --- | --- |
| **0** | **0** | 选择工作区 0 |
| **0** | **1** | 选择工作区 1 |
| **1** | **0** | 选择工作区 2 |
| **1** | **1** | 选择工作区 3 |

### 2.3.2　控制器

控制器是单片机的指挥控制部件，主要任务是识别指令，并根据指令的性质控制单片机各个功能部件，从而保证单片机各个部分能自动而协调的动作。

1. 程序计数器 PC

PC 用于存放 CPU 下一条要执行的指令地址，它是一个 16 位的专用寄存器，可寻址范围是

0000H～0FFFFH,共 64KB。程序中的指令存放在 ROM 区的某一单元,并都有自己的存放地址。CPU 要执行哪条指令时,就把该条指令所在的单元地址送上地址总线。在顺序执行程序中,当 PC 的内容被送到地址总线后,系统会自动加 1,即(PC)←(PC)＋1,PC 又指向 CPU 下一条要执行的指令地址。执行指令时,PC 内容的低 8 位经 P0 口输出,高 8 位经 P2 口输出。

2.指令寄存器

指令寄存器中存放指令代码。CPU 执行指令时,由程序存储器中读取的指令代码送入指令寄存器,经译码后由定时与控制电路发出相应的控制信号,完成指令功能。

## 2.4　MCS－51 单片机存储器结构

MCS－51 存储器结构与常见的微型计算机的配置方式不同,它把程序存储器和数据存储器分开,有各自的寻址系统和功能。程序存储器用来存放程序和始终要保留的常数,例如所编程序经汇编后的机器码,查表需要的由常数组成的表格等。数据存储器通常用来存放程序运行中所需要的数或变量,例如做加法运算时的加数和被加数,做乘法运算时的乘数和被乘数,模/数转换时实时记录的数据,等等。

从物理地址空间看,MCS－51 有四个存储器地址空间,即片内程序存储器和片外程序存储器,以及片内数据存储器和片外数据存储器。

MCS－51 系列各芯片的存储器在结构上有些区别,但区别不大,从应用设计的角度可分为三种情况:片内有程序存储器和片内无程序存储器、片内有数据存储器且存储单元够用和片内有数据存储器且存储单元不够用。

### 2.4.1　MCS－51 存储器的配置

图 2.7 为 8051(8052)存储器分配示意图。

(1)64K 程序存储器空间:0000H～0FFFFH。

(2)128/256 字节内部 RAM 空间:00H～0FFH。

　8051 系列:00H～07FH(128 字节)

　8052 系列:00H～0FFH(256 字节)

(3)128 字节内部特殊功能寄存器空间:80H～0FFH。

(4)64K 外部数据存储器空间:0000H～0FFFFH。

(5)位寻址空间:位地址 00H～0FFH,其中 00H～7FH 位于内部 RAM 20H～2FH 中,80H～0FFH 位于内部特殊功能寄存器空间 80H～0FFH 中。

### 2.4.2　程序存储器

程序存储器用来存放程序和表格常数。程序存储器以程序计数器 PC 作地址指针,通过 16 位地址总线,可寻址的地址空间为 64K 字节。片内、片外统一编址。

1.片内程序存储器

在 8051/8751 片内有 4K 字节 ROM/EPROM 程序存储器(内部程序存储器)。4K 字节可存储两千多条指令,对于一个小型的单片机控制系统来说足够了,不必另加程序存储器。若不够还可选用 8K 或 16K 内存的单片机芯片,例如 89C52 等。总之,尽量不要扩展外部程序

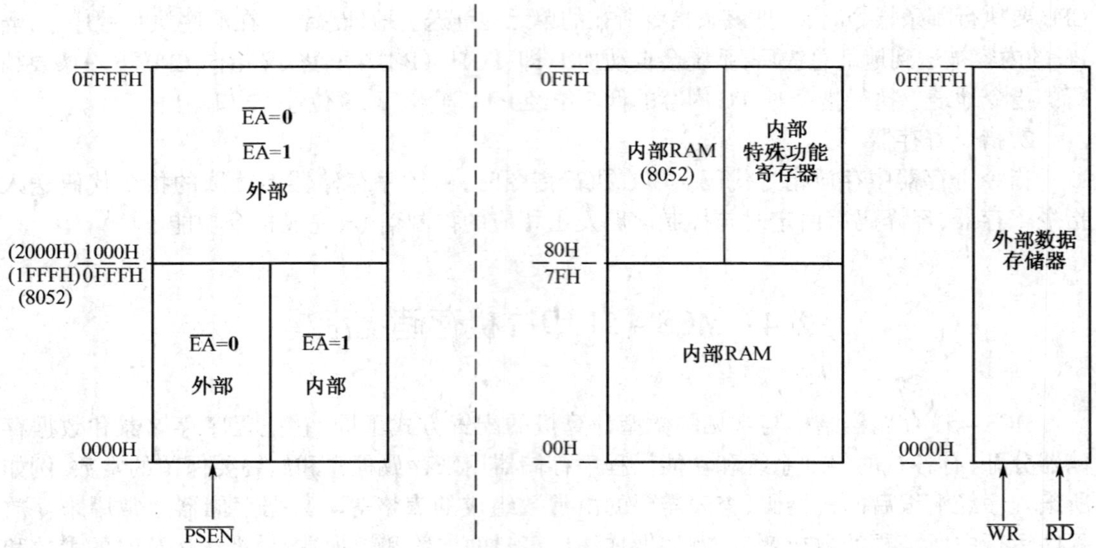


图 2.7　8051(8052)存储器分配示意图

存储器，这会增加成本，增大产品体积。

2. 扩展片外程序存储器

若开发的单片机系统较复杂，片内程序存储器存储空间不够用时，可扩展程序存储器。具体扩展多大的芯片要经过计算，具体由两个条件决定：一是看程序大小；二是看扩展芯片容量大小，总容量减去内部容量即为外部能扩展的最大容量，2764 容量为 8K，27128 容量为 16K，27256 容量为 32K，27512 容量为 64K。定了芯片后就要算好地址，再将$\overline{EA}$引脚接高电平，使程序从内部 ROM 开始执行，当 PC 值超出内部 ROM 的容量时，会自动转向外部程序存储空间。

8031 芯片无内部程序存储器，需外部扩展 ROM 芯片，地址从 0000H ~ FFFFH 都是外部程序存储器空间，在设计时$\overline{EA}$应始终接低电平，使系统只从外部程序存储器中取指令。

MCS - 51 单片机复位后程序计数器 PC 的内容为 0000H，因此系统从 0000H 单元开始读取指令并执行，它是系统执行程序的起始地址。通常在该单元中存放一条跳转指令，而用户程序从跳转地址开始存放。

从图 2.7 可以看出，引脚$\overline{EA}$ = **1** 时执行单片机内部的程序存储器；引脚$\overline{EA}$ = **0** 时执行单片机外接的程序存储器。此时程序地址指针为 PC(16 位)，首先由 P0 口提供 PC 低 8 位(PCL)，ALE 提供 PC 低 8 位(PCL)锁存信号(供外接锁存器锁存 PCL)。P2 口提供 PC 高 8 位(PCH)。$\overline{PSEN}$提供读信号，8 位程序代码由 P0 口读入单片机。单片机执行外部程序存储器操作流程图如图 2.8 所示。

### 2.4.3　数据存储器

MCS - 51 单片机的数据存储器无论在物理上或是逻辑上都分为两个地址空间，一个为内部数据存储器，访问内部数据存储器用MOV指令，另一个为外部数据存储器，访问外部数据存储器用 MOVX 指令。

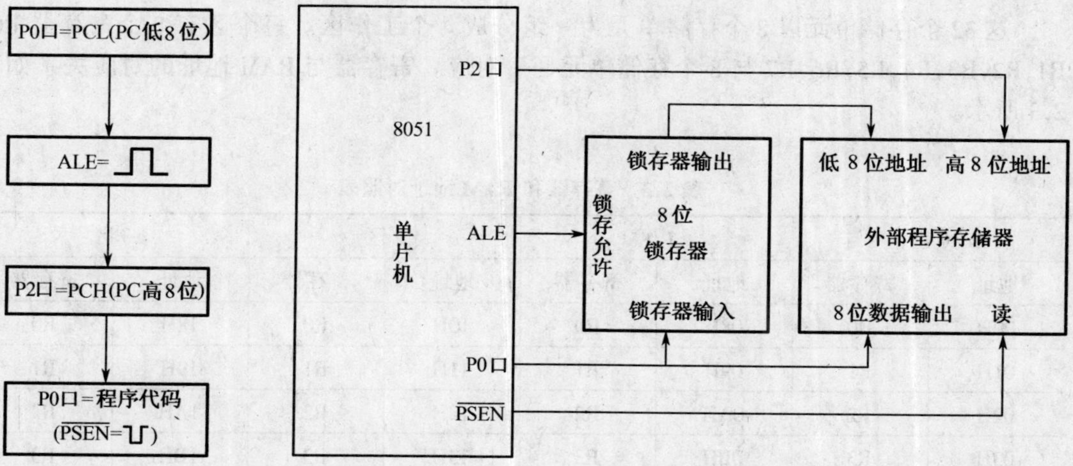


**图 2.8　单片机执行外部程序存储器操作流程图**

MCS－51 系列单片机各芯片内部都有数据存储器，是最灵活的地址空间，它分成物理上独立的且性质不同的几个区：00H～7FH(0～127)单元组成的 128 字节地址空间的 RAM 区；80H～FFH(128～255)单元组成的高 128 字节地址空间的特殊功能寄存器(又称 SFR)区。注意 8032/8052 单片机将这一高 128 字节作为 RAM 区，也可当成 SFR 区，访问时采用不同寻址方式加以区别。

1.内部数据存储器

在 8051，8751 和 8031 单片机中，只有低 128 字节的 RAM 区和 128 字节的特殊功能寄存器区，两区地址空间是相连的，特殊功能寄存器(SFR)地址空间为 80H～FFH。注意：128 字节的 SFR 区中只有 26 个字节是有定义的，若访问的是这一区中没有定义的单元，则得到的是一个随机数。

内部 RAM 区中不同的地址区域功能结构如图 2.9 所示。其中 00H～1FH(0～31)共 32 个单元是四个通用工作寄存器区，每个区有 8 个工作寄存器，编号为 R0～R7。

内部 RAM 可以分为 00H～1FH，20H～2FH，30H～7FH(8052 为 0FFH)三个功能各异的数据存储器空间。单片机的内部 RAM 空间为 256 个 8 位存储单元，三个数据存储器空间的基本功能如表 2.2 所示。

**表 2.2　数据存储器空间的基本功能**

| 地址范围 | 数量 | 功　能 | 备注 |
| --- | --- | --- | --- |
| 00H～1FH | 32 个单元 | 四个工作区(R0，R1，R2，R3，R4，R5，R6，R7) | |
| 20H～2FH | 16 个单元 | 每个单元的 8 位均可以位寻址及操作，即对 16×8 共 128 位中的任何一位均可以单独置 **1** 或清 **0** | |
| 30H～7FH | 80 个单元 | 一般的存储单元，可以作数据存储或堆栈区 | 8052 为 30H～0FFH |

(1)00H~1FH(四个工作寄存器区)

这32个存储单元以8个存储单元为一组分成4个工作区。每个区有8个寄存器R0,R1,R2,R3,R4,R5,R6,R7与8个存储单元一一对应。寄存器与RAM地址的对应关系如表2.3所示。

**表2.3 寄存器和RAM地址对照表**

| 0区 | | 1区 | | 2区 | | 3区 | |
|---|---|---|---|---|---|---|---|
| 地址 | 寄存器 | 地址 | 寄存器 | 地址 | 寄存器 | 地址 | 寄存器 |
| 00H | R0 | 08H | R0 | 10H | R0 | 18H | R0 |
| 01H | R1 | 09H | R1 | 11H | R1 | 19H | R1 |
| 02H | R2 | 0AH | R2 | 12H | R2 | 1AH | R2 |
| 03H | R3 | 0BH | R3 | 13H | R3 | 1BH | R3 |
| 04H | R4 | 0CH | R4 | 14H | R4 | 1CH | R4 |
| 05H | R5 | 0DH | R5 | 15H | R5 | 1DH | R5 |
| 06H | R6 | 0EH | R6 | 16H | R6 | 1EH | R6 |
| 07H | R7 | 0FH | R7 | 17H | R7 | 1FH | R7 |

当前程序使用的工作寄存区是由程序状态字PSW(特殊功能寄存器,字节地址为0D0H)中的D4,D3位(RS1和RS0)来指示的,PSW的状态和工作寄存区对应关系见表2.4。

**表2.4 工作寄存器区选择**

| PSW.4<br>(RS1) | PSW.3<br>(RS0) | 当前使用的工作寄存器区<br>R0~R7 |
|---|---|---|
| 0 | 0 | 0区(00~07H) |
| 0 | 1 | 1区(08~0FH) |
| 1 | 0 | 2区(10~17H) |
| 1 | 1 | 3区(18~1FH) |

CPU通过对PSW中的D4,D3位内容的修改,就能任选一个工作寄存器区,例如:

```
SETB   PSW.3
CLR    PSW.4      ;选定第1区
SETB   PSW.4
CLR    PSW.3      ;选定第2区
SETB   PSW.3
SETB   PSW.4      ;选定第3区
```

如果用户程序不需要四个工作寄存器区,则不用的工作寄存器单元可以作一般的RAM使用。

(2)20H~2FH(可以位寻址)

内部RAM的20H~2FH 16个单元字节是可以位寻址和位操作的。16个字节共128位

(16×8)，每一位有一个位地址，这 128 位占用位地址空间的 00H～7FH(0～127)，内部 RAM 位寻址区 20H～2FH 的字节地址与位地址的对应关系如表 2.5 所示。内部 RAM 的 20H～2FH 16 个字节，既可以与一般的存储器一样按字节操作，也可以对 16 个单元中 8 位中的某一位进行位操作，这样极大地方便了面向控制的开关量处理。

位寻址区的每一位都可以视作软件触发器，由程序直接进行位处理。通常把各种程序状态标志、位控制变量设在位寻址区内。同样，位寻址区的 RAM 单元也可以作一般的数据缓冲器使用。

**表 2.5　寻址区 20H～2FH 的字节地址与位地址的对应关系**

| 字节 | 位　地　址 | | | | | | | |
|---|---|---|---|---|---|---|---|---|
| 地址 | D7 | D6 | D5 | D4 | D3 | D2 | D1 | D0 |
| 20H | 07H | 06H | 05H | 04H | 03H | 02H | 01H | 00H |
| 21H | 0FH | 0EH | 0DH | 0CH | 0BH | 0AH | 09H | 08H |
| 22H | 17H | 16H | 15H | 14H | 13H | 12H | 11H | 10H |
| 23H | 1FH | 1EH | 1DH | 1CH | 1BH | 1AH | 11H | 18H |
| 24H | 27H | 26H | 25H | 24H | 23H | 22H | 21H | 20H |
| 25H | 2FH | 2EH | 2DH | 2CH | 2BH | 2AH | 29H | 28H |
| 26H | 37H | 36H | 35H | 34H | 33H | 32H | 31H | 30H |
| 27H | 3FH | 3EH | 3DH | 3CH | 3BH | 3AH | 39H | 38H |
| 28H | 47H | 46H | 45H | 44H | 43H | 42H | 41H | 40H |
| 29H | 4FH | 4EH | 4DH | 4CH | 4BH | 4AH | 49H | 48H |
| 2AH | 57H | 56H | 55H | 54H | 53H | 52H | 51H | 50H |
| 2BH | 5FH | 5EH | 5DH | 5CH | 5BH | 5AH | 59H | 58H |
| 2CH | 67H | 66H | 65H | 64H | 63H | 62H | 61H | 60H |
| 2DH | 6FH | 6EH | 6DH | 6CH | 6BH | 6AH | 69H | 68H |
| 2EH | 77H | 76H | 75H | 74H | 73H | 72H | 71H | 70H |
| 2FH | 7FH | 7EH | 7DH | 7CH | 7BH | 7AH | 79H | 78H |

(3)30H～7FH(一般存储器)

30H～7FH 为一般的数据存储单元。MCS－51 单片机的堆栈区一般设在这个范围内，堆栈的作用是子程序调用或保护中断现场的特殊数据存储区。它存放数据的原则是后进先出，存放数据的位置由一个称为堆栈指针的 SP 寄存器来确定。通常情况下将堆栈区设在 30H～7FH 范围内。复位后 SP 的初值为 07H，可在初始化程序时设定 SP 来具体确定堆栈区的范围。

2．外部数据存储器

MCS－51 具有扩展 64K 字节外部数据存储器和 I/O 口的能力，这在很多应用领域已足够使用，对外部数据存储器的访问采用 MOVX 指令，用间接寻址方式，R0，R1 和 DPTR 都可作间址寄存器。有关外部存储器的扩展和信息传送将在后面章节详细介绍。

图 2.9 是一个 8051 单片机外接 16K 程序存储器及 32K 数据存储器的原理框图。其中程序存储器采用 27128，数据存储器采用 62256。由于只有一片程序存储器和一片数据存储器，故未考虑片选问题。如果有多片存储器时，就需要利用高 8 位地址进行译码产生片选信号，用于选择多片程序或数据存储器中的一个芯片，如果没有片选信号会造成数据总线上的混乱。

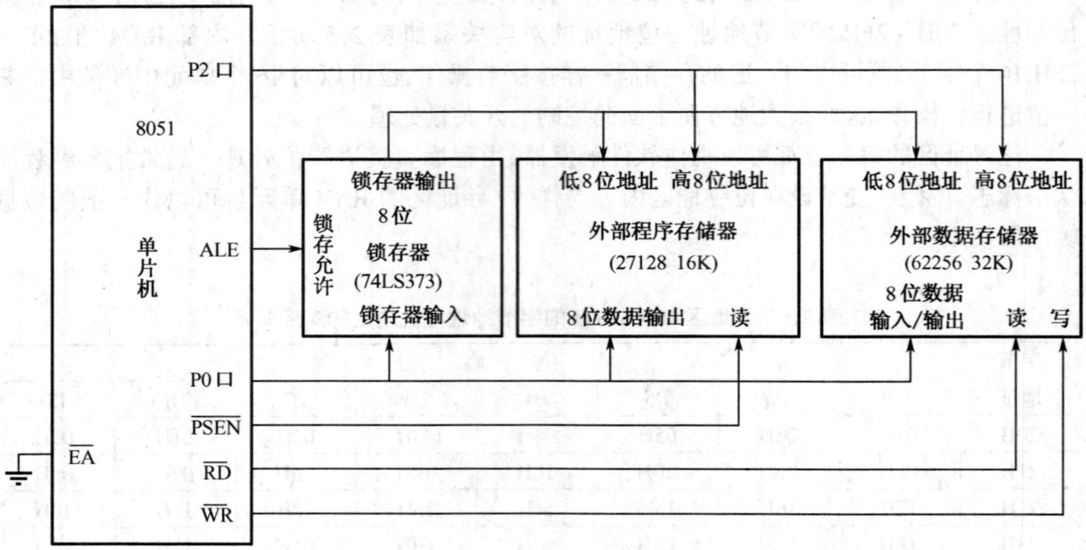


**图 2.9 8051 单片机外接 16K 程序存储器及 32K 数据存储器的原理框图**

### 2.4.4 特殊功能寄存器

MCS－51 单片机把 CPU 中的专用寄存器、并行端口锁存器、串行口与定时器/计数器内的控制寄存器集中安排到一个区域,离散地分布在地址从 80H 到 FFH 范围内,这个区域称为特殊功能寄存器(SFR)区。特殊功能寄存器区的 SFR 只能通过直接寻址的方式进行访问,特殊功能寄存器字节地址分配情况如表 2.6 所示。其中大部分寄存器的应用将在有关章节中详述,这里仅作简单介绍。

**表 2.6 特殊功能寄存器字节地址分配情况**

| 符号 | 地址 | 名称 | 符号 | 地址 | 名称 |
|---|---|---|---|---|---|
| P0 | 80H | P0 口锁存器 | SBUF | 99H | 串行口锁存器 |
| SP | 81H | 堆栈指针 | P2 | A0H | P2 口锁存器 |
| DPL | 82H | 数据地址指针(低 8 位) | IE | A8H | 中断允许控制寄存器 |
| DPH | 83H | 数据地址指针(高 8 位) | P3 | B0H | P3 口锁存器 |
| PCON | 87H | 电源控制寄存器 | IP | B8H | 中断优先级控制寄存器 |
| TCON | 88H | 定时器/计数器控制寄存器 | T2CON * | C8H | 定时器 2 状态控制寄存器 |
| TMOD | 89A | 定时器/计数器方式控制寄存器 | RCAP2L * | CAH | 定时器/计数器 2 低 8 位缓冲器 |
| TL0 | 8AH | 定时器/计数器 0(低 8 位) | RCAP2H * | CBH | 定时器/计数器 2 高 8 位缓冲器 |
| TL1 | 8BH | 定时器/计数器 0(高 8 位) | TL2 * | CCH | 定时器/计数器 2(低 8 位) |
| TH0 | 8CH | 定时器/计数器 1(低 8 位) | TH2 * | CDH | 定时器/计数器 2(高 8 位) |
| TH1 | 8DH | 定时器/计数器 1(高 8 位) | PSW | D0H | 程序状态字 |
| P1 | 90H | P1 口锁存器 | ACC | E0H | 累加器 |
| SCON | 98H | 串行口控制寄存器 | B | F0H | B 寄存器 |

注:表中 * 为 8052 所增加的特殊功能寄存器。

(1)ACC 累加器

通常用 A 表示。它是一个能实现各种寻址及运算的寄存器,而不是一个仅做加法运算的寄存器,在 MCS-51 指令系统中所有算术运算、逻辑运算几乎都要使用它。而对程序存储器和外部数据存储器的访问只能通过它进行。

(2)PSW 程序状态存储器

亦称程序状态字,用来表示程序运行的状态。如当前 ACC 累加器中数据的奇偶性(P)、做加减法时的进位与借位(CY)、四个工作区的选择(RS1,RS0)以及辅助进位(AC)和溢出标志位(OV)等。

(3)B 通用寄存器

做乘除运算时使用它。

(4)DPTR(DPL 和 DPH)数据指针

数据指针 DPTR 是一个 16 位特殊功能寄存器,DPH 为 DPTR 的高 8 位,DPL 为 DPTR 的低 8 位。DPTR 主要用来存放 16 位地址,当对 64KB 外部存储器寻址时,可作为间址寄存器用,可以使用 MOVX A,@DPTR 和 MOVX @DPTR,A 两条传送指令。在访问程序存储器时,DPTR 可用作基址寄存器,基址+变址寻址方式的指令 MOVC A,@A+DPTR 常用于读取存放在程序存储器内的表格常数。访问外部数据存储器和程序存储器时,必须以 DPTR 为数据指针通过 ACC 进行访问。

(5)SP 堆栈指针

栈指针 SP 是一个 8 位特殊功能寄存器,它指示出堆栈顶部在内部 RAM 中的位置。进栈时 SP 加 1,出栈时 SP 减 1。系统复位后,SP 初始化为 07H,使得堆栈事实上由 08H 单元开始。考虑到 08H~1FH 单元分属于工作寄存器区 1~3,若程序设计中要用到这些区,则最好把 SP 值改置为 1FH 或更大的值,SP 的初始值越小,堆栈深度就越深。堆栈指针的值可以由软件改变,因此堆栈在内部 RAM 中的位置比较灵活。除用软件直接改变 SP 值外,在执行 PUSH,POP 指令,各种子程序调用,中断响应,子程序返回(RET)和中断返回(RETI)等指令时,SP 值将自动调整。

(6)P0,P1,P2,P3 端口锁存器

前面已经介绍了 MCS-51 单片机四个双向 IO 口 P0,P1,P2,P3。如果需要从指定端口输出一个数据,只需将数据写入指定端口锁存器即可;如果需要从指定端口输入一个外部数据,只需先将 0FFH(全部为 1)写入指定端口锁存器,然后再读指定端口即可。如果不先写入 0FFH(全部为 1),读入的数据有可能不正确。

(7)串行数据缓冲器

串行数据缓冲器 SBUF 用于存放欲发送或已接收的数据,它实际上由两个独立的寄存器组成,一个是发送缓冲器,另一个是接收缓冲器。当要发送的数据传送到 SBUF 时,进的就是发送缓冲器。当要从 SBUF 读数据时,则取自接收缓冲器,取走的是刚接收到的数据。

(8)定时器/计数器

MCS-51 系列中有两个 16 位定时器/计数器 T0 和 T1。它们各由两个独立的 8 位寄存器组成,共有四个独立的寄存器:TH0,TL0,TH1,TL1。可以对这四个寄存器寻址,但不能把 T0,T1 当作一个 16 位寄存器来寻址。

(9)其他控制寄存器

IP,IE,TMOD,TCON,SCON 和 PCON 寄存器分别包含中断系统、定时器/计数器、串行口

和供电方式的控制和状态位，这些寄存器将在以后有关章节中详述。

同时某些 SFR 寄存器还可以进行位寻址，即对这些 SFR 寄存器 8 位中的任何一位进行单独的位操作。这一点与 20H～2FH 中的位操作是完全相同的。特殊功能寄存器中地址为 8 的倍数的特殊功能寄存器可以进行位寻址，特殊功能寄存器最低位的位地址与特殊功能寄存器的字节地址相同，次低位的位地址等于特殊功能寄存器的字节地址加 1，依此类推，最高位的位地址等于特殊功能寄存器的字节地址加 7。特殊功能寄存器位地址分配情况如表 2.7 所示。

**表 2.7　特殊功能寄存器地址表**

| SFR | 字节 | 位地址 | | | | | | | |
|---|---|---|---|---|---|---|---|---|---|
| | | D0 | D1 | D2 | D3 | D4 | D5 | D6 | D7 |
| P0 | 80 | P0.0 | P0.1 | P0.2 | P0.3 | P0.4 | P0.5 | P0.6 | P0.7 |
| | | 80 | 81 | 82 | 83 | 84 | 85 | 86 | 87 |
| SP | 81 | | | | | | | | |
| DPL | 82 | | | | | | | | |
| DPH | 83 | | | | | | | | |
| PCON | 87 | | | | | | | | |
| TCON | 88 | IT0 | | | | | TF0 | | |
| | | 88 | 89 | 8A | 8B | 8C | 8D | 8E | 8F |
| TMOD | 89 | | | | | | | | |
| TL0 | 8A | | | | | | | | |
| TL1 | 8B | | | | | | | | |
| TH0 | 8C | | | | | | | | |
| TH1 | 8D | | | | | | | | |
| P1 | 90 | P1.0 | P1.1 | P1.2 | P1.3 | P1.4 | P1.5 | P1.6 | P1.7 |
| | | 90 | 91 | 92 | 93 | 94 | 95 | 96 | 97 |
| SCON | 98 | RI | TI | RB8 | TB8 | REN | SM2 | SM1 | SM0 |
| | | 98 | 99 | 9A | 9B | 9C | 9D | 9E | 9F |
| SBUF | 99 | | | | | | | | |
| P2 | A0 | P2.0 | P2.1 | P2.2 | P2.3 | P2.4 | P2.5 | P2.6 | P2.7 |
| | | A0 | A1 | A2 | A3 | A4 | A5 | A6 | A7 |
| IE | A8 | EX0 | ET0 | EX1 | ET1 | ES | | | EA |
| | | A8 | A9 | AA | AB | AC | | | AF |
| P3 | B0 | P3.0 | P3.1 | P3.2 | P3.3 | P3.4 | P3.5 | P3.6 | P3.7 |
| | | B0 | B1 | B2 | B3 | B4 | B5 | B6 | B7 |
| IP | B8 | PX0 | PT0 | PX1 | PT1 | PS | | | |
| | | B8 | B9 | BA | BB | BC | | | |
| PSW | D0 | P | — | OV | RS0 | RS1 | F0 | AC | CY |
| | | D0 | D1 | D2 | D3 | D4 | D5 | D6 | D7 |
| ACC | E0 | | | | | | | | |
| | | E0 | E1 | E2 | E3 | E4 | E5 | E6 | E7 |
| B | F0 | | | | | | | | |
| | | F0 | F1 | F2 | F3 | F4 | F5 | F6 | F7 |

### 2.4.5 并行 I/O 端口

I/O 端口又称为 I/O 接口,也叫做 I/O 通道或 I/O 通路,I/O 端口是 MCS-51 单片机对外部实现控制和信息交换的必经之路。I/O 端口有串行和并行之分,串行 I/O 端口一次只能传送一位二进制信息,并行 I/O 端口一次能传送一组二进制信息。

MCS-51 单片机设有四个 8 位双向 I/O 端口(P0,P1,P2,P3),每一条 I/O 线都能独立地用作输入或输出。P0 口为三态双向口,能负载 8 个 LSTTL 电路。P1,P2,P3 口为准双向口,负载能力为 4 个 LSTTL 电路。

1.P0 口

图 2.10 是 P0 口位结构,包括一个输出锁存器,两个三态缓冲器,一个输出驱动电路和一个输出控制端。输出驱动电路由一对场效应管组成,其工作状态受输出端的控制,输出控制端由一个**与**门、一个反相器和一个转换开关 MUX 组成。对 8051/8751 来讲,P0 口既可作为输入输出口,又可作为地址/数据总线使用。

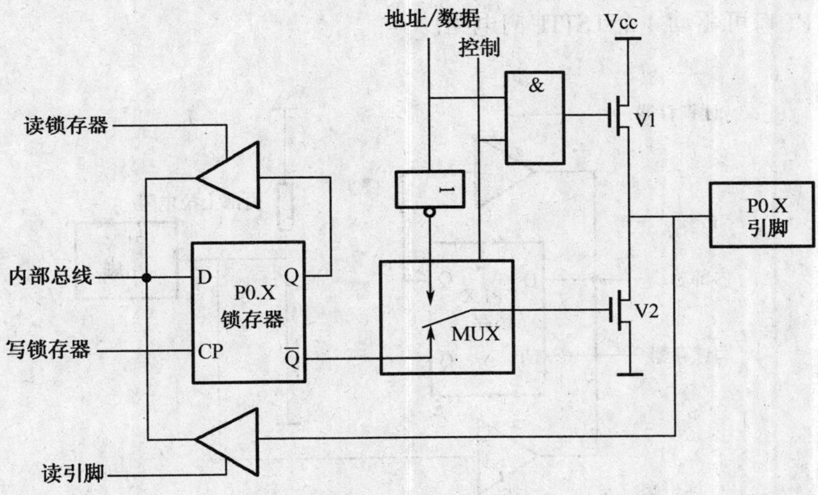


**图 2.10 P0 口位结构**

(1)P0 口作地址/数据复用总线使用

若从 P0 口输出地址或数据信息,此时控制端应为高电平,转换开关 MUX 将反相器输出端与输出级场效应管 V2 接通,同时**与**门开锁,内部总线上的地址或数据信号通过**与**门去驱动 V1 管,又通过反相器去驱动 V2 管,这时内部总线上的地址或数据信号就被传送到 P0 口的引脚上。工作时低 8 位地址与数据线分时使用 P0 口。低 8 位地址由 ALE 信号的负跳变使它锁存到外部地址锁存器中,而高 8 位地址由 P2 口输出。

(2)P0 口作通用 I/O 端口使用

对于有内部 ROM 的单片机,P0 口也可以作通用 I/O 端口,此时控制端为低电平,转换开关把输出级与锁存器的 Q 端接通。同时因**与**门输出为低电平,输出级 V1 管处于截止状态,输出级为漏极开路电路,在驱动 NMOS 电路时应外接上拉电阻。P0 口作输入口用时,应先将锁存器写**1**,这时输出级两个场效应管均截止,可作高阻抗输入,通过三态输入缓冲器读取引脚信号,从而完成输入操作。

(3)P0口线上的“读—修改—写”功能

图2.10中的三态缓冲器是为了读取锁存器Q端的数据。Q端与引脚的数据是一致的。结构上这样安排是为了满足“读—修改—写”指令的需要。这类指令的特点是先读口锁存器,随之可能对读入的数据进行修改,再写入到端口上。例如 ANL P0,A;ORL P0,A;XRL P0,A;……

这类指令同样适于P1~P3口,其操作是先将口字节的全部8位数读入,再通过指令修改某些位,然后将新的数据写回到口锁存器中。

2.P1口

(1)P1口作通用I/O端口使用

P1口是一个有内部上拉电阻的准双向口,位结构如图2.11所示,P1口的每一位口线能独立用作输入线或输出线。作输出时,如将**0**写入锁存器,场效应管导通,输出线为低电平,即输出为**0**。因此在作输入时,必须先将**1**写入口锁存器,使场效应管截止。该口线由内部上拉电阻提拉成高电平,同时也能被外部输入源拉成低电平,即当外部输入**1**时该口线为高电平,而输入**0**时,该口线为低电平。由于其具有内部上拉电阻,可以直接作驱动,不必外加上拉电阻。P1口可驱动4个LSTTL门电路。

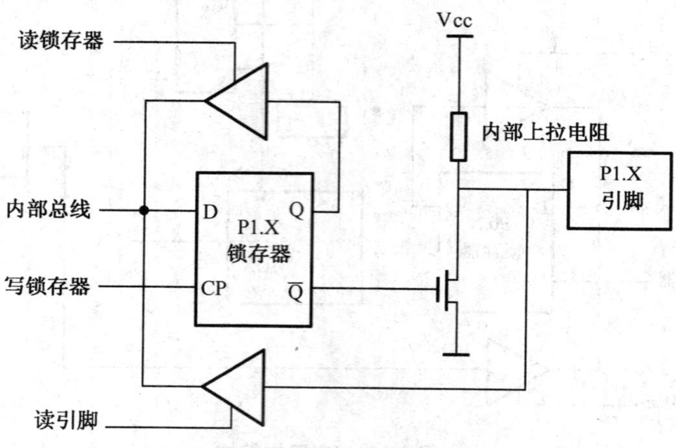


**图2.11 P1口位结构**

(2)P1口其他功能

P1口在EPROM编程和验证程序时,它输入低8位地址;在8032/8052系列中P1.0和P1.1是多功能的,P1.0可作定时器/计数器2的外部计数触发输入端T2,P1.1可作定时器/计数器2的外部控制输入端T2EX。

3.P2口

P2口的位结构如图2.12所示,引脚上拉电阻同P1口。在结构上,P2口比P1口多一个输出控制部分。

(1)P2口作通用I/O端口使用

当作通用I/O端口使用时,P2口是一个准双向口,此时转换开关MUX倒向左边,输出级与锁存器接通,引脚可接I/O设备,其输入输出操作与P1口完全相同。

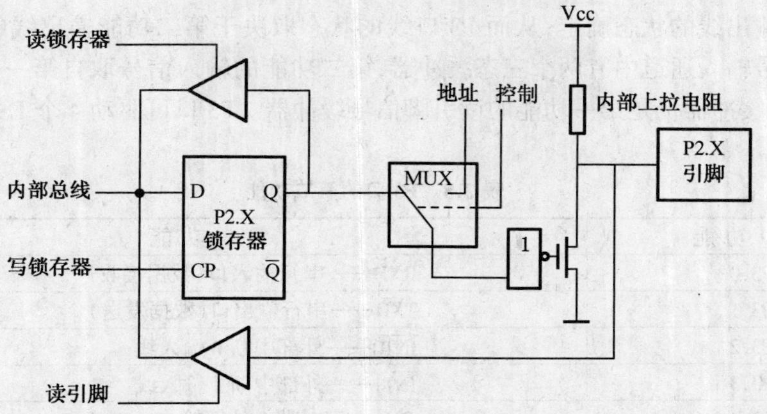


图 2.12　P2 口位结构

(2)P2 口作地址总线口使用

当系统中接有外部存储器时,P2 口用于输出高 8 位地址 A15 ~ A8。这时在 CPU 的控制下,转换开关 MUX 倒向右边,接通内部地址总线。P2 口的口线状态取决于片内输出的地址信息,这些地址信息来源于 PCH,DPH 等。在外接程序存储器的系统中,由于访问外部存储器的操作连续不断,P2 口不断送出地址高 8 位。例如,在 8031 构成的系统中,P2 口一般只作地址总线口使用,不再作 I/O 端口直接连外部设备。

在不接外部程序存储器而接外部数据存储器的系统中,情况有所不同。若外接数据存储器容量为 256B,则可使用 MOVX A,@Ri 类指令由 P0 口送出 8 位地址,P2 口引脚上的信号在整个访问外部数据存储器期间也不会改变,故 P2 口仍可作通用 I/O 端口使用。若外接存储器容量较大,则需用 MOVX A,@DPTR 类指令,由 P0 口和 P2 口送出 16 位地址。在读写周期内 P2 口引脚上将保持地址信息,但由结构可知,输出地址时并不要求 P2 口锁存器锁存 **1**,锁存器内容也不会在送地址信息时改变。故访问外部数据存储器周期结束后,P2 口锁存器的内容又会重新出现在引脚上。这样,根据访问外部数据存储器的频繁程度,P2 口仍可在一定限度内作一般 I/O 端口使用。P2 口可驱动 4 个 LSTTL 门电路。

4. P3 口

P3 口是一个多用途的端口,也是一个准双向口,作为第一功能使用时,其功能同 P1 口,P3 口的位结构如图 2.13 所示。

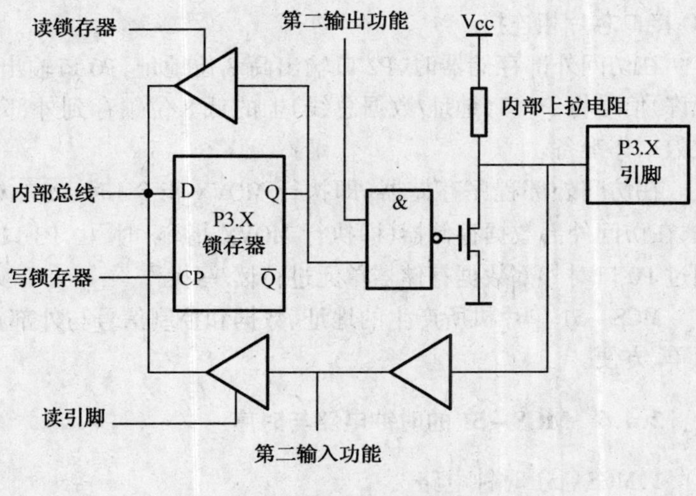


图 2.13　P3 口位结构

当作第二功能使用时,每一位功能定义如表 2.8 所示。P3 口的第二功能实际上就是系统具有控制功能的控制线。此时相应的口线锁存器必须为 **1** 状态，与非门的输出由第二功能输出线的状态确定，从而 P3 口线的状态取决于第二功能输出线的电平。在 P3 口的引脚信号输入通道中有两个三态缓冲器，第二功能的输入信号取自第一个缓冲器的输出端，第二个缓冲器仍是第一功能的读引脚信号缓冲器。P3 口可驱动 4 个 LSTTL 门电路。

**表 2.8　P3 口的第二功能**

| 端口功能 | 第二功能 |
|---|---|
| P3.0 | RXD——串行输入口(数据接收) |
| P3.1 | TXD——串行输出口(数据发送) |
| P3.2 | $\overline{\text{INT0}}$——外部中断 **0** 输入线 |
| P3.3 | $\overline{\text{INT1}}$——外部中断 **1** 输入线 |
| P3.4 | T0——定时器 **0** 外部输入 |
| P3.5 | T1——定时器 **1** 外部输入 |
| P3.6 | $\overline{\text{WR}}$——外部数据存储器写选通信号输出 |
| P3.7 | $\overline{\text{RD}}$——外部数据存储器读选通信号输入 |

每个 I/O 端口内部都有一个 8 位数据输出锁存器和一个 8 位数据输入缓冲器，四个数据输出锁存器与端口号 P0，P1，P2 和 P3 同名，皆为特殊功能寄存器。因此，CPU 数据从并行 I/O 端口输出时可以得到锁存，数据输入时可以得到缓冲。

四个并行 I/O 端口作为通用 I/O 口使用时，共有写端口、读端口和读引脚三种操作方式。写端口实际上就是输出数据，是将累加器 A 或其他寄存器中数据传送到端口锁存器中，然后由端口自动从端口引脚线上输出。读端口不是真正的从外部输入数据，而是将端口锁存器中输出数据读到 CPU 的累加器。读引脚才是真正的输入外部数据的操作，是从端口引脚线上读入外部的输入数据。端口的上述三种操作实际上是通过指令或程序来实现的，这些将在后面章节中详细介绍。

5.并口总线

MCS－51 单片机是总线型结构，通过地址/数据总线可以与存储器(RAM，EPROM)、并行 I/O 接口芯片相连接。

在访问外部存储器时，P2 口输出高 8 位地址，P0 口输出低 8 位地址，由 ALE(地址锁存允许)信号将 P0 口(地址/数据总线)上的低 8 位锁存到外部地址锁存器中，从而为 P0 口接收数据作准备。

在访问外部程序存储器(即执行 MOVX 指令)时，$\overline{\text{PSEN}}$(外部程序存储器选通)信号有效，在访问外部数据存储器(即执行 MOVX 指令)时，由 P3 口自动产生读/写($\overline{\text{RD}}$/$\overline{\text{WR}}$)信号，通过 P0 口对外部数据存储器单元进行读/写操作。

MCS－51 单片机所产生的地址、数据和控制信号与外部存储器、并行 I/O 接口芯片连接简单、方便。

### 2.4.6　MCS－51 的时钟电路与时序

1.MCS－51 时钟电路

MCS－51 单片机片内设有一个由反向放大器构成的振荡电路，XTAL1 和 XTAL2 分别为振荡电路的输入和输出端,时钟可以由内部方式产生或外部方式产生。内部方式和外部方式时钟电路如图 2.14 所示。在 XTAL1 和 XTAL2 引脚上外接定时元件,内部振荡电路就产生自激振荡。定时元件通常采用石英晶体和电容组成的并联谐振回路。晶振可以在 1.2 MHz到12 MHz之间选择,电容值在 20 ~ 40 pF 之间选择,电容的大小可起频率微调作用。一般单片机晶振频率应选择在 12 MHz 以下,常用的有 12 MHz,11.059 2 MHz和 6 MHz。外部方式的时钟很少用,若要用时,只要将 XTAL1 接地,XTAL2 接外部振荡器就行。对外部振荡信号无特殊要求,只要保证脉冲宽度,一般采用频率低于 12 MHz 的方波信号。

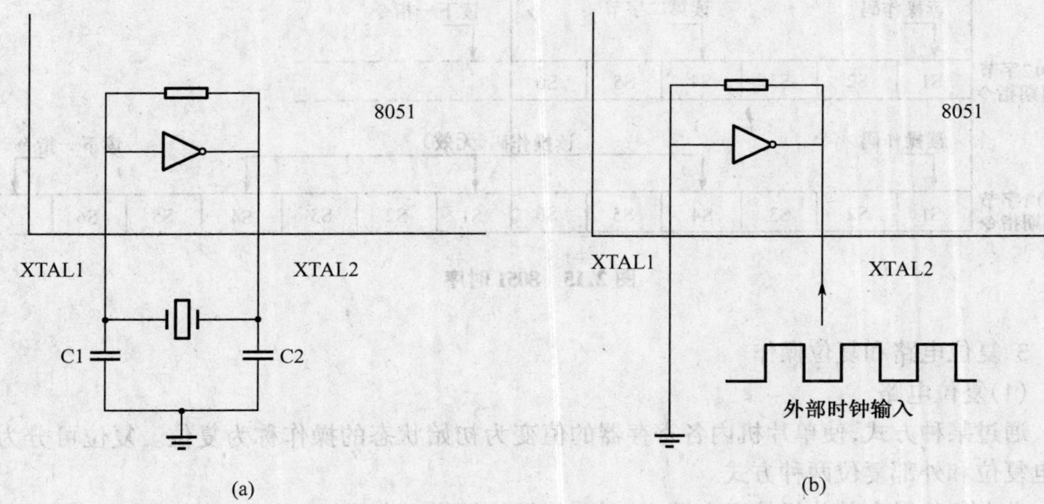


**图 2.14 内部方式和外部方式时钟电路**

(a)使用内部振荡器方式;(b)使用外部时钟方式

2.时序

MCS - 51 单片机一个机器周期由 6 个状态周期(12 个振荡周期)组成。每个状态又被分成两个节拍 P1 和 P2。所以,一个机器周期可以依次表示为 S1P1,S1P2,…,S6P1,S6P2。通常算术逻辑操作在 P1 时相进行,而内部寄存器传送在 P2 时相进行。根据指令的不同,若干个(1 ~ 4)机器周期组成指令周期。

图 2.15 给出了 8051 单片机的取指和执行指令的定时关系。这些内部时钟信号不能从外部观察到,所以用 XTAL2 振荡信号作参考。在图中可以看到,低 8 位地址的锁存信号 ALE 在每个机器周期中两次有效:一次在 S1P2 与 S2P1 期间,另一次在 S4P2 与 S5P1 期间。

对于单周期指令,当操作码被送入指令寄存器时,便从 S1P2 开始执行指令。如果是双字节单机器周期指令,则在同一机器周期的 S4 期间读入第二个字节,若是单字节单机器周期指令,则在 S4 期间仍进行读,但所读的这个字节操作码被忽略,程序计数器也不加 1,在 S6P2 结束时完成指令操作。图 2.15 的(a)和(b)给出了单字节单机器周期和双字节单机器周期指令的时序。8051 指令大部分在一个机器周期完成。乘(MUL)和除(DIV)指令是仅有的需要两个以上机器周期的指令,占用 4 个机器周期。对于双字节单机器周期指令,通常是在一个机器周期内从程序存储器中读入两个字节,唯有 MOVX 指令例外。MOVX 是访问外部数据存储器的单字节双机器周期指令。在执行 MOVX 指令期间,外部数据存储器被访问且被选通时跳过两次取指操作。图2.15(c)给出了一般单字节双机器周期指令的时序。

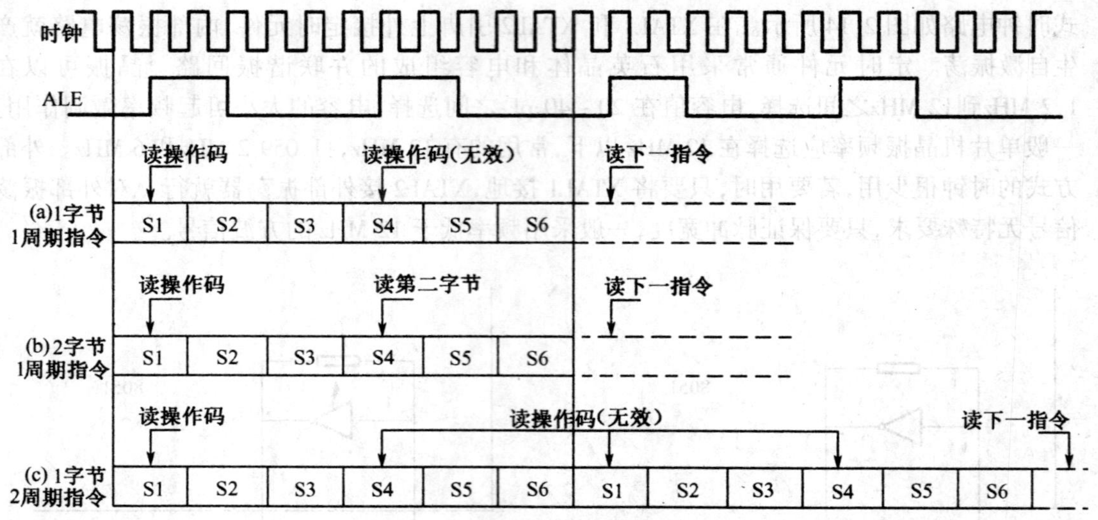


**图 2.15　8051 时序**

3.复位电路和复位操作

(1)复位电路

通过某种方式,使单片机内各寄存器的值变为初始状态的操作称为复位。复位可分为上电复位和外部复位两种方式。

上电复位是在单片机接通电源时,对单片机的复位。常用上电复位电路如图 2.16(a)所示。在上电瞬间 RST 端与 Vcc 电位相同,随着电容上电压的逐渐上升,RST/VPD 端电位逐渐下降。上电复位所需的最短时间是振荡器振荡建立时间加两个机器周期。当振荡频率选用 6 MHz 时,C 选 22 μF,R 选 8.2 K,便能可靠地实现加电自动复位。

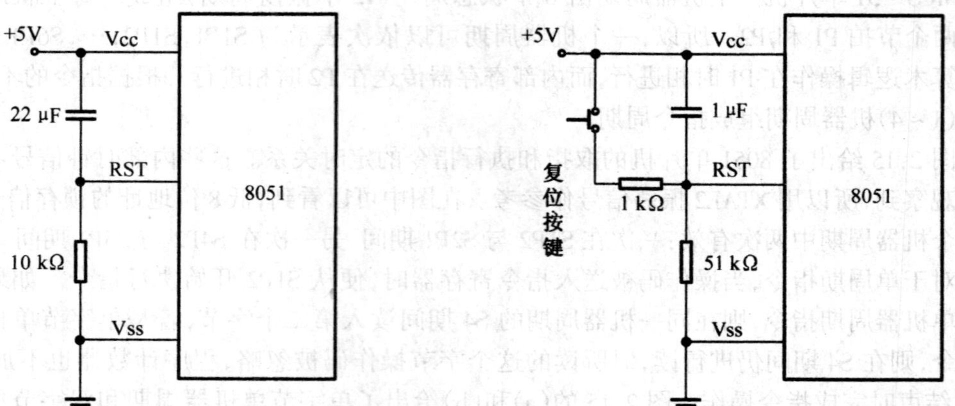


**图 2.16　单片机复位电路**

(a)上电自动复位;(b)上电自动复位 + 按键复位

外部复位是指由外部脉冲促使单片机完成复位动作。当复位脉冲的高电平宽度大于两个机器周期时，单片机可完成外部复位。上电复位加上按键复位电路如图 2.16 所示。

复位电路在实际应用中很重要，不能可靠复位会导致系统不能正常工作，所以现在有专门的复位电路，如 810 系列，这种类型的器件不断有厂家推出更好的产品，如将复位电路、电源监控电路、看门狗电路、串行$E^2$ROM存储器全部集成在一起的电路，有的可分开单独使用，有的可只用部分功能，让使用者就具体实际情况灵活选用。

(2)复位操作

在振荡运行的情况下，要实现复位操作必须使 RST 引脚至少保持两个机器周期(24 个振荡器周期)的高电平。CPU 在第二个机器周期内执行内部复位操作，以后每一个机器周期重复一次，直至 RET 端电平变低。复位期间不产生 ALE 及$\overline{PSEN}$信号。内部复位操作使堆栈指示器 SP 为 07H，各端口都为 1(P0 ~ P3 口的内容均为 0FFH)，特殊功能寄存器都复位为 0，但不影响 RAM 的状态。当 RST 引脚返回低电平以后，CPU 从 0 地址开始执行程序。复位后，各内部寄存状态如下：

| 寄存器 | 内容 |
|---|---|
| PC | 0000H |
| ACC | 00H |
| B | 00H |
| PSW | 00H |
| SP | 07H |
| DPTR | 0000H |
| P0 ~ P3 | 0FFH |
| IP | × × ×00000B |
| IE | 0× ×00000B |
| TMOP | 00H |
| TCON | 00H |
| TH0 | 00H |
| TL0 | 00H |
| TH1 | 00H |
| TL1 | 00H |
| SCON | 00H |
| SBUF | 不定 |
| PCON | 0× × × × × × ×B |

## 2.5 MCS－51 单片机最小系统

### 2.5.1 最小系统组成

一个 MCS－51 单片机最小系统由 AT89C51 加上一个时钟电路和复位电路这些基本电路组成，一个完整的最小系统，如图 2.17 所示。图 2.18 所示为 8031、8 位 3 态 D 锁存器 74LS373、ROM 或 RAM(习惯上将这三样称作老三件)，加上一个时钟电路和复位电路，组成一个最小系统。

### 2.5.2　单片机最小系统的应用

1.简单控制部件简介

最小系统只是单片机能工作的最低要求,它不能对外完成控制任务,也不能人机对话,要进行人机对话还需要一些输入、输出部件,作控制时还需要执行部件。常见的输入部件有开关、按钮、键盘、鼠标等,输出部件有指示灯、数码管、显示器等,执行部件有继电器、电磁阀等,下面介绍几种简单的部件。

(1)继电器

继电器是用低电压控制高电压的器件,它分为线圈、铁芯、衔铁、触点,触点有常开触点、常闭触点之分。在开关特性上有单刀单置、双刀单置、单刀双置、双刀双置、单刀多置、双刀多置之别。图 2.19(a)为继电器的符号,图中只列了四种类型的继电器,方框为线圈,圆圈为触点,直线为刀。

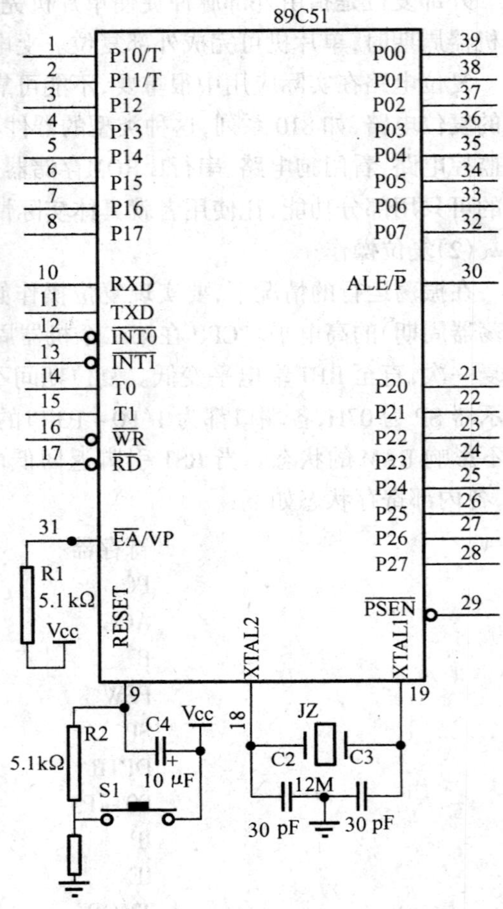


图 2.17　AT89C51 最小系统

继电器的工作过程:线圈得电时,常开触点闭合,常闭触点断开;线圈失电时,常开触点断开,常闭触点闭合。电路连接时,单片机的一个输出口线接线圈的一端,线圈的另一端接符合线圈电压标准的电源,以单刀单置继电器为例,将 220 V 相线断开接触点两端(相当于在相线上接一个开关),220 V 线上再接电器设备。这样我们只要用软件控制单片机的该输出口线为低电平,线圈得电,常开触点闭合,电器设备工作(设定低电平工作);用软件控制单片机的该输出口线为高电平,线圈失电,常开触点断开,电器设备停止工作(设定高电平停止)。

(2)光耦

光耦在电路中起隔离作用,由光作为信号传递媒介(工具),将单片机和外部设备在电气隔离。光耦分为三极管型光耦(又分带基极型和不带基极型)、可控硅型光耦(又分单向可控和双向可控),如图 2.20 所示。光耦的工作过程是电流通过内部发光管,发光管发光,所对应的内部三极管导通,无电流通过内部发光管,发光管不发光,所对应的内部三极管不导通(断开)。一般接法是内部发光管阳极接高电平(电源正极),与单片机同电源。阴极接单片机的某一输出口线,内部三极管对外的两端接外部设备,这就将单片机和外部设备在电气上分隔开。当用软件控制单片机的该输出口线为低电平时,内部发光管发光,所对应的内部三极管导通,外部设备工作(设定低电平工作);用软件控制单片机的该输出口线为高电平时,内部发光管就不发光,所对应的内部三极管不导通,外部设备就停止(设定高电平停止)。

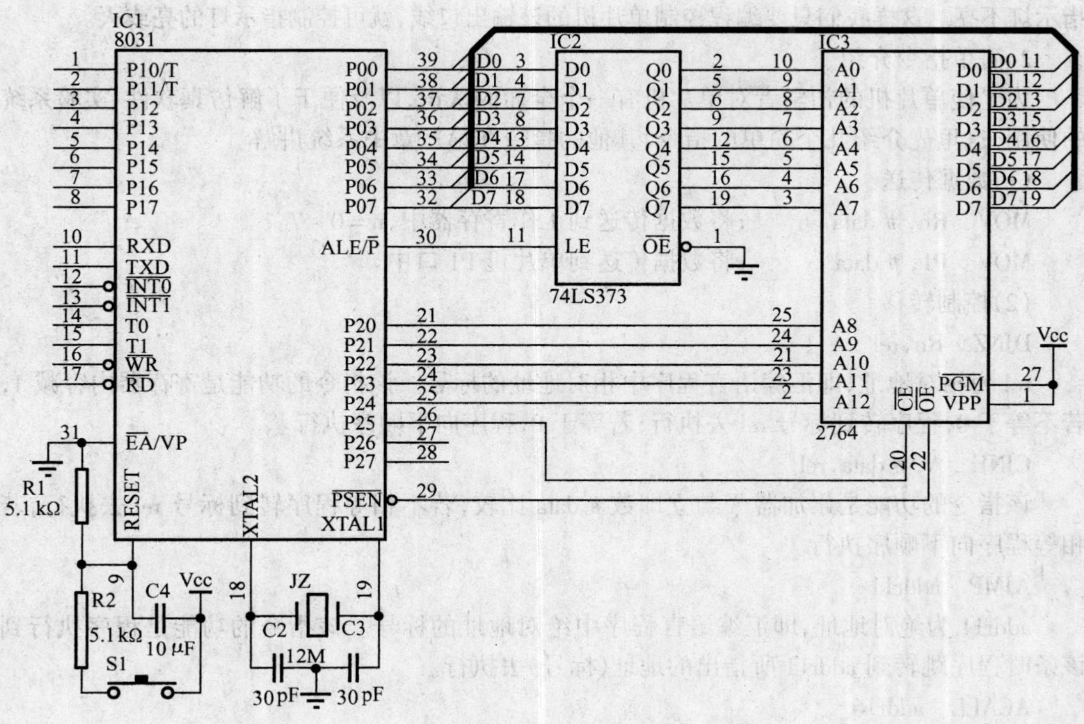


图 2.18　8031 最小系统

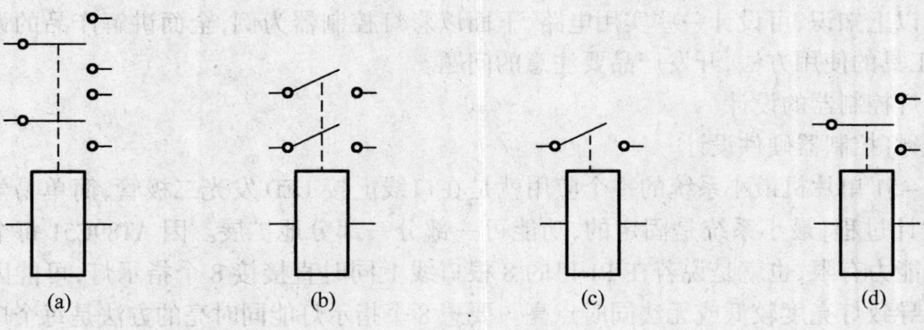


图 2.19　继电器符号

(a)双刀双置；(b)双刀单置；(c)单刀单置；(d)单刀双置

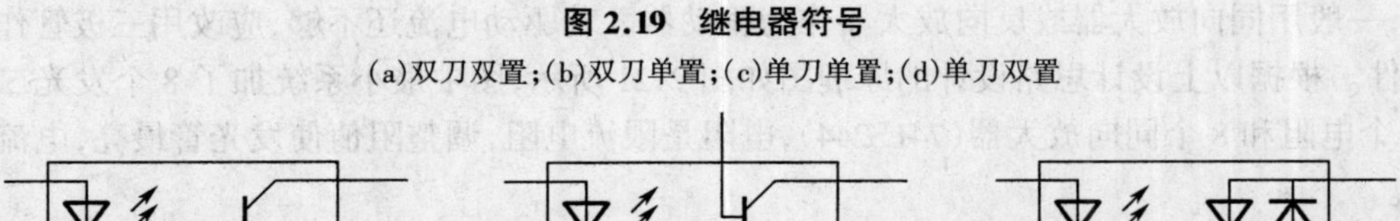


图 2.20　光耦符号

(a)不带基极二极管光耦；(b)带基极二极管光耦；(c)可控硅型光耦

(3)指示灯

相当于一个二极管，加正向电压发光，反之不发光，一般接法是阳极接高电平，电源正极，阴极接单片机的某一输出口线，当该输出口线为低电平时，指示灯亮，该输出口线为高电平时，指示灯不亮。这样我们只要编程控制单片机的该输出口线,就可控制指示灯的亮或灭。

2.简单指令介绍

为了使单片机的初学者对单片机有一个全面的认识,以及便于了解仿真软件、实验系统的使用,这里先介绍几个简单的指令,其他的指令在第三章中系统讲解。

(1)数据传送

```
MOV   Rn, # data        ;将数据传送到工作寄存器中,n = 0 ~ 7。
MOV   P1, # data        ;将数据传送到单片机 P1 口中
```

(2)控制转移

```
DJNZ   Rn,rel
```

rel 为相对地址,即汇编语言程序中相对地址的标号。该指令的功能是寄存器内容减 1,若不等于 0,程序转到标号 rel 去执行;若等于 0,程序向下顺序执行。

```
CJNE   A, # data,rel
```

该指令的功能是累加器 A 与立即数 # data 比较,若不相等程序转到标号 rel 去执行,若相等程序向下顺序执行。

```
AJMP   addr11
```

addr11 为绝对地址,即汇编语言程序中绝对地址的标号。该指令的功能是程序执行到该条时程序跳转到 addr11 所指出的地址(标号)去执行。

```
ACALL   addr16
```

该指令的功能是调用 addr16 所指出的子程序,即程序跳转到 addr16 所指出的地址(标号)去执行,当执行到 RET 语句时又返回。

有了以上知识,可设计一些实用电路,下面以彩灯控制器为例,全面讲解产品的设计过程,开发工具的使用方法,开发产品要注意的问题。

3.彩灯控制器的设计

(1)彩灯控制器硬件设计

MCS - 51 单片机最小系统的一个应用就是在口线上接 LED 发光二极管,简单易学。下面讨论设计过程,最小系统是固定的,功能可一部分一部分地扩展。因 AT89C51 每个端口带负载的能力有限,也就是说若在 P1 口的 8 根口线上同时直接接 8 个指示灯,可能因驱动能力有限导致灯亮度较低或无法同时点亮。要想 8 个指示灯能同时亮的方法是每个口线加驱动,一般用同向放大器或反向放大器作为驱动器。若驱动电流还不够,应改用三极管作驱动器件。根据以上设计思路设计的原理图如图 2.21 所示,图中最小系统加了 8 个发光二极管、8 个电阻和 8 个同向放大器(74LS244),电阻是限流电阻,调整阻值使发光管最亮,电流又最小。

在实际应用中还要根据以上原理图设计出印制板图。加工出印制板后,按原理图焊接元件,最后调试硬件。

调试的方法是,先用万用表对照原理图逐根线逐点检查,特别是电源不能接反,反复检查没错后,拔掉 AT89C51,将 P1 口的每个脚对地短路,看指示灯是否亮,亮为好,如灯不亮,查发光管是否好,方向是否接反,接下来查电阻是否开路,阻值是否太大,再查同向放大器是否好,如果有问题,一般换一个芯片试试,检查没错后,一个实用的彩灯控制器的硬件就设计成功了。

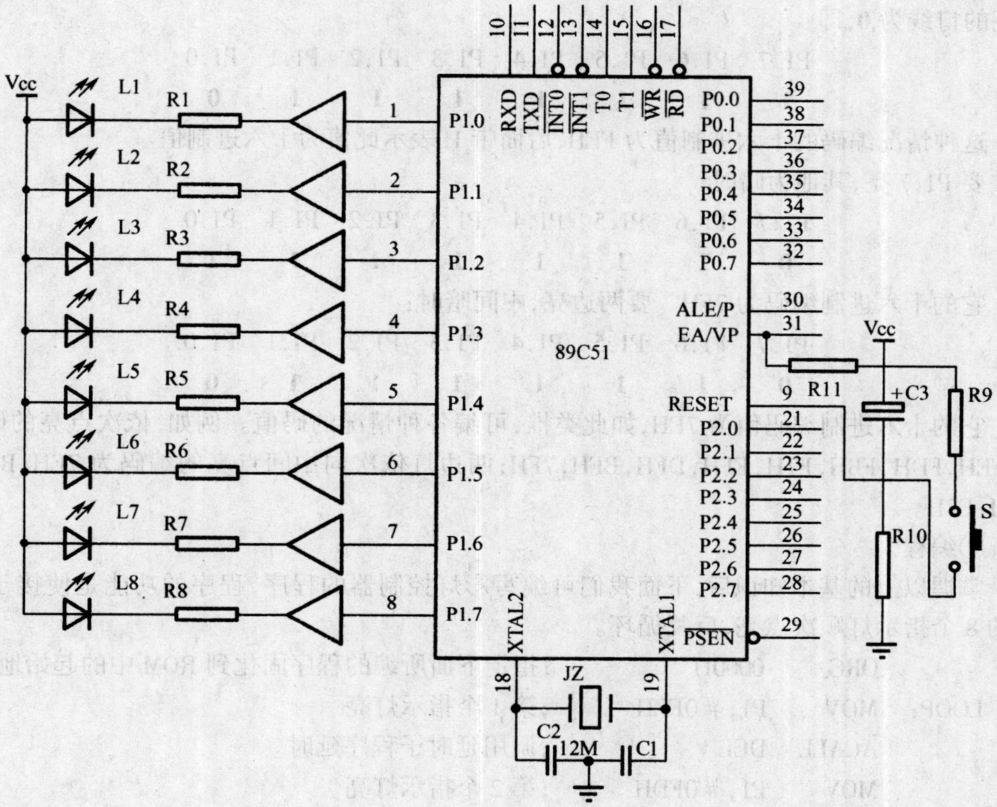


图 2.21　AT89C51 彩灯控制器电路图

(2)彩灯控制器软件设计

①延时程序

设计软件之前要考虑数据的编码和硬件的反应时间与人眼的视觉暂留时间。指示灯的闪动,即一亮一暗的延时应在 0.5 s 以上,一般定为 1 s,不然人的眼睛感觉不出亮暗变化。

编程时两次送数之间要延时,延时程序一般用循环程序编写(也可用定时器)。延时程序如下:

```
DEL:  MOV R7, # 0FFH
DEL1: MOV R6, # 0FFH
DEL2: DJNZ R6,DEL2
      DJNZ R7,DEL1
      RET
```

此程序为二重循环,第一循环体为 DEL2:DJNZ R6,DEL2,第一循环体完后再进入第二循环体 DJNZ R7,DEL1,以此类推,可编多重循环程序。

②数据的编码

从原理图上可以知道,P1 口线为低电平时指示灯亮,P1 口线为高电平时指示灯不亮。在编程时用字节操作法设定指示灯亮的对应口线为低电平,指示灯不亮的对应口线为高电平，把这些亮暗的情况先用十六进制编码，例如，要 P1.0 亮，其他的暗，编码时暗的口线为 **1**，亮的口线为 **0**，即

| P1.7 | P1.6 | P1.5 | P1.4 | P1.3 | P1.2 | P1.1 | P1.0 |
|---|---|---|---|---|---|---|---|
| **1** | **1** | **1** | **1** | **1** | **1** | **1** | **0** |

这种情况编码的十六进制值为 FEH，后面带 H 表示此值为十六进制值。

要 P1.7 亮，其他为暗时：

| P1.7 | P1.6 | P1.5 | P1.4 | P1.3 | P1.2 | P1.1 | P1.0 |
|---|---|---|---|---|---|---|---|
| **0** | **1** | **1** | **1** | **1** | **1** | **1** | **1** |

它的十六进制编码为 7FH。要两边亮，中间暗时：

| P1.7 | P1.6 | P1.5 | P1.4 | P1.3 | P1.2 | P1.1 | P1.0 |
|---|---|---|---|---|---|---|---|
| **0** | **1** | **1** | **1** | **1** | **1** | **1** | **0** |

它的十六进制编码值为 7EH，如此类推，可编各种情况的码值。例如，依次点亮的码值为 FEH，FDH，FBH，F7H，EFH，DFH，BFH，7FH；两边灯依次向中间点亮的编码为 7EH，BDH，DBH，E7H。

③编程

掌握以上的基本知识后，下面我们可编写彩灯控制器的程序，程序的功能是使接于 P1 口的 8 个指示灯顺次点亮，反复循环。

```
        ORG     0000H           ;指定下面所编的程序固化到 ROM 中的起始地址
LOOP:   MOV     P1, # 0FEH      ;第 1 个指示灯亮
        ACALL   DEL             ;调用延时子程序延时
        MOV     P1, # 0FDH      ;第 2 个指示灯亮
        ACALL   DEL
        MOV     P1, # 0FBH      ;第 3 个指示灯亮
        ACALL   DEL
        MOV     P1, # 0F7H      ;第 4 个指示灯亮
        ACALL   DEL
        MOV     P1, # 0EFH      ;第 5 个指示灯亮
        ACALL   DEL
        MOV     P1, # 0DFH      ;第 6 个指示灯亮
        ACALL   DEL
        MOV     P1, # 0BFH      ;第 7 个指示灯亮
        ACALL   DEL
        MOV     P1, # 7FH       ;第 8 个指示灯亮
        ACALL   DEL
        AJMP    LOOP            ;反复循环
DEL:    MOV R7, # 0FFH
DEL1:   MOV R6, # 0FFH
DEL2:   DJNZ    R6, DEL2
        DJNZ    R7, DEL1
        RET
```

将此程序汇编后固化到 AT89C51 中,彩灯应按以上编程思路变化。可以编写各种控制彩灯变化的程序,使彩灯变化花样更多,运行后更加美丽。

彩灯控制器只是作为实验之用和作为学习单片机知识的入门产品,要真正成为实用产品还要做很多工作,下面来设计一个实际可用的产品:顺序控制器。

4.带顺序控制器的彩灯单片机设计

顺序控制是工业自动控制系统中常见的一种控制方式。所谓顺序控制是指按时序或事序规定工作的自动控制方式。

本产品使用 AT89C51 的 P1.0 ~ P1.3 分别通过光电隔离后,用四只三极管,驱动四只继电器工作,通过继电器可控制四台电动机工作。

原理图如图 2.22 所示,然后按原理图焊接硬件(做成印制线路板最好),也可使用分立拼装板。将 CPU 板和驱动板、继电器板、光耦板拼装好,连好线,检查无误后进行下一步。

(1)硬件诊断

用瞬间短路法诊断硬件好坏。用一根导线分别将 P1.0,P1.1,P1.2,P1.3 对地瞬间短路,继电器应动作。若不动作,分以下两种情况。第一,所有的继电器不动作,对于这种情况,首先应查电源的正负线是否连好,用万用表测 +12 V,+5 V 是否正常。第二,个别继电器不动作,分别查对应的光耦、三极管、继电器。先查光耦,将 P1 的某一口线对地瞬间短路,对应光耦的内部三极管集电极应有电压高低变化,图 2.22 中光耦的内部发光二极管的阴极为高电平时,发光二极管熄灭,内部三极管截止,光耦的内部三极管集电极为高电平,图 2.22 中光耦的内部发光二极管的阴极为低电平时,发光二极管发光,内部三极管导通,光耦的内部三极管集电极为低电平。若三极管没有这种高低电平变化,说明光耦是坏的,换光耦。反之说明光耦是好的。继续查继电器 4123,当三极管集电极为低电平时,继电器得电,应吸合,若不吸合说明继电器坏,换继电器,还应查二极管是否被击穿。

元件一个一个判断检查,直到全都正常为止。以后还可用仿真器诊断硬件好坏,也可用固化器固化程序直接诊断硬件好坏。

(2)软件编写(根据以上简单指令编写程序如下所示)

```
        ORG     0000H
MAIN:   MOV     P1, # 0FEH
        ACALL   DEL
        MOV     P1, # 0FDH
        ACALL   DEL
        MOV     P1, # 0FBH
        ACALL   DEL
        MOV     P1, # 0F7H
        ACALL   DEL
        AJMP    MAIN
DEL:    MOV     R4, # 0FFH
DEL1:   MOV     R5, # 0FFH
DEL2:   DJNZ    R5,DEL2
        DJNZ    R4,DEL1
        RET
```

将以上程序汇编后，固化到 AT89C51 中，插入板中就可运行，有时会出现继电器乱跳现象，说明抗干扰能力不行，还要进行软件、硬件抗干扰，这在以后的章节中会详细论述。

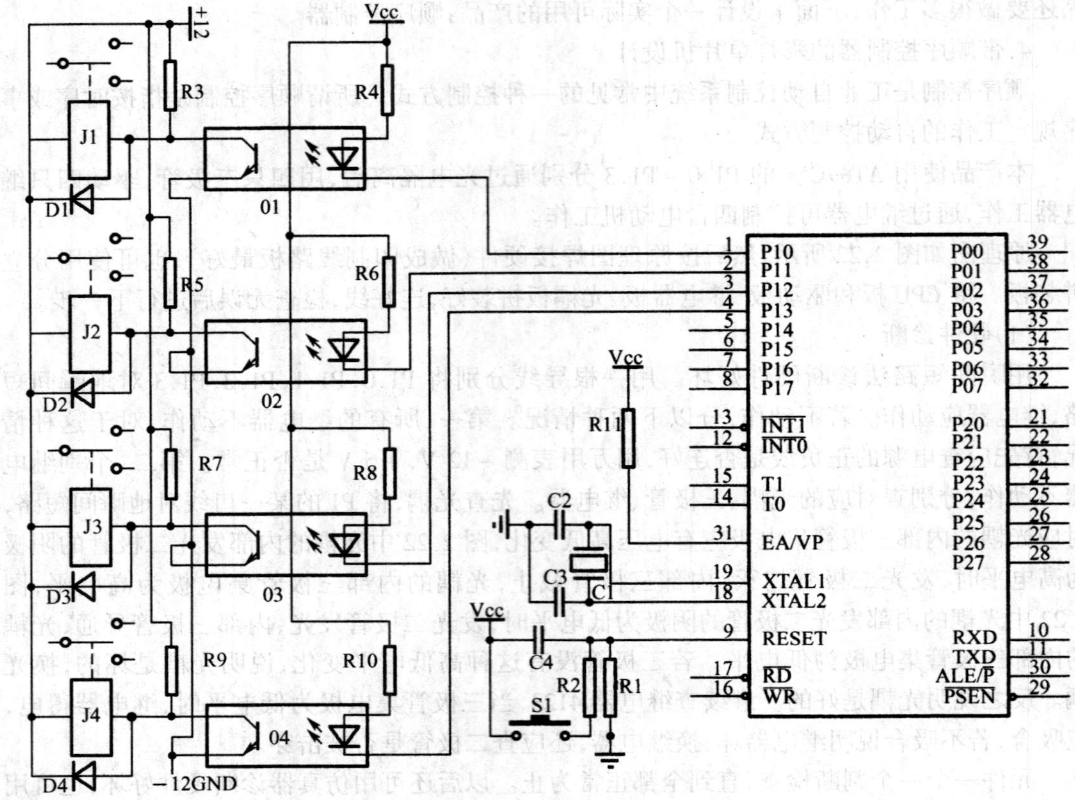


**图 2.22　带顺序控制器的彩灯单片机设计**

## 习题与思考题

2－1　MCS－51 系列单片机内部有哪些主要的逻辑部件？

2－2　MCS－51 设有 4 个 8 位并行端口(32 条 I/O 线)，实际应用中 8 位数据信息由哪一个端口传送？16 位地址线是怎样形成的？P3 口有何功能？

2－3　试分析 MCS－51 端口的两种读操作(读端口引脚和读锁存器)，读—修改—写操作是按哪一种操作进行的，结构上的这种安排有何功用？

2－4　MCS－51 的存储器结构与一般的微型计算机有何不同，程序存储器和数据存储器各有何功用？

2－5　特殊功能寄存器中哪些寄存器可以位寻址，它们的字节地址是什么？

2－6　简述程序状态字 PSW 中各位的含义。

# 第 3 章 MCS - 51 指令系统

单片机是高度自动化的机器,它能在程序控制下自动进行运算和事务处理。整个过程是由 CPU 中的控制器控制的。一般情况下,控制器按顺序自动连续地执行存放在存储器中的指令,而由指令执行某种操作。单片机能直接识别的只能是由 **0** 和 **1** 编码组成的指令,也称为机器语言指令,这种编码称为机器码,由机器码编制的计算机能识别和执行的程序称为目的程序。

单片机编程语言可以分为以下三种。

1.机器语言　它是计算机操作的直接代码(可以运行的代码)。一般用十六进制数直接表示,如 75H,90FH,0D5H 等。

2.汇编语言　它是机器语言的助记符。在 MCS - 51 指令系统中代码 75H,90FH、0D5H 可表示为 MOV P1, # 0D5H 。值得注意的是,汇编语言程序不能被计算机直接识别并执行,必须经过一个中间环节把它翻译成机器语言程序,这个中间过程叫做汇编。汇编有两种方式:机器汇编和手工汇编。机器汇编是用专门的汇编程序,在计算机上进行翻译;手工汇编是编程员把汇编语言指令通过查指令表逐条翻译成机器语言指令。现在主要使用机器汇编,但有时也用到手工汇编。

3.高级语言　如 C 语言等,在运行前需要将高级语言先编译成汇编语言后,再编译成机器语言运行。

## 3.1　MCS - 51 单片机汇编语言格式

MCS - 51 单片机汇编语言格式为:

[标号:] 操作码助记符 [操作数 1],[操作数 2],[操作数 3];[注释]

1.标号

标号是语句的符号地址。编译将语句的符号地址还原成该指令所在的实际地址。使用标号主要便于编程和查询。

标号一般由 1 ~ 6 个字符组成,但第一个字符必须以字母开头(即 A,B,C,…,Z 或 a,b,c,…,z),其余的可以是其他符号或数字。某个语句一旦使用了某个标号,则在其他相应的语句中就可引用该标号。标号与操作码助记符之间用冒号“:”分隔。

2.操作码助记符

操作码助记符用来表示指令完成的操作。为了便于记忆,通常用所执行操作相应的英文缩写表示,如加法用 ADD、减法用 SUBB、传送用 MOV 等。

3.操作数 1

通常是执行操作的目的单元,如寄存器、标号等。

4.操作数 2

通常是执行操作目的单元的来源,有时也称源操作数,同样也可以是寄存器、常量、标号等。

5.操作数3

通常是执行操作的目的地址或相对偏移量,在汇编程序中经常用标号来表示。

6.注释

注释是对该语句作用或程序的简要说明,可有可无,不是必备的,主要是帮助阅读、理解和使用源程序,以“;”开始,其后为注释部分。

操作码助记符与操作数1之间用空格分隔,操作数与操作数之间用“,”分隔。

## 3.2 MCS-51机器语言指令格式

MCS-51机器语言指令根据其指令编码长短的不同有单字节指令、双字节指令和三字节指令三种格式。

1.单字节指令

单字节指令由8位二进制编码表示,具体有以下两种形式。

(1)8位编码全表示操作码。例如,空操作指令NOP,其机器码为

| 0 | 0 | 0 | 0 | 0 | 0 | 0 | 0 |
|---|---|---|---|---|---|---|---|

(2)8位编码中包含操作码和寄存器编码。例如,MOV A,Rn这条指令的功能是把寄存器Rn(n=0,1,2,3,4,5,6,7)中的内容送到累加器A中去。其机器码为

| 1 | 1 | 1 | 0 | 1 | ←Rn→ |
|---|---|---|---|---|---|
| 操作码 | | | | | 寄存器编码 |

假设n=0,则寄存器编码为Rn=**000**(参见指令表),则指令MOV A,R0的机器码为E8H,其中操作**11101**表示执行把寄存器中的数据传送到A中去的操作。**000**为R0寄存器编码。

2.双字节指令

双字节指令格式中,指令的编码由两个字节组成,该指令存放在存储器时需占用两个存储器单元。例如,MOV A,#DATA这条指令的功能是将立即数DATA送到累加器A中去。假设立即数DATA=85H,则其机器码为

| | | | | | | | | | |
|---|---|---|---|---|---|---|---|---|---|
| 第一字节 | 0 | 1 | 1 | 1 | 0 | 1 | 0 | 0 | 操作码 74H |
| 第二字节 | 0 | 1 | 1 | 1 | 0 | 1 | 0 | 1 | 操作数(立即数75H) |

3.三字节指令

三字节指令格式中第一个字节为操作码,其后两个字节为操作数。例如,MOV direct,

# DATA 这条指令是指立即数 DATA 送到地址为 direct 的单元中去。假设 direct = 78H, DATA = 80H,则 MOV 78H, # 80H 指令的机器码为

| | | | | | | | | | |
|---|---|---|---|---|---|---|---|---|---|
| 第一字节 | 0 | 1 | 1 | 1 | 0 | 1 | 0 | 1 | 操作码 75H |
| 第二字节 | 0 | 1 | 1 | 1 | 1 | 0 | 0 | 0 | 第一操作数(目的地址) |
| 第三字节 | 1 | 0 | 0 | 0 | 0 | 0 | 0 | 0 | 第二操作数(立即数) |

## 3.3 寻址方式

在带有操作数的指令中,数据可能就在指令中,,也有可能在寄存器或存储器中,甚至在 I/O 口中。对这些设备内的数据要正确进行操作就要在指令中指出其地址,寻找操作数地址的方法称为寻址方式。寻址方式的多少及寻址功能的强弱是反映指令系统性能优劣的重要依据。MCS - 51 指令系统的寻址方式有下列几种:

①立即寻址

②直接寻址

③寄存器寻址

④寄存器间接寻址

⑤基寄存器加变址寄存器间接寻址(基址变址寻址)

⑥相对寻址

⑦位寻址

在分类介绍之前,先把描述指令的一些符号作以简单的说明。

Rn——表示当前工作寄存器区中的工作寄存器,n 取 0 ~ 7,表示 R0 ~ R7。

direct——8 位内部数据存储单元地址。它可以是一个内部数据 RAM 单元(0 ~ 127)或特殊功能寄存器地址或地址符号。

@Ri——通过寄存器 R1 或 R0 间接寻址的 8 位内部数据 RAM 单元(0 ~ 255),i = 0,1。

# data——指令中的 8 位立即数。

# data16——指令中的 16 位立即数。

addr16——16 位目标地址。用于 LCALL 和 LJMP 指令,可指向 64K 字节程序存储器地址空间的任何地方。

addr11——11 位目标地址。用于 ACALL 和 AJMP 指令,转至当前 PC 所在的同一个 2K 字节程序存储器地址空间内。

rel——补码形式的 8 位偏移量。用于相对转移和所有条件转移指令中。偏移量相对于当前 PC 计算,在 - 128 ~ + 127 范围内取值。

DPTR——数据指针,用作 16 位的地址寄存器。

A——累加器。

B——特殊功能寄存器，专用于乘(MUL)和除(DIV)指令中。

C——进位标志或进位位。

bit——内部数据RAM或部分特殊功能寄存器里的可寻址位的位地址。

$\overline{\text{bit}}$——表示对该位操作数取反。

(X)——X中的内容。

((X))——表示以X单元的内容为地址的存储器单元内容，即(X)作地址，该地址单元的内容用((X))表示。

下面详细介绍各种寻址方式。

1.立即寻址

立即寻址方式是操作数包含在指令字节中，指令操作码后面字节的内容就是操作数本身，汇编指令中，在一个数的前面冠以“#”符号作前缀就表示该数为立即寻址。例如：

| 机器码 | 助记符 | 注释 |
|---|---|---|
| 74H 70H | MOV A, #70H | ;70H→A |

指令功能是将立即数70H送入累加器A，这条指令为双字节指令，操作数本身70H跟在操作码74H后面，以指令形式存放在程序存储器内。

在MCS-51指令系统中还有一条立即数为双字节的指令：

| 机器码 | 助记符 | 注释 |
|---|---|---|
| 90H 82H 00H | MOV DPTR, #8200H | ;82H→DPH,00H→DPL |

这条指令存放在程序存储器中占三个存储单元。

请注意，在MCS-51汇编语言指令中，#data表示8位立即数，#data16表示16位立即数，立即数前面必须有符号“#”，上述两例写成一般格式为

```
MOV   A, #data
MOV   DPTR, #data16
```

2.直接寻址

在指令中含有操作数的直接地址，该地址指出了参与操作的数据所在的字节地址或位地址。

直接寻址方式中操作数存储的空间有以下三种：

(1)内部数据存储器的低128个字节单元(00H~7FH)

例如：MOV A,70H ;(70H)→A

指令功能是把内部RAM 70H单元中的内容送入累加器A。

(2)位地址空间

例如：MOV C,00H ;直接位00H内容→进位位

(3)功能寄存器

特殊功能寄存器只能用直接寻址方式进行访问。例如：

MOV IE, #85H ;立即数85H→中断允许寄存器IE。

IE为特殊功能寄存器，其字节地址为A8H。一般在访问SFR时，可在指令中直接使用该寄存器的名字来代替地址。

3.寄存器寻址

由指令指出某一个寄存器中的内容作为操作数，这种寻址方式称为寄存器寻址。寄存器寻址按所选定的工作寄存器 R0 ~ R7 进行操作，指令机器码的低 3 位的 8 种组合 000,001,…,110,111 分别指明所用的工作寄存器 R0,R1,…,R6,R7。如 MOV A,Rn(n = 0 ~ 7)，这 8 条指令对应的机器码分别为 E8H ~ EFH。例如：

```
INC  R0      ;(R0) + 1→R0
```

指令功能是对寄存器 R0 进行操作，使其内容加 1。

4.寄存器间接寻址

由指令指出某一个寄存器的内容作为操作数的地址，这种寻址方式称为寄存器间接寻址。这里要注意，在寄存器间接寻址方式中，存放在寄存器中的内容不是操作数，而是操作数所在的存储器单元地址，寄存器起地址指针的作用，寄存器间接寻址用符号"@"表示。寄存器间接寻址只能使用寄存器 R0 或 R1 作为地址指针，来寻址内部 RAM(00H ~ FFH)中的数据。寄存器间接寻址也适用于访问外部 RAM，此时可使用 R0,R1 或 DPTR 作为地址指针。例如：

```
MOV  A,@R0        ;((R0))→A
```

指令功能是把 R0 所指出的内部 RAM 单元中的内容送累加器 A。若 R0 内容为 60H，而内部 RAM 60H 单元中的内容是 3BH，则指令 MOV A,@R0 的功能是将 3BH 这个数送到累加器 A 中，如下图所示：

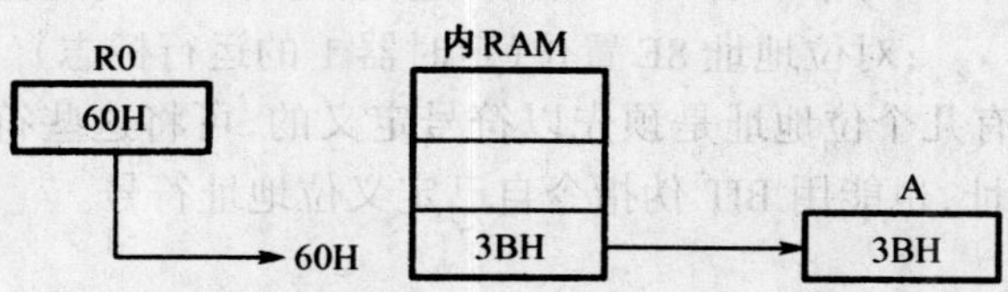


5.基址寄存器加变址寄存器间接寻址

这种寻址方式用于访问程序存储器中的数据表格，它把基址寄存器(DPTR 或 PC)和变址寄存器 A 的内容作为无符号数相加形成 16 位的地址，访问程序存储器中的数据表格。例如：

```
MOVC  A,@A + DPTR     ;((DPTR) + (A))→A
MOVC  A,@A + PC       ;((PC) + (A))→A
```

A 中为无符号数，指令功能是 A 的内容和 DPTR 或当前 PC 的内容相加得到程序存储器的有效地址，把该存储器单元中的内容送到 A。

6.相对寻址

这类寻址方式是以当前 PC 的内容作为基地址，加上指令中给定的偏移量所得结果作为转移地址，它只适用于双字节转移指令。偏移量是带符号数，在 - 128 ~ + 127 范围内，用补码表示。例如：

```
JC  rel                ;C = 1 跳转
```

第一字节为操作码，第二字节就是相对于程序计数器 PC 当前地址的偏移量 rel。若转移指令操作码存放在 1000H 单元，偏移量存放在 1001H 单元，该指令执行后 PC 已为 1002H。若偏移量 rel 为 05H，则转移到的目标地址为 1007H，即当 C = 1 时，将去执行 1007H 单元中的指令。

7.位寻址

位地址表示一个可作位寻址的单元,它或者在内部 RAM 中(字节地址 20H~2FH)或者是一个硬件的位。有两种方法在一个操作数中表示一个位地址。

(1)能够用一个 DATA 类型地址规定一个含有该位的字节,并用位选择符号点(.),尾随一个位的识别符(0~7)单独指出该字节中特定的位。例如,FLAGS.3,21H.0 及 ACC.7 是位选择符的有效用法。能够用一个汇编时的表达式去表达该字节地址或该位识别符。汇编程序会把它翻译成正确的绝对值或可重新定位值。注意,仅在片内地址空间的某些字节可作位寻址。

(2)要明确规定位地址。此时该表达式表示该位空间中的位地址。注意位地址 0 至 127 映像到片内 RAM 的字节 32 至 47,而位 128 至 255 映像至硬件寄存器空间可作位寻址的单元(并非全部单元有定义)。如果在 BIT 伪指令的内容中用了位地址,那么第一个表达式必须是一个绝对的或是简单的可重新定位的表达式。如果在一个期待位地址的地方,位地址被用于一个机器指令,那么也允许用一个通用的可重新定位的表达式。下面一些例子表示几种规定位的方法:

```
SETB  TR1         ;置预先定义了的位地址 TR1(定时器上的运行标志)
SETB  ALARM       ;置用户定义的位 ALARM
SETB  88H.6       ;置 88H 单元的位 6(定时器 1 的运行标志)
CPL   FLAGS.ON    ;对字节 FLAGS 的 ON 置位(定时器 1 的运行标志)
SETB  8EH         ;对位地址 8E 置位(定时器 1 的运行标志)
```

在 8051 芯片上,有几个位地址是预先以符号定义的,可将这些符号用在操作数中。特殊功能寄存器可位寻址,也能用 BIT 伪指令自己定义位地址符号。

## 3.4 指令系统

MCS-51 指令系统有 42 种助记符,代表了 33 种操作功能,这是因为有的功能可以有几种助记符(例如数据传送的助记符有 MOV,MOVC,MOVX)。指令功能助记符与操作数各种可能的寻址方式相结合,共构成 111 条指令。如果按字节分类,这 111 条指令包括单字节指令 49 条,双字节指令 45 条,三字节指令 17 条;若从指令执行的时间看,包括单机器周期(12 个振荡器周期)指令 64 条,双机器周期指令 45 条,两条(乘、除)四个机器周期指令;在 12 MHz 晶振的条件下,指令分别为 1 μs,2 μs 和 4 μs。由此可见 MCS-51 指令系统具有存储空间效率高和执行速度快的特点。

按照指令的功能,MCS-51 指令系统可分为五类:数据传送类;算术运算类;逻辑操作类;控制转移类;位操作类。

### 3.4.1 数据传送类指令

数据传送指令一般的操作是把源操作数传送到指令所指定的目标地址,指令执行后源操作数不变,目的操作数被源操作数所代替。数据传送是一种最基本的操作,数据传送指令是编程时使用最频繁的指令,其性能对整个程序的执行效率起很大的作用。在 MCS-51 指令系统中,数据传送指令非常灵活,它可以把数据方便地传送到数据存储器和 I/O 口中。数据传送类指令见表 3.1。

**表 3.1 数据转送类指令**

| 指令助记符（包括寻址方式） | 说明 | | 字节数 | 周期数 |
|---|---|---|---|---|
| MOV A,Rn | 寄存器内容送累加器 | A←(Rn) | 1 | 12 |
| MOV A,direct | 直接寻址字节内容送累加器 | A←(direct) | 2 | 12 |
| MOV A,@Ri | 间接 RAM 送累加器 | A←((Ri)) | 1 | 12 |
| MOV A,# data | 立即数送累加器 | A← # data | 2 | 12 |
| MOV Rn,A | 累加器送寄存器 | Rn←(A) | 1 | 12 |
| MOV Rn,direct | 直接寻址字节送寄存器 | Rn←(direct) | 2 | 24 |
| MOV Rn,# data | 立即数送寄存器 | Rn← # data | 2 | 12 |
| MOV direct,A | 累加器送直接寻址字节 | direct←(A) | 2 | 12 |
| MOV direct,Rn | 寄存器送直接寻址字节 | direct←(Rn) | 2 | 24 |
| MOV direct1,direct2 | 直接寻址字节送直接寻址字节 | direct1←(direct2) | 3 | 24 |
| MOV direct.,@Ri | 间接 RAM 送直接寻址字节 | direct←((Ri)) | 2 | 24 |
| MOV direct,# data | 立即数送直接寻址字节 | direct← # data | 3 | 24 |
| MOV @Ri,A | 累加器送片内 RAM | (Ri)←(A) | 1 | 12 |
| MOV @Ri,direct | 直接寻址字节送片内 RAM | (Ri)←(direct) | 2 | 24 |
| MOV @Ri,# data | 立即数送片内 RAM | (Ri)← # data | 2 | 12 |
| MOV DPTR,# data16 | 16 位立即数送数据指针 | DPRT← # data16 | 3 | 24 |
| MOVC A,@A+DPTR | 变址寻址字节送累加器(相对 DPTR) | A←((A)+(DPTR)) | 1 | 24 |
| MOVC A,@A+PC | 变址寻址字节送累加器(相对 PC) | A←((A)+(PC)) | 1 | 24 |
| MOVX A,@Ri | 片外 RAM 送累加器(8 位地址) | A←((Ri)) | 1 | 24 |
| MOVX A,@DPTR | 片外 RAM(16 位地址)送累加器 | A←((DPTR)) | 1 | 24 |
| MOVX @Ri,A | 累加器送片外 RAM(8 位地址) | ((Ri))←(A) | 1 | 24 |
| MOVX @DPTR,A | 累加器送片外 RAM(16 位地址) | ((DPTR))←(A) | 1 | 24 |
| PUSH direct | 直接寻址字节压入栈顶 | SP←(SP)+1,(SP)←(direct) | 2 | 24 |
| POP direct | 栈顶弹至直接寻址字节 | direct←((SP)),SP←(SP)-1 | 2 | 24 |
| XCH A,Rn | 寄存器与累加器交换 | (A)←→(Rn) | 1 | 12 |
| XCH A,direct | 直接寻址字节与累加器交换 | (A)←→(direct) | 2 | 12 |
| XCH A,@Ri | 片内 RAM 与累加器交换 | (A)←→((Ri)) | 1 | 12 |
| XCHD A,@Ri | 片内 RAM 与累加器低 4 位交换 | $(A)_{3\sim0}$←→$((Ri))_{3\sim0}$ | 1 | 12 |

数据传送类指令用到的助记符有 MOV,MOVX,MOVC,XCHD,PUSH,POP。数据传送类指令源操作数和目的操作数的寻址方式及传送路径如图 3.1 所示。

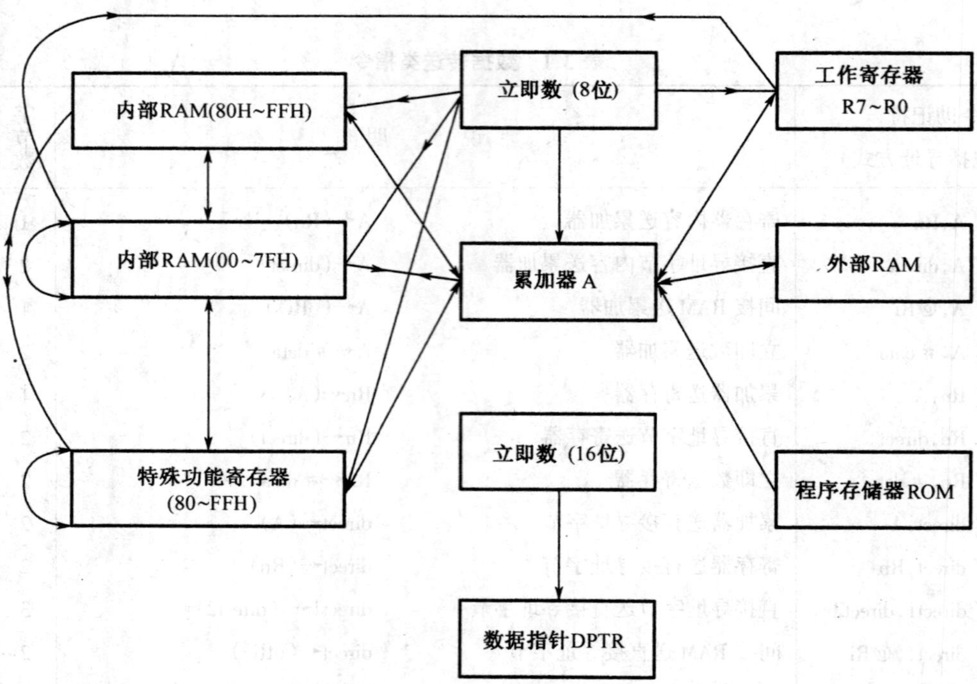


图 3.1 MCS-51 传送指令示意图

1.内部数据传送指令

(1)以累加器 A 为目的单元

| 指　　令 | 说　　明 |
|---|---|
| MOV　A,Rn | A←Rn |
| MOV　A,direct | A←direct |
| MOV　A,@Ri | A←@Ri |
| MOV　A,# data | A←# data |

这组指令的功能是以累加器 A 为目的单元,将 Rn,direct,@Ri 及# data 送累加器 A。例如:

```
MOV　A,R4
MOV　A,50H
MOV　A,@R1
MOV　A,#20H
```

(2)以 Rn 为目的操作数的指令

| 指　　令 | 说　　明 |
|---|---|
| MOV　Rn,A | Rn←A |
| MOV　Rn,direct | Rn←direct |
| MOV　Rn,# data | Rn←# data |

这组指令的功能是以 Rn 为目的单元，将 A，direct 及 # data 送 Rn。例如：

```
MOV   R4,A
MOV   R3,50H
MOV   R5,#20H
```

(3)以直接寻址的单元为目的操作数指令

| 指　　令 | 说　　明 |
| --- | --- |
| MOV　direct,A | direct←A |
| MOV　direct,Rn | direct←Rn |
| MOV　direct,direct2 | direct←direct2 |
| MOV　direct,@Ri | direct←@Ri |
| MOV　direct,#data | direct←#data |

这组指令的功能是以直接字节 DIRECT 为目的单元，将 A，Rn，direct2，@Ri 及 # data 送 direct。例如：

```
MOV   50H,A
MOV   75H,R5
MOV   90H,75H
MOV   80H,@R1
MOV   89H,#20H
```

(4)以@Ri 单元为目的操作数指令

| 指　　令 | 说　　明 |
| --- | --- |
| MOV　@Ri,A | @Ri←A |
| MOV　@Ri,direct | @Ri←direct |
| MOV　@Ri,#data | @Ri←#data |

这组指令的功能是以寄存器间接寻址 @ Ri 为目的单元，将 A，direct 及 # data 送 @Ri。例如：

```
MOV   @R0,A
MOV   @R1,89H
MOV   @R0,#20H
```

2. 16 位数据传送指令

| 指　　令 | 说　　明 |
| --- | --- |
| MOV　DPTR,#ADDR16 | DPH←#ADDR16 的高 8 位<br>DPL←#ADDR16 的低 8 位 |

这条指令是将16位的立即数送入DPTR。16位的数据指针DPTR由DPH和DPL组成。这条指令执行结果分为两步:先把立即数的高8位(地址)送入DPH;把立即数的低8位(地址)送入DPL。

3.栈操作指令

| 指　　令 | 说　　明 |
|---|---|
| PUSH　DIRECT | 压进栈 |
| POP　DIRECT | 弹出栈 |

51系列单片机的特殊功能寄存器中有一个堆栈指针SP,SP的内容为栈顶的位置。进栈指令执行过程为首先将堆栈指针SP的内容加1,然后将直接地址所指出的内容送入SP指出的内部RAM单元。

出栈指令执行过程为将SP所指出的内部RAM单元的内容送入由直接地址所指出的字节单元,同时将栈指针SP的内容减1。

进栈指令用于保护CPU现场,出栈指令用于恢复CPU现场。

4.字节交换指令

| 指　　令 | 说　　明 |
|---|---|
| XCH　A,Rn | A←Rn<br>Rn←A |
| XCH　A,direct | A←direct<br>DIRECT←A |
| XCH　A,@Ri | A←@Ri<br>@Ri←A |

这组指令是将累加器A的内容和源操作数的内容相互交换。

5.半字节交换指令

XCHD A,@Ri

这条指令是将累加器A的低4位和R0或R1指出的RAM单元低4位互换,各自的高4位不变。

6.累加器A与外部数据存储器传送指令

| 指　　令 | 说　　明 |
|---|---|
| MOVX　A,@DPTR | A←@DPTR |
| MOVX　A,@Ri | A←@Ri |
| MOVX　@DPTR,A | @DPTR←A |
| MOVX　@Ri,A | @Ri←A |

这组指令是将累加器 A 和外部扩展的 RAM/IO 口的数据传送指令。外部 RAM/IO 是统一编址的,共占 64KB 的空间,所以指令本身看不出是对 RAM 还是对 I/O 口操作,而是由硬件的地址分配确定的。

7.查表指令

这是两条查表指令,可用来查找存放在外部程序存储器中的常数表格。

| 指　令 | 说　明 |
|---|---|
| MOVC　A,@A+PC | A←@A+PC |
| MOVC　A,@A+DPTR | A←@A+DPTR |

对于第一条指令是以程序计数器 PC 作为基址寄存器,累加器 A 的内容作为无符号数与 PC 的内容(下一条指令的起始地址)相加,得到一个 16 位的地址,并将该地址指出的程序存储器单元的内容送入累加器 A。这条指令不改变特殊功能寄存器和 PC 的状态,只要根据 A 中的内容就可以取出表格中的常数,但表格只能放在该查表指令后的 256 个单元中,表格的大小受到限制,而且表格只能被一段程序利用。

对于第二条指令是以数据指针 DPTR 作为基址寄存器,累加器 A 的内容作为无符号数与 DPTR 的内容相加,得到一个 16 位的地址,并将该地址所指出的程序存储器单元的内容送入累加器 A。这条查表指令的执行结果只与 DPTR 和累加器 A 的内容有关,而与该条指令存放的地址以及常数表格存放的地址无关,因此表格的大小和位置可以在 64K 程序存储器中任意安排,并且一个表格可以被多个程序块利用。

下面作一些必要的说明。

(1)以直接地址为目标操作数和源操作数的传送指令

MOV　direct1,direct2　;(direct2)→direct1

源操作数和目标操作数的地址都以直接地址形式表示,它们可以是内部 RAM 存储器或特殊功能寄存器。指令的功能很强,能实现内部 RAM 之间、特殊功能寄存器之间或特殊功能寄存器与内部 RAM 的直接数据传送。例如:

MOV　E0H,78H

其中目标操作数地址 E0H 为累加器的字节地址,源操作数地址 78H 为内部 RAM 单元地址,指令的功能是把内部 RAM 78H 单元中的数据传送到累加器 ACC 中。指令的机器码为 85H,78H,E0H。

(2)累加器与外部数据存储器之间数据传送指令

①DPTR 内存放外部数据存储器地址,外部数据存储器内容送累加器:

助记符　　　　　　　　　　　　　　功能

MOVX　A,@DPTR　　　　　　　　　;A←((DPTR))

执行这条指令时,P3.7 引脚上输出 $\overline{RD}$ 有效信号,用作外部数据存储器的读选通信号。DPTR 所包含的 16 位地址信息由 P0(低 8 位)和 P2 口(高 8 位)输出,选中单元的数据由 P0 输入到累加器,P0 口作分时复用的总线。

累加器内容送外部数据存储器:

助记符 功能

MOVX @DPTR,A ;((DPTR))←A

执行该指令时,P3.6 引脚上输出$\overline{WR}$有效信号,用作外部数据存储器的写选通信号。DPTR 所包含的 16 位地址信息由 P0 口(低 8 位)和 P2 口(高 8 位)输出,累加器的内容由 P0 口输出,P0 口作分时复用总线。

②由 Ri 内容指示外部数据存储器地址,外部数据存储器内容送累加器。

助记符 功能

MOVX A,@Ri ;A←((Ri)+(P2)),i=0,1

执行该指令时,在 P3.7 引脚上输出$\overline{RD}$有效信号,用作外部数据存储器的读选通信号。Ri 所包含的低 8 位地址由 P0 口输出,而高 8 位地址由 P2 口输出。选中单元的数据由 P0 口输入到累加器。

**例 3.1** 设外部数据存储器 2097H 单元内容为 80H,在执行下列指令后,A 中的内容为 80H。

```
MOV    P2,#20H
MOV    R0,#97H
MOVX   A,@R0
```

累加器内容送外部数据存储器:

助记符 功能

MOVX @Ri,A ;((Ri)+(P2))←(A),i=0,1

执行该指令时,在 P3.6 引脚上输出$\overline{WR}$有效信号,用作外部数据存储器的写选通信号。P0 口上分时输出由 Ri 指定的低 8 位地址及输入外部数据存储器单元的内容。高 8 位地址由 P2 口输出。

(3)程序存储器内容送累加器

这类指令有下列两条,常用于查表。

①第一条:

助记符 功能

MOVC A,@A+PC ;PC←(PC)+1,A←((A)+(PC))

这条指令以 PC 作为基址寄存器,A 的内容作为无符号数和 PC 内容(下一条指令第一字节地址)相加后得到一个 16 位的地址,把该地址指出的程序存储器单元的内容送到累加器 A。

②第二条:

助记符 功能

MOVC A,@A+DPTR ;A←((A)+(DPTR))

这条指令以 DPTR 作为基址寄存器,A 的内容作为无符号数和 DPTR 的内容相加得到一个 16 位的地址,把该地址指出的程序存储器单元的内容送到累加器 A。

**例 3.2** (A)=30H,执行下列指令

地址 指令

1000H: MOVC A,@A+PC

结果为程序存储器中 1031H 单元的内容送入 A。

这条指令的优点是不改变特殊功能寄存器及 PC 的状态,根据 A 的内容就可以取出表格中的常数。缺点是表格只能存放在该条查表指令后面 256 个单元之内,因此表格大小受

到限制，而且表格只能被该段程序所使用。

**例 3.3** (DPTR)=8100H,(A)=40H,执行下列指令

MOVC A,@A+DPTR

结果为程序存储器中 8140H 单元的内容送入累加器 A。

这条指令的执行结果只与指针 DPTR 及累加器 A 的内容有关，与该指令存放的地址无关。因此表格大小和位置可在 64KB 程序存储器中任意安排，一个表格可被各个程序块公用。

(4)堆栈操作指令

执行 POP direct 指令不影响标志，但当直接地址为 PSW 时，可以使一些标志改变。这也是通过指令强行修改标志的一种方法。

**例 3.4** 假设已把 PSW 的内容压入栈顶，用下列指令修改 PSW 内容使 F0,RS1,RS0 均为 1，最后用出栈指令把内容送回程序状态字 PSW，实现对 PSW 内容的修改：

```
MOV   R0,SP        ;取栈指针
ORL   @R0,#38H     ;修改栈顶内容
POP   PSW          ;修改 PSW
```

### 3.4.2 算术运算类指令

在 MCS-51 指令系统中具有单字节的加、减、乘、除法指令(见表 3.2)，其运算功能比较强。算术运算指令执行的结果将影响进位(CY)、辅助进位(AC)、溢出标志位(OV)。但是加 1 和减 1 指令不影响这些标志。注意，对于特殊功能寄存器(专用寄存器)字节地址 D0H 或位地址 D0H~D7H 进行操作也会影响标志。

**表 3.2 算术运算类指令**

| 指令助记符(包括寻址方式) | 说明 | | 字节数 | 周期数 |
|---|---|---|---|---|
| ADD A,Rn | 寄存器内容送累加器 | A←(A)+(Rn) | 1 | 1 |
| ADD A,direct | 直接寻址送累加器 | A←(A)+(direct) | 2 | 1 |
| ADD A,@Ri | 间接寻址 RAM 到累加器 | A←(A)+((Ri)) | 1 | 1 |
| ADD A,#data | 立即数到累加器 | A←(A)+data | 2 | 1 |
| ADDC A,Rn | 寄存器加到累加器(带进位) | A←(A)+(Rn)+CY | 1 | 1 |
| ADDC A,direct | 直接寻址加到累加器(带进位) | A←(A)+(direct)+C+CY | 2 | 1 |
| ADDC A,@Ri | 间接寻址 RAM 加到累加器(带进位) | A←(A)+((Ri))+CY | 1 | 1 |
| ADDC A,#data | 立即数加到累加器(带进位) | A←(A)+data+CY | 2 | 1 |
| SUBB A,Rn | 累加器内容减去寄存器内容(带借位) | A←(A)-(Rn)-CY | 1 | 1 |
| SUBB A,direct | 累加器内容减去直接寻址(带借位) | A←(A)-(direct)-CY | 2 | 1 |
| SUBB A,@Ri | 累加器内容减去间接寻址(带借位) | A←(A)-((Ri))-CY | 1 | 1 |
| SUBB A,#data | 累加器内容减去立即数(带借位) | A←(A)-data-CY | 2 | 1 |
| INC A | 累加器加 1 | A←(A)+1 | 1 | 1 |
| INC Rn | 寄存器加 1 | Rn←(Rn)+1 | 1 | 1 |
| INC direct | 直接寻址加 1 | direct←(direct)+1 | 2 | 1 |
| INC @Ri | 间接寻址 RAM 加 1 | (Ri)←((Ri))+1 | 1 | 1 |

表 3.2(续)

| 指令助记符（包括寻址方式） | 说　　明 | | 字节数 | 周期数 |
|---|---|---|---|---|
| INC DPTR | 地址寄存器加 1 | DPTR←DPTR + 1 | 1 | 2 |
| DEC A | 累加器减 1 | A ←(A) - 1 | 1 | 1 |
| DEC Rn | 寄存器减 1 | Rn←(Rn) - 1 | 1 | 1 |
| DEC direct | 直接寻址地址字节减 1 | direct←(direct) - 1 | 2 | 1 |
| DEC @Ri | 间接寻址 RAM 减 1 | (Ri)←((Ri)) - 1 | 1 | 1 |
| MUL AB | 累加器 A 和寄存器 B 相乘 | AB←(A) * (B) | 1 | 4 |
| DIV AB | 累加器 A 除以寄存器 B | AB←(A)/(B) | 1 | 4 |
| DA A | 对 A 进行十进制调整 | | 1 | 1 |

由表 3.2 可知，算术运算类可分为 8 组。

1.加法指令

| 指　　令 | 说　　明 |
|---|---|
| ADD A,Rn ;n = 0 ~ 7 | A←(A) + (Rn) |
| ADD A,direct | A←(A) + (direct) |
| ADD A,@Ri ;i = 0,1 | A←(A) + ((Ri)) |
| ADD A,# data | A←(A) + # data |

这组加法指令的功能是把所指出的字节变量加到累加器 A 上，其结果放在累加器中。相加过程中如果 D7 有进位(C7 = **1**)，则进位 CY 置**1**，否则清**0**，如果 D3 有进位则辅助进位 AC 置**1**，否则清**0**；如果 D6 有进位而 D7 无进位，或者 D7 有进位 D6 无进位，则溢出标志 OV 置**1**，否则清**0**。源操作数有寄存器寻址、直接寻址、寄存器间接寻址和立即寻址等寻址方式。

**例 3.5** 若(A) = 85H，(R0) = 20H，(20H) = 0AFH，执行指令：

ADD A,@R0

运算过程：

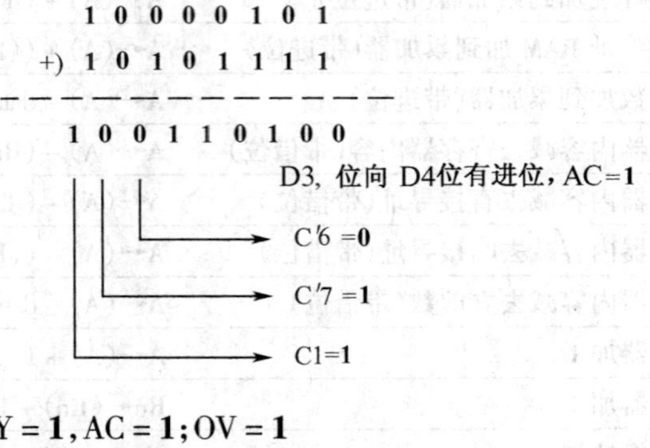


结果：(A) = 34H；CY = **1**，AC = **1**；OV = **1**

对于加法，溢出只能发生在两个加数符号相同的情况。在进行带符号数的加法运算时，溢出标志 OV 是一个重要的编程标志，利用它可以判断两个带符号数相加和是否溢出(即和大于+127或小于-128),当溢出时结果无意义。

2.带进位加法指令

| 指 令 | 说 明 |
|---|---|
| ADDC A,Rn | A←(A)+(Rn)+CY |
| ADDC A,DIRECT | A←(A)+(DIRECT)+CY |
| ADDC A,@Ri | A←(A)+((Ri))+CY |
| ADDC A,# DATA | A←(A)+ # DATA+CY |

这组带进位加法指令的功能是把所指出的字节变量、进位标志与累加器A内容相加，结果留在累加器中。对进位标志与溢出标志的影响与ADD指令相同。

**例3.6** (A)=85H,(20H)=0FFH,CY=1,执行指令:

ADDC A,20H

运算过程:

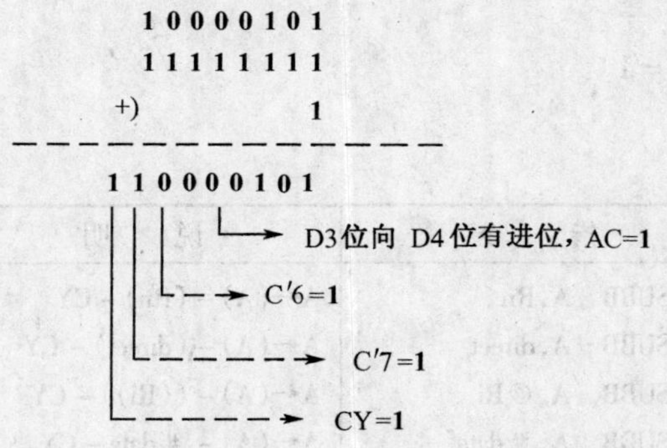


结果:(A)=85H;CY=**1**,AC=**1**,OV=**0**

3.增量指令

| 指 令 | 说 明 |
|---|---|
| INC A | A←(A)+1 |
| INC Rn | Rn←(Rn)+1 |
| INC direct | direct←(direct)+1 |
| INC @Ri | (Ri)←((Ri))+1 |
| INC DPTR | DPTR←(DPTR)+1 |

这组增量指令的功能是把所指出的变量加1,若原来为数据为0FFH,执行后为00H,不影响任何标志。操作数有寄存器寻址、直接寻址和寄存器间接寻址方式。注意:当用本指令修改输出口Pi(即指令中的direct为端口P0~P3,地址分别为80H,90H,A0H,B0H)时,其功能是修改出口的内容。指令执行过程中,首先读入端口的内容,然后在CPU中加1,继而输出到端口。这里读入端口的内容来自端口的锁存器而不是端口的引脚。

如果原来的内容为0FFH,则加1后将产生上溢出,使操作数的内容变成00H,但不影响任何标志。指令INC DPTR是对16位的数据指针DPTR执行加1操作。指令执行时,先对低8位指针DPL的内容加1,当产生溢出时就对高8位指针DPH加1,但不影响任何标志。

**例3.7** (A)=0FFH,(R3)=0FH,(30H)=0F0H,(R0)=40H,(40H)=00H,执行下列指令:

```
INC  A     ;A←(A)+1
INC  R3    ;R3←(R3)+1
INC  30H   ;30H←(30H)+1
INC  @R0   ;(R0)←((R0))+1
```

结果:(A)=00H,(R3)=10H,(30H)=F1H,(40H)=01H,不改变PSW状态。

4.十进制调整指令

DA A

这条指令对累加器参与的BCD码加法运算所获得的8位结果(在累加器中)进行十进制调整,使累加器中的内容调整为两位BCD码数。该指令执行的过程如图3.2所示。

**例3.8** (A)=56H,(R5)=67H,执行指令:

```
ADD  A,R5
DA   A
```

结果:(A)=23H,CY=1

5.带进位减法指令

| 指 令 | 说 明 |
|---|---|
| SUBB A,Rn | A←(A)-(Rn)-CY |
| SUBB A,direct | A←(A)-(direct)-CY |
| SUBB A,@Ri | A←(A)-((Ri))-CY |
| SUBB A,#data | A←(A)-#data-CY |

这组带进位减法指令的功能是从累加器中减去指定的变量和进位标志,结果在累加器中。进行减法过程中如果位7需借位,则CY置位,否则CY清零;如果位3需借位,则AC置位,否则AC清零;如果位6需借位而位7不需借拉或者位7需借位而位6不需借位则溢出标志OV置位,否则溢出标志清零。在带符号数运算时,只有当符号不相同的两数相减时才会发生溢出。

6.减1指令

| 指 令 | 说 明 |
|---|---|
| DEC A | A←(A)-1 |
| DEC Rn | Rn←(Rn)-1 |
| DEC DIRECT | DIRECT←(DIRECT)-1 |
| DEC @Ri | (Ri)←((Ri))-1 |

这组指令的功能是将指定的变量减1。若原来为00H,减1后下溢为0FFH,不影响标志位。

当指令中的直接地址direct为P0~P3端口时,指令可用来修改一个输出口的内容,也是一条具有读—修改—写功能的指令。指令执行时，首先读入端口的原始数据，在CPU中执行减1操作，然后再送到端口。注意：此时读入的数据来自端口的锁存器而不是从引脚读入。

**例3.9** (A)=0FH,(R7)=19H,(30H)=00H,(R1)=40H,(40H)=0FFH,执行指令：

```
DEC   A        ;A←(A)-1
DEC   R7       ;R7←(R7)-1
DEC   30H      ;30H←(30H)-1
DEC   @R1      ;(R7)←((R7))-1
```

结果：(A)=0EH,(R7)=18H;(30H)=0FFH;(40H)=0FFH,不影响标志。

7.乘法指令

```
MUL   AB
```

这条指令的功能是把累加器A和寄存器B中的无符号8位整数相乘，其16位积的低位字节存在累加器A中，高位字节存在B中。如果积大于255(0FFH)，则溢出标志OV置位，否则OV清零。进位标志总是清零。

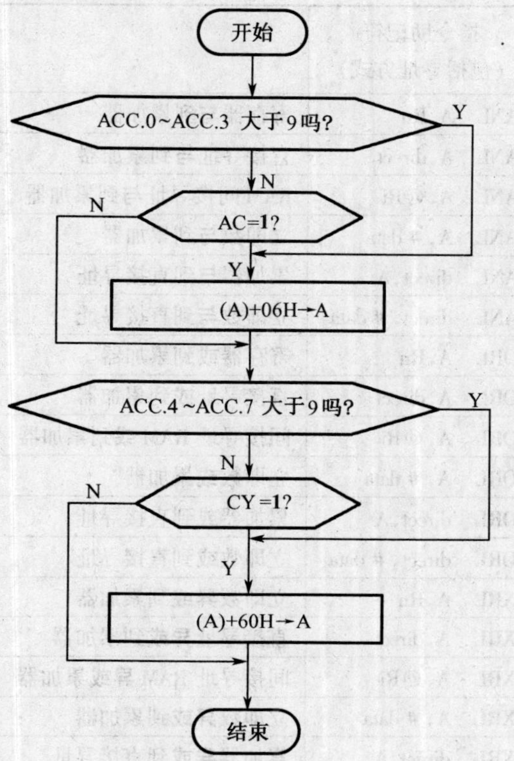


**图3.2 DA A指令执行示意图**

**例3.10** (A)=50H,(B)=0A0H,执行指令：

```
MUL   AB
```

结果：(B)=32H,(A)=00H(即积为3200H)。CY=**0**,OV=**1**。

8.除法指令

```
DIV   AB
```

这条指令的功能是把累加器A中的8位无符号整数除以寄存器B中的8位无符号整数，所得商的整数部分存放在累加器A中，余数在寄存器B中。进位CY和溢出标志OV清零。如果原来B中的内容为**0**(被零除)，则结果A和B中内容不定，且溢出标志OV置位，在任何情况下，CY都清零。

**例3.11** (A)=0FBH,(B)=12H,执行指令：

```
DIV   AB
```

结果：(A)=0DH,(B)=11H,CY=**0**,OV=**0**。

### 3.4.3 逻辑操作类指令

逻辑操作类指令见表3.3。

**表 3.3　逻辑运算类指令**

| 指令助记符（包括寻址方式） | 说　明 | | 字节数 | 周期数 |
|---|---|---|---|---|
| ANL　A,Rn | 寄存器与到累加器 | A←(A)·(Rn) | 1 | 1 |
| ANL　A,direct | 直接寻址与到累加器 | A←(A)·(direct) | 2 | 1 |
| ANL　A,@Ri | RAM 间接寻址与到累加器 | A←(A)·((Ri)) | 1 | 1 |
| ANL　A,# data | 立即数与到累加器 | A←(A)·data | 2 | 1 |
| ANL　direct,A | 累加器与到直接寻址 | direct←(direct)·(A) | 2 | 1 |
| ANL　direct,# data | 立即数与到直接寻址 | direct←(direct)·data | 3 | 2 |
| ORL　A,Rn | 寄存器或到累加器 | A←(A)+(Rn) | 1 | 1 |
| ORL　A,direct | 直接寻址或到累加器 | A←(A)+(direct) | 2 | 1 |
| ORL　A,@Ri | 间接寻址 RAM 或到累加器 | A←(A)+((Ri)) | 1 | 1 |
| ORL　A,# data | 立即数或累加器 | A←(A)+data | 2 | 1 |
| ORL　direct,A | 累加器或到直接寻址 | direct←(direct)+(A) | 2 | 1 |
| ORL　direct,# data | 立即数或到直接寻址 | direct←(direct+data | 3 | 2 |
| XRL　A,Rn | 立即数异或到累加器 | A←(A)⊕(Rn) | 1 | 1 |
| XRL　A,direct | 直接寻址异或到累加器 | A←(A)⊕(direct) | 2 | 1 |
| XRL　A,@Ri | 间接寻址 RAM 异或累加器 | A←(A)⊕((Ri)) | 1 | 1 |
| XRL　A,# data | 立即数异或到累加器 | A←(A)⊕data | 2 | 1 |
| XRL　direct,A | 累加器异或到直接寻址 | direct←(direct)⊕(A) | 2 | 1 |
| XRL　direct,# data | 立即数异或到直接寻址 | direct←(direct)⊕data | 3 | 2 |
| CLR　A | 累加器清零 | A←0 | 1 | 1 |
| CPL　A | 累加器求反 | A←($\bar{A}$) | 1 | 1 |
| RL　A | 累加器左移 | A 循环左移一位 | 1 | 1 |
| RLC　A | 经过进位位的累加器循环左移 | A 带进位循环左移一位 | 1 | 1 |
| RR　A | 累加器右移 | A 循环右移一位 | 1 | 1 |
| RRC　A | 经过进位位的累加器循环右移 | A 带进位循环右移一位 | 1 | 1 |
| SWAP　A | A 半字节交换 | | 1 | 1 |

注："·"表示对应位相与操作；"+"表示对应位相或操作；"⊕"表示对应位相异或操作。

1.单逻辑操作指令

(1)累加器清零

CLR　A

这条指令的功能是将累加器 A 清零，不影响 CY,AC,OV 等标志。

(2)累加器内容按位取反

CPL　A

这条指令的功能是将累加器 A 的每一位逻辑取反，原来为1的位变为0，原来为0的位变为1，不影响标志。例如：

(A)=10101010B，执行指令 CPL　A，结果为(A)=01010101B

(3)左循环移位指令

①累加器内容循环左移

RL A

这条指令的功能是把累加器ACC的内容向左循环移一位,位7循环移入位0,如下图所示,不影响标志。

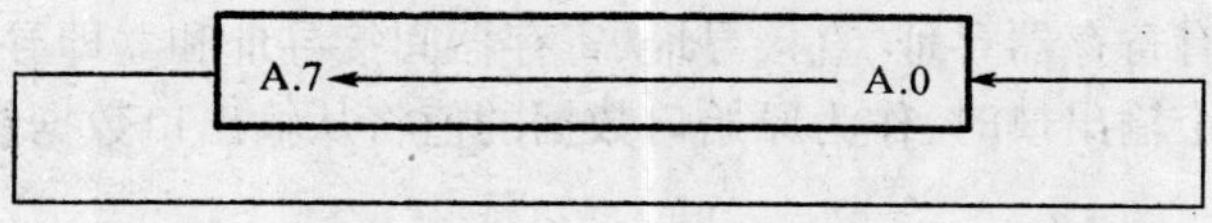


②累加器带进位左循环移位指令

RLC A

这条指令的功能是将累加器ACC的内容和进位标志一起向左循环移一位,ACC的位7移入进位位CY,CY移入ACC的0位,如下图所示,不影响其他标志。

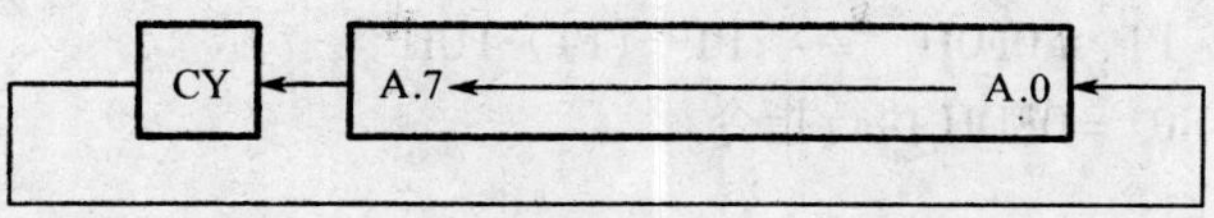


(4)右循环移位指令

①累加器内容循环右移指令

RR A

这条指令的功能是将累加器ACC的内容向右循环移一位,ACC的位0循环移入ACC的位7,不影响标志。

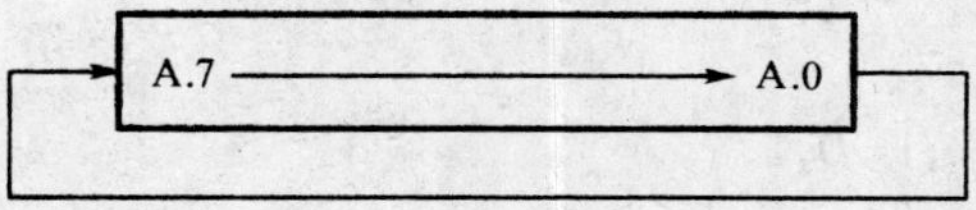


②累加器带进位右循环移位指令

RRC A

这条指令的功能是将累加器ACC的内容和进位标志CY一起向右循环移一位,ACC的位0移入CY,CY移入ACC的位7。

(5)累加器半字节交换指令

SWAP A

这条指令的功能是将累加器ACC的高半字节(ACC.7~ACC.4)和低半字节(ACC.3~ACC.0)互换。例如:(A)=0C5H,执行指令SWAP A,结果为(A)=5CH。

2.逻辑与指令

ANL A,Rn ;n=0~7

```
ANL   A,direct
ANL   A,@Ri        ;i=0,1
ANL   A,# data
ANL   direct,A
ANL   direct,# data
```

这组指令的功能是在指出的变量之间对应每位进行逻辑**与**操作,运算结果存放在目的操作数中。操作数有寄存器寻址、直接寻址、寄存器间接寻址和立即寻址等寻址方式。当这条指令用于修改一个输出口时,作为原始口数据的值将从输出口数据锁存器(P0~P3)读入,而不是读引脚状态。

**例 3.12**

```
ANL   A,R1          ;A←(A)·(R1)
ANL   A,70H         ;A←(A)·(70H)
ANL   A,@R0         ;A←(A)·((R0))
ANL   A,# 07H       ;A←(A)·07H
ANL   70H,A         ;70H←(70H)·(A)
ANL   P1,# 0F0H     ;P1←(P1)·F0H
```

设(A)=07H,(R0)=0FDH 执行指令

```
ANL   A,R0
```

结果:

```
        0 0 0 0 0 1 1 1
    ·)  1 1 1 1 1 1 0 1
    -------------------
        0 0 0 0 0 1 0 1
```

(A)=05H

3.逻辑**或**指令

```
ORL   A,Rn          ; n=0~7
ORL   A,direct
ORL   A,@Ri         ;i=0,1
ORL   A,# data
ORL   direct,A
ORL   direct,# data
```

这组指令的功能是在所指出的变量之间对应位进行逻辑**或**操作,结果存到目的操作数中。操作数有寄存器寻址、直接寻址、寄存器间接寻址和立即寻址方式。同 ANL 类似,用于修改输出口数据时,原始数据值为口锁存器内容。

**例 3.13**

```
ORL   A,R7          ;A←(A)+(R7)
ORL   A,70H         ;A←(A)+(70H)
ORL   A,@R1         ;A←(A)+(R1))
ORL   A,# 03H       ;A←(A)+03H
ORL   70H,# 7FH     ;70H←(70H)+7FH
ORL   78H,A         ;78H←(78H)+(A)
```

设(P1)=05H,(A)=33H 执行指令:

```
ORL   P1,A
```

结果：

```
      00000101
   +) 00110011
   -----------
      00110111
```

(P1) = 37H

4.逻辑**异或**指令

```
XRL  A,Rn       n=0~7
XRL  A,direct
XRL  A,@Ri      i=0,1
XRL  A,#data
XRL  direct,A
XRL  direct,#data
```

这组指令的功能是在所指出的变量之间对应位进行逻辑**异或**操作，结果存放到目的变量中去。操作数有寄存器寻址、直接寻址、寄存器间接寻址和立即寻址等寻址方式。对输出口 Pi(i=0,1,2,3)与 ANL 指令一样是对口锁存器内容读出修改。

**例 3.14**

```
XRL  A,R4       ;A←(A)⊕(R4)
XRL  A,50H      ;A←(A)⊕(50H)
XRL  A,@R0      ;A←(A)⊕((R0))
XRL  A,#00H     ;A←(A)⊕00H
XRL  30H,A      ;30H←(30H)⊕(A)
XRL  40H,#0FH   ;40H←(40H)⊕0FH
```

设(A)=90H,(R3)=73H,执行指令：

XRL A,R3

结果：

```
      10010000
   ⊕) 01110011
   -----------
      11100011
```

(A) = 0E3H

### 3.4.4 位操作类指令

MCS-51 单片机内部有一个布尔处理机，对位地址空间具有丰富的位操作指令。

1.数据位传送指令

```
MOV  C,bit
MOV  bit,C
```

这组指令的功能是把由源操作数指出的布尔变量送到目的操作数指定的位中去。其中一个操作数必须为进位标志，另一个可以是任何直接寻址位，指令不影响其他寄存器和标志。例如：

```
MOV  C,06H     ;CY←(20H.6)
MOV  P1.0,C    ;P1.0←CY
```

2.位变量修改指令

CLR　C

CLR　bit

CPL　C

CPL　bit

SETB　C

SETB　bit

这组指令将操作数指出的位清**0**,取反,置**1**,不影响其他标志。例如:

CLR　C　　;CY←**0**

CLR　27H　　;24H.7←**0**

CPL　08H　　;21H.0←($\overline{21H.0}$)

SETB　P1.7　　;P1.7←**1**

3.位变量逻辑**与**指令

ANL　C,bit

ANL　C,$\overline{bit}$

这组指令功能是,如果源操作数的布尔值是逻辑**0**,则进位标志清**0**,否则进位标志保持不变。操作数前斜线"/"表示取寻址位的逻辑**非**值,但不影响本身值,也不影响别的标志。源操作数只有直接位寻址方式。

**例 3.15**　设 P1 为输入口,P3.0 作输出线,执行下列命令:

MOV　C,P1.0　　;CY←(P1.0)

ANL　C,P1.1　　;CY←(CY)·(P1.1)

ANL　C,$\overline{P1.2}$　　;CY←(CY)·($\overline{P1.2}$)

MOV　P3.0,C　　;P3.0←CY

结果:P3.0=(P1.0)·(P1.1)·($\overline{P1.2}$)

4.位变量逻辑**或**指令

ORL　C,bit

ORL　C,$\overline{bit}$

这组指令的功能是,如果源操作数的布尔值为**1**,则置位进位标志,否则进位标志 CY 保持原来状态。同样斜线"/"表示逻辑**非**。

**例 3.16**　P1 口为输出口,执行下列指令:

MOV　C,00H　　;CY←(20H.0)

ORL　C,01H　　;CY←(CY)+(20H.1)

ORL　C,02H　　;CY←(CY)+(20H.2)

ORL　C,03H　　;CY←(CY)+(20H.3)

ORL　C,04H　　;CY←(CY)+(20H.4)

ORL　C,05H　　;CY←(CY)+(20H.5)

ORL　C,06H　　;CY←(CY)+(20H.6)

ORL　C,07H　　;CY←(CY)+(20H.7)

MOV　P1.0,C　　;P1.0←CY

结果:内部 RAM 的 20 单元中只要有一位为**1**,则 P1.0 输出就为**1**。

5.位变量条件转移指令

JC　rel

JNC　rel

JB　bit,rel

JNB　bit,rel

JBC　bit,rel

JC:如果进位标志CY为**1**,则执行转移,即跳到标号rel处执行,为**0**就执行下一条指令。

JNC:如果进位标志CY为**0**,则执行转移,即跳到标号rel处执行,为**1**就执行下一条指令。

JB:如果直接寻址位的值为**1**,则执行转移,即跳到标号rel处执行,为**0**就执行下一条指令。

JNB:如果直接寻址位的值为**0**,则执行转移,即跳到标号rel处执行,为**1**就执行下一条指令。

JBC:如果直接寻址位的值为**1**,则执行转移,即跳到标号rel处执行,为**0**就执行下一条指令,然后将直接寻址的位清零。

### 3.4.5 控制转移类指令

1.无条件转移指令

(1)绝对转移指令

AJMP　addr11

这是2K字节范围内的无条件转跳指令,把程序的执行转移到指定的地址。该指令在运行时先将PC+2,然后通过把指令中的a10~a0→(PC10~PC0)得到跳转目的地址(即PC15PC14PC13PC12PC11a10a9a8a7a6a5a4a3a2a1a0)送入PC。目标地址必须与AJMP后面一条指令的第一个字节在同一个2K区域的存储器区内。如果把单片机64KB寻址区分成32页(每页2KB),则PC15~PC11(**00000**B~**11111**B)称为页面地址(即0页~31页),a10~a0称为页内地址。但应注意:AJMP指令的目标转移地址不是和AJMP指令地址在同一个2KB区域,而是应和AJMP指令取出后的PC地址(即PC+2)在同一个2KB区域。例如,若AJMP指令地址为2FFEH,则PC+2=3000H,故目标转移地址必在3000H~37FFH这个2KB区域内。

(2)相对转移(短跳转)指令

SJMP　rel

这是无条件转跳指令,执行时在PC加2后,把指令中补码形式的偏移量值加到PC上,并计算出转向目标地址。因此,转向的目标地址可以在这条指令前128字节到后127字节之间。

该指令使用时很简单,程序执行到该指令时就跳转到标号rel处执行。例如:

KRD:　SJMP　rel;

KRD标号值为0100H(即SJMP这条指令的机器码存放于0100H和0101H这两个单元中),如需要跳转到的目标地址为0123H,则指令的第二个字节(相对偏移量)应为

rel=0123H-0102H=21H

(3)长跳转指令

LJMP　addr16

执行这条指令时把指令的第二和第三字节分别装入PC的高位和低位字节中,无条件地转向指定地址。转移的目标地址可以在64K程序存储器地址空间的任何地方,不影响任何标志。例如,执行指令:

LJMP 8100H

不管这条跳转指令存放在什么地方,执行时将程序转移到 8100H。这和 AJMP,SJMP 指令是有差别的。

(4)散转指令

JMP @A + DPTR

这条指令的功能是把累加器中 8 位无符号数与数据指针 DPTR 中的 16 位数相加,将结果作为下条指令地址送入 PC,不改变累加器和数据指针内容,也不影响标志。利用这条指令能实现程序的散转。

**例 3.17** 如果累加器 A 中存放待处理命令编号(0 ~ 7),程序存储器中存放着标号为 PMTB 的转移表首址,则执行下面的程序,将根据 A 中命令编号转向相应的命令处理程序。

```
PM:     MOV     R1,A            ;(A) * 3→A
        RL      A
        ADD     A,R1
        MOV     DPTR, # PMTB    ;转移表首址→DPTR
        JMP     @A + DPTR       ;据 A 值跳转到不同入口
PMTB:   LJMP    PM0             ;转向命令 0 处理入口
        LJMP    PM1             ;转向命令 1 处理入口
        LJMP    PM2             ;转向命令 2 处理入口
        LJMP    PM3             ;转向命令 3 处理入口
        LJMP    PM4             ;转向命令 4 处理入口
        LJMP    PM5             ;转向命令 5 处理入口
        LJMP    PM6             ;转向命令 6 处理入口
        LJMP    PM7             ;转向命令 7 处理入口
```

2.条件转移指令

条件转移指令是依某种特定条件转移的指令。条件满足时转移(相当于一条相对转移指令),条件不满足时则顺序执行下面的指令。目的地址在以下一条指令的起始地址为中心的 256 个字节范围中( - 128 ~ + 127)。当条件满足时,先把 PC 加到指向下一条指令的第一个字节地址,再把有符号的相对偏移量加到 PC 上,计算出转向地址。

| 助记符 | 转移条件 |
|---|---|
| JZ rel | (A) = 00H |
| JNZ rel | (A) ≠ 00H |

JZ rel:如果累加器 ACC 的内容为零,则执行转移,跳到标号 rel 处执行,不为零就执行下一条指令。

JNZ rel:如果累加器 ACC 的内容不为零,则执行转移,跳到标号 rel 处执行,为零就执行下一条指令。

3.比较不相等转移指令

```
CJNE  A,direct,rel
CJNE  A, # data,rel
CJNE  Rn, # data,rel
CJNE  @Ri, # data,rel
```

这组指令的功能是比较前面两个操作数的大小,如果它们的值不相等就转移。在PC加到下一条指令的起始地址后,把指令最后一个字节的有符号的相对偏移量加到PC上,并计算出转向地址。如果第一个操作数(无符号整数)小于第二个操作数则进位标志CY置**1**,否则CY清**0**。不影响任何一个操作数的内容。

操作数有寄存器寻址、直接寻址、寄存器间接寻址和立即寻址等方式。

指令使用起来很简单,就是将两个操作数比较,不等就跳到标号rel处执行,相等就执行下一条指令。

4.减1不为0转移指令

DJNZ　Rn,rel

DJNZ　direct,rel

这组指令把源操作数减1,结果回送到源操作数中去,如果结果不为**0**则转移,跳到标号rel处执行,等于**0**就执行下一条指令。源操作数有寄存器寻址和直接寻址两种方式。该指令通常用于实现循环计数。

**例3.18**　延时程序

```
START: SETB   P1.1          ;P1.1←1
DL:    MOV    30H, #03H     ;30H←03H(置初值)
DL0:   MOV    31H, #0F0H    ;31H←F0H(置初值)
DL1    DJNZ   31H,DL1       ;(31H)←(31H)-1,如(31H)不为零,则再转DL1
                            执行;如(31H)为零,则执行后面的指令
       DJNZ   30H,DL0       ;30H←(30H)-1,如(30H)不为零,则转DL0执行;
                            如(30H)为零,则执行后面的指令
       CPL    P1.1          ;P1.1求反
```

这段程序的功能是通过延时,在P1.1输出一个方波,可以用改变30H和31H的初值来改变延时时间,实现改变方波的频率。

5.调用及返回指令

在程序设计中,常常把具有一定功能的公用程序段编制成子程序。当主程序转至子程序时用调用指令调用子程序,而在子程序的最后安排一条返回指令,使执行完子程序后再返回到主程序。为保证正确返回,每次调用子程序时自动将下条指令地址保存到堆栈,返回时按先进后出原则再把地址弹出到PC中。

(1)绝对调用指令

ACALL　addr11

这条指令无条件地调用入口地址指定的子程序。指令执行时PC加2,获得下条指令的地址,并把这16位地址压入堆栈,栈指针加2。然后把指令中的a10~a0值送入PC中的P10~P0位,PC的P15~P11不变,获得子程序的起始地址必须与ACALL后面一条指令的第一个字节在同一个2K区域的存储器区内。指令的操作码与被调用的子程序的起始地址的页号有关。

在实际使用时,addr11可用标号代替,上述过程多由汇编程序去自动完成。

应该注意的是,该指令只能调用当前指令2K字节范围内的子程序,这一点从调用过程也可发现。

**例3.19**　设(SP)=60H,标号地址HERE为0123H,子程序SUB的入口地址为0345H,执

行指令:

HERE: ACALL SUB

结果:(SP)=62H,堆栈区内(61H)=25H,(62H)=01H,(PC)=0345H

指令的机器码为 71H,45H。

(2)长调用指令

LCALL addr16

这条指令执行时把 PC 内容加 3 获得下一条指令首地址,并把它压入堆栈(先低字节后高字节),然后把指令的第二、第三字节(a15 ~ a8,a7 ~ a0)装入 PC 中,转去执行该地址开始的子程序。这条调用指令可以调用存放在存储器中 64K 字节范围内任何地方的子程序。指令执行后不影响任何标志。

在使用该指令时 addr16 一般采用标号形式,上述过程多由汇编程序去自动完成。

**例 3.20** 设(SP)=60H,标号地址 START 为 0100H,标号 MIR 为 8100H,执行指令:

START: LCALL MIR

结果:(SP)=62H,(61H)=03H,(62H)=01H,(PC)=8100H。

6.返回指令

(1)子程序返回指令

RET

子程序返回指令是把栈顶相邻两个单元的内容弹出送到 PC,SP 的内容减 2,程序返回到 PC 值所指的指令处执行。RET 指令通常安排在子程序的末尾,使程序能从子程序返回到主程序中。

**例 3.21** 设(SP)=62H,(62H)=07H,(61H)=30H,执行指令:

RET

结果:(SP)=60H,(PC)=0730H,CPU 从 0730H 开始执行程序。

(2)中断返回指令

RETI

这条指令的功能与 RET 指令相类似。通常安排在中断服程序的最后,它的应用在中断一节中讨论。

7.空操作指令

NOP

空操作也是 CPU 控制指令,它没有使程序转移的功能,一般用于软件延时。因仅此一条,故不单独分类。

### 3.4.6 伪指令

上一节介绍的 MCS-51 指令系统中每一条指令都是用意义明确的助记符来表示的。这是因为现代计算机一般都配备汇编语言,每一条语句就是一条指令,命令 CPU 执行一定的操作,完成规定的功能。但是用汇编语言编写的源程序,计算机不能直接执行,因为计算机只认识机器指令(二进制编码),因此必须把汇编语言源程序通过汇编程序翻译成机器语言程序(称为目标程序),这个翻译过程称为汇编。汇编程序对用汇编语言写的源程序进行汇编时,还要提供一些汇编用的控制指令,例如要指定程序或数据存放的起始地址,要给一些连续存放的数据确定单元,等等。但是,这些指令在汇编时并不产生目标代码,不影响程序的执行，所以称为伪指令。

1.ORG(Origin——起点)

ORG 伪指令总是出现在每段源程序或数据块的开始。它指明此语句后面的程序或数据块的起始地址。其一般格式为

**ORG nn (绝对地址或标号)**

在汇编时由 nn 确定此语句后面第一条指令(或第一个数据)的地址。该段源程序(或数据块)就连续存放在以后的地址内，直到遇到另一个 ORG nn 语句为止。

**例 3.22**
```
ORG   8000H
MOV   R0, #50H
MOV   A,R4
ADD   A,@R0
MOV   R3,A
```

ORG 伪指令说明其后面源程序的目标代码在程序存储器中存放的起始地址是 8000H,即

| 程序存储器地址 | 目标程序 |
|---|---|
| 8000H | 78H 50H |
| 8002H | ECH |
| 8003H | 26H |
| 8004H | FBH |

2.DB(Define Byte——定义字节)

一般格式为

**[标号:] DB 字节常数或字符或表达式**

其中，标号区段可有可无，字节常数或字符是指一个字节数据，或用逗号分开的字节串，或用引号括起来的 ASCII 码字符串(一个 ASCII 字符相当于一个字节)。此伪指令的功能是把字节常数或字节串存入内存连续单元中。

**例 3.23**
```
ORG     9000H
DATA1: DB   73H,01H,90H
DATA2: DB   02H
```

伪指令 ORG 9000H 指定了标号 DATA1 的地址为 9000H,伪指令 DB 指定了数据 73H,01H,90H 顺序地存放在从 9000H 开始的单元中，DATA2 也是一个标号，它的地址与前一条伪指令 DB 连续，为 9003H,因此数据 02H 存放在 9003H 单元中，即

| 存储器地址(H) | 内容(H) |
|---|---|
| 9000 | 73 |
| 9001 | 01 |
| 9002 | 90 |
| 9003 | 02 |

3. DW(Define Word——定义一个字)

一般格式为

**[标号码] DW 字或字串**

DW 伪指令的功能与 DB 相似,其区别在于 DB 是定义一个字节,而 DW 是定义一个字(规定为两个字节,即 16 位二进制数),故 DW 主要用来定义地址。存放时一个字需两个单元。

4. EQU(Equate——等值)

一般格式为

**标号 EQU 操作数**

EQU 伪指令的功能是将操作数赋值于标号,使两边的两个量等值。

**例 3.24** AREA EQU 1000H

即给标号 AREA 赋值为 1000H

STK EQU AREA

相当于 STK = AREA。若 AREA 已赋值为 1000H,则 STK 也为 1000H

使用 EQU 伪指令给一个标号赋值后,这个标号在整个源程序中的值是固定的。也就是说,在一个源程序中,任何一个标号只能赋值一次。

5. END(汇编结束)

一般格式为

**[标号:] END [地址或标号]**

其中标号以及操作数字段的地址或标号不是必要的。

END 伪指令是一个结束标志。用来指示汇编语言源程序段在此结束。因此,在一个源程序中只允许出现一个 END 语句,并且它必须放在整个程序(包括伪指令)的最后,是源程序模块的最后一个语句。如果 END 语句出现在中间,则汇编程序将不汇编 END 后面的语句。

## 习题与思考题

3-1 设内部 RAM 中 59H 单元的内容为 50H,当执行下列程序段后寄存器 A,R0 和内部 RAM 中 50H,51H 单元的内容为何值?

```
MOV    A,59H
MOV    R0,A
MOV    A,#00H
MOV    @R0,A
MOV    A,#25H
MOV    51H,A
MOV    52H,#70H
```

3-2 请选用合适的指令对 P0 口内容作修改(例如,使 P0.0 ~ P0.3 不变,P0.4 ~ P0.7 为零)。

3-3 举例说明访问外部数据存储器和程序存储器可以用哪些指令来实现?

3-4 设堆栈指针 SP 中的内容为 60H,内部 RAM 中 30H 和 31H 单元的内容分别为

24H 和 10H,执行下列程序段后,61H,62H,30H,31H,DPTR 及 SP 中的内容将有何变化?

```
    PUSH    30H
    PUSH    31H
    POP     DPL
    POP     DPH
    MOV     30H, # 00H
    MOV     31H, # 0FFH
```

3-5 设(A)=40H,(R1)=23H,(40H)=05H。执行下列两条指令后,累加器 A 和 R1 以及内部 RAM 中 40H 单元的内容各为何值?

```
    XCH     A,R1
    XCHD    A,@R1
```

3-6 两个四位 BCD 码数相加,被加数和加数分别存于 50H,51H 和 52H,53H 单元中(次序为千位、百位在低地址中,十位、个位在高地址中),和数存放在 54H,55H 和气 6H 中(56H 用来存放最高位的进位),试编写加法程序。

3-7 设(A)=**01010101**B,(R5)=**10101010**B,分别写出执行 ANL A,R5;ORL A,R5;XRL A,R5 指令后的结果。

3-8 设指令 SJMP rel=7EH,并假设该指令存放在 2114H 和 2115H 单元中。当该条指令执行后,程序将跳转到何地址?

3-9 简述转移指令 AJMP addr11,SJMP rel,LJMP addr16 及 JMP @A=DPTR 的应用场合。

3-10 试分析下列程序段,当程序执行后,位地址 00H,01H 中的内容将为何值,P1 口的 8 条 I/O 线为何状态?

```
            CLR     C
            MOV     A, # 66H
            JC      LOOP1
            CPL     C
            SETB    01H
    LOOP1:  ORL     C,ACC.0
            JB      ACC.2,LOOP2
            CLR     00H
    LOOP2:  MOV     P1,A
```

# 第 4 章 汇编语言程序设计

程序设计是为了解决某一个问题，将指令有序地组合在一起的过程。程序有简有繁，有些复杂的程序往往是由简单的基本程序所构成的。本章将通过一些基本程序，介绍部分常用程序设计的方法。

程序设计的过程大致可以分为以下几个步骤：

1.编制说明要解决问题的程序框图。

2.确定数据结构、算法、工作单元、变量设定。

3.根据所用计算机的指令系统，按照已编制的程序框图用汇编语言编制出源程序。

4.将编制出的程序在计算机上调试，直至实现预定的功能。

程序编写是一个较复杂艰难的过程，要有较强的抽象思维和逻辑思维能力，学习编程一般先看程序，分析程序。程序看懂了，再编一些短的，容易的程序，特别是一些专用语句的编程方法要记下，慢慢逐步编长程序，编多了，熟能生巧。编好的程序要用软件仿真或硬件仿真检验其正确性。

## 4.1 顺序程序设计

计算机按指令在存储器中存放的先后次序来顺序执行指令。除非用特殊指令让它跳转，不然它会在 PC 控制下依次执行每条指令。

**例 4.1** 编写求 1+2 和的程序。

用 ADD A,Rn 指令编程，该指令是将寄存器 Rn 中的数与累加器 A 中的数相加，结果存于 A 中，这就要求先将 1 和 2 分别送到 A 中和寄存器 Rn 中，而 Rn 有四组，每组有八个单元 R0～R7。首先要知道 Rn 在哪组，默认值(不设定值)是第 0 组，在同一个程序中，同组中的 Rn 不能重复使用，不然会数据出错，唯独 A 可反复使用，不出问题。明确了这些后，可写出程序如下：

```
ORG   0000H        ;定下面这段程序在存储器中的首地址，必不可少的。
MOV   R2, #02      ;2 送 R2
MOV   A, #01       ;1 送 A
ADD   A,R2         ;相加，结果 3 存 A 中
END                ;程序结束标志，必不可少的。
```

程序到此编写完成，然后在仿真软件中调试、验证，若不对，反复修改程序，直到完全正确为止。

该程序若用 ADD A,direct 指令编程时，可写出如下程序：

```
ORG   0000H
MOV   30H, #02
MOV   A, #01
```

```
ADD  A,30H
END
```

该程序若用 ADD A,@Ri 指令编程时,可写出如下程序:

```
ORG  0000H
MOV  @R0,#02
MOV  A,#01
ADD  A,@R0
END
```

该程序若用 ADD A,# data 指令编程时,可写出如下程序:

```
ORG  0000H
MOV  A,#01
ADD  A,#02
END
```

从以上例子可见,同一个程序有多种编写方法,思路不同编出来的程序不同,但结果都一样,但我们认为最后一个程序较好。以上的加法程序是最简单的,加法有多种:无进位加法、有进位加法、有符号加法、有无符号加法,还有浮点数的加法、单字节加法、双字节加法、多字节加法,等等。一般编写程序时,编成通用的程序。在调用通用程序之前,先判断是哪一种类型,再调相应的子程序。如以上 1+2 的程序,也可以这样写,先将加数和被加数分别送入 40H,41H 单元,加完后和送入 42H 单元。它的完整程序如下:

```
        ORG    0000H
        MOV    40H,#01H
        MOV    41H,#02H
AD1:    MOV    R0,#40H          ;设 R0 为数据指针
        MOV    A,@R0            ;取 N1
        INC    R0               ;修改指针
        ADD    A,@R0            ;N1+N2
        INC    R0
        MOV    @R0,A            ;存结果
        END
```

此程序也可用子程序调用的方法写。将加的这一部分写成通用程序:

```
AD1:    MOV    R0,#40H          ;设 R0 为数据指针
        MOV    A,@R0            ;取 N1
        INC    R0               ;修改指针
        ADD    A,@R0            ;N1+N2
        INC    R0
        MOV    @R0,A            ;存结果
        RET
```

使用这个程序之前,先将加数、被加数送入 40H,41H 单元,完整的程序如下:

```
        ORG    0000H
        MOV    40H,#01H
```

```
        MOV     41H, #02H
        ACALL   AD1
AD1:    MOV     R0, #40H            ;设 R0 为数据指针
        MOV     A,@R0               ;取 N1
        INC     R0                  ;修改指针
        ADD     A,@R0               ;N1 + N2
        INC     R0
        MOV     @R0,A               ;存结果
        RET
        END
```

标号 AD1 到 RET 的这段程序就是子程序,有时将这些专用的子程序存入 ROM 中,不可改写。我们使用时可用下面这段比较简单的程序:

```
ORG   0000H
MOV   40H, #01H
MOV   41H, #02H
ACALL  AD1
END
```

这样使用起来很方便,向 40H,41H 单元送数,叫做入口参数。将和送入 42H 单元,称为出口参数。下面的程序讲的都是通用子程序。

**例 4.2** 将两个半字节数合并成一个一字节数。

设内部 RAM 40H,41H 单元中分别存放着 8 位二进制数。要求取出两个单元中的低半字节合并成一个字节后,存入 42H 单元。

流程图如图 4.1 所示,程序如下:

```
        ORG     0000H
START:  MOV     R1, #40H
        MOV     A,@R1
        ANL     A, #0FH         ;取第一个半字节
        SWAP    A
        INC     R1
        XCH     A,@R1           ;取第二字节
        ANL     A, #0FH         ;取第二个半字节
        ORL     A,@R1           ;拼字
        INC     R1
        MOV     @R1,A           ;存放结果
        RET
        END
```

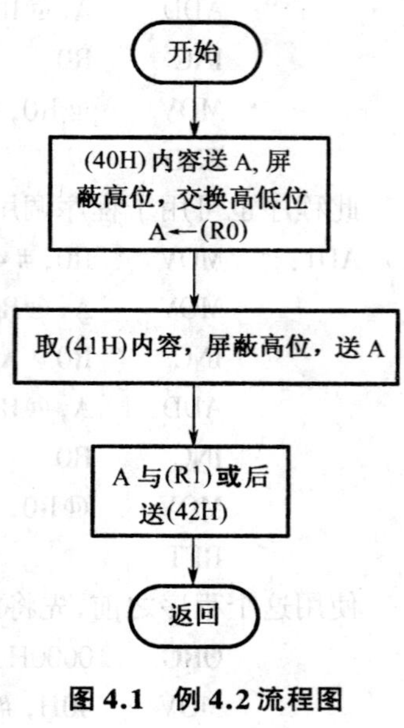

图 4.1 例 4.2 流程图

上面的程序先要在 RAM 的 40H,41H 单元中输入两个半字节数,例如输入 08 和 06,再看 86 是否送入 42H 单元。

此例相反的过程是将字节拆开分成两个半字节,例如将 40H 单元中的内容拆开后分别送 41H,42H 单元中。程序如下:

**例 4.3**　拆字程序。

程序要在 40H 中输入一个数，将其分成高、低半字节，分别送入 41H，42H 单元中，程序如下：

```
        ORG     0000H
START:  MOV     R1,#40H
        MOV     A,@R1
        MOV     A,B             ;暂存 B 中
        ANL     A,#0FH          ;取第一个半字节
        INC     R1
        MOV     @R1,A           ;存放第一个半字节
        MOV     A,B
        SWAP    A
        ANL     A,#0FH          ;取第二个半字节
        INC     R1
        MOV     @R1,A           ;存放第二个半字节
        RET
        END
```

## 4.2　分支程序设计

在处理实际事务中，只用简单的程序设计方法是不够的。因为大部分程序总包含判断、比较等情况，根据判断、比较的结果转向不同的分支。下面举两个分支程序的例子。

**例 4.4**　两个无符号数比较大小。设两个连续外部 RAM 单元 ST1 和 ST2 中存放不带符号的二进制数，找出其中的大数存入 ST3 单元中。

程序如下：

```
        ORG     8000H
        ST1     EQU   8040H
START1: CLR     C               ;进位位清零
        MOV     DPTR,#ST1       ;设数据指针
        MOVX    A,@DPTR         ;取第一个数
        MOV     R2,A            ;暂存 R2
        INC     DPTR
        MOVX    A,@DTPR         ;取第二个数
        SUBB    A,R2            ;两数比较
        JNC     BIG1
        XCH     A,R2            ;第一数大
BIG0:   INC     DPTR
        MOVX    @DPTR,A         ;存大数
        SJMP    $
BIG1:   MOVX    A,@DPTR         ;第二数大
```

```
        SJMP    BIGO
        END
```

上面的程序中,用减法指令 SUBB 来比较两数的大小。由于这是一条带借位的减法指令,在执行该指令前,先把进位位清零。用减法指令通过借位(CY)的状态判断两数的大小,是两个无符号数比较大小时常用的方法。设两数 $X,Y$,当 $X\geqslant Y$ 时,$X-Y$ 结果无借位(CY)产生,反之借位为 1,表示 $X<Y$。用减法指令比较大小,会破坏累加器中的内容,故作减法前先保存累加器中的内容。执行 JNC 指令后,形成了分支。执行 SJMP 指令后,实现程序的转移。

**例 4.5**　将 ASCII 码表的 ASCII 码转换为十六进制数,如果 ASCII 码不能转换成十六进制数,用户标志位置**1**。

由 ASCII 码表可知,30H ~ 39H 为 0 ~ 9 的 ASCII 码,41H ~ 46H 为 A ~ F 的 ASCII 码。在这一范围内的 ASCII 码减 30H 或 37H 就可以获得对应的十六进制数。设 ASCII 码放在累加器 A 中,转换结果放回 A 中。流程图如图 4.2 所示。

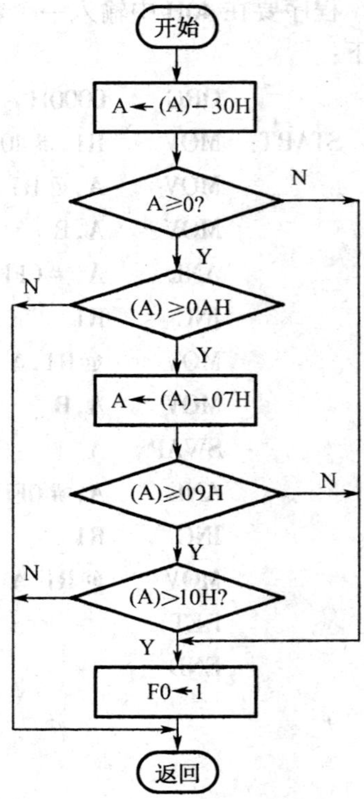


**图 4.2　例 4.5 流程图**

程序如下:

```
        ORG     0000H
START:  CLR     C
        SUBB    A, #30H
        JC      NASC            ;(A)<0,不是十六进制数,转 NASC
        CJNE    A, #0AH, MM
MM:     JC      ASC             ;0≤(A)<0AH,是十六进制数 0~9
        SUBB    A, #07H
        CJNE    A, #0AH, NN
NN:     JC      NASC            ;不是十六进制数 A~F,转 NASC
        CJNE    A, #10H, LL
LL:     JC      ASC             ;是十六进制数 A~F
NASC:   SETB    F0              ;用户标志位置 1
ASC:    RET
        END
```

分支程序在实际使用中用处很大,除了用于比较数的大小之外,常用于控制子程序的转移。

## 4.3　循环程序设计

在程序设计中,只有简单程序和分支程序是不够的。因为简单程序中每条指令只执行一次,而分支程序则根据条件的不同会跳过一些指令,执行另一些指令。它们的特点是,每一条指令至多执行一次。在处理实际事务时,有时会遇到多次重复处理的问题,用循环程序的方法来解决比较合适。循环程序中的某些指令可以反复执行多次。采用循环程序,可使程序缩短,节省存储单元。重复次数越多,循环程序的优越性就越明显。但是程序的执行时间并不节省。由于要有循环准备、结束判断等指令,速度要比简单程序慢些。循环程序一般由以下五部分组成:

(1)初始化部分:为循环程序做准备,如设置循环次数计数器的初值、地址指针置初值、为循环变量赋初值等。

(2)处理部分:为反复执行的程序段,是循环程序的实体。

(3)修改部分:每执行一次循环体后,对指针作一次修改,使指针指向下一数据所在位置,为进入下一轮处理作准备。

(4)控制部分:根据循环次数计数器的状态或循环条件,检查循环是否能继续进行,若循环次数到或循环条件不满足,应控制退出循环,否则继续循环。

通常(2),(3),(4)部分又称为循环体。

(5)结束部分:分析及存放执行结果。

循环程序的结构一般有两种形式:

(1)先进入处理部分,再控制循环,即至少执行一次循环体,如图 4.3(a)所示。

(2)先控制循环,后进入处理部分,即先根据判断结果,控制循环的执行与否,有时可以不进入循环体就退出循环程序,如图 4.3(b)所示。

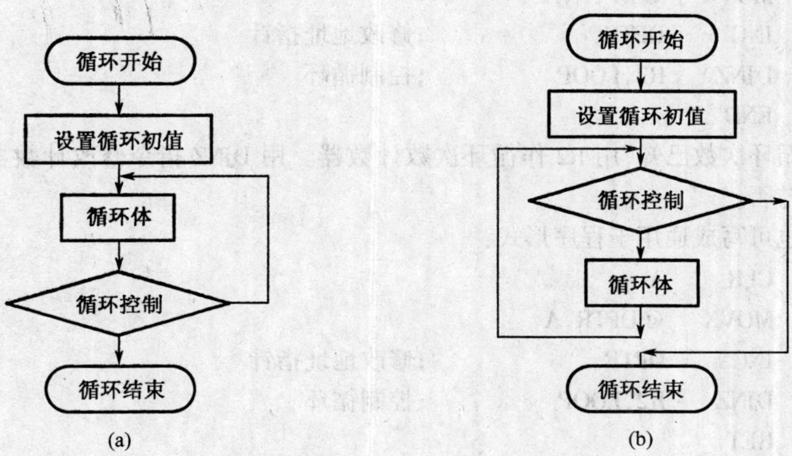


**图 4.3　循环流程图**

循环结构的程序,不论是先处理后判断,还是先判断后处理,其关键是控制循环的次数。根据需要解决问题的实际情况,对循环次数的控制有多种,循环次数已知的,用计数器来控制循环;循环次数未知的,可以按条件控制循环。

循环程序又分单循环和多重循环。下面举例说明循环程序的使用。

### 4.3.1　单循环程序

1.循环次数已知的循环程序

**例 4.6**　工作单元清零,如将 40H 为起点的 8 个单元清零。

在程序设计时，有时需要将存储器中的部分地址作为工作单元，存放程序执行的中间值和结果，此时常需要对这些工作单元清零。程序如下：

```
        ORG     0000H
CLEAR:  CLR     A               ;A清0
        MOV     R0, #40H        ;确定清0单元起始地址
        MOV     R7, #08         ;确定要清除的单元个数
LOOP:   MOV     @R0,A           ;清单元
        INC     R0              ;指向下一个单元
        DJNZ    R7,LOOP         ;控制循环
        END
```

此程序的前2~4句为设定循环初值，5~7句为循环体。以上是内部RAM单元清零，也可清外部RAM单元。

**例4.7** 设有50个外部RAM单元要清"0"，循环次数存放在R2寄存器中，首地址存放在DPTR中，设为2000H。程序如下：

```
        ORG     0000H
        MOV     DPTR, #2000H
CLEAR:  CLR     A
        MOV     R2, #32H        ;置计数值
LOOP:   MOVX    @DPTR,A
        INC     DPTR            ;修改地址指针
        DJNZ    R2,LOOP         ;控制循环
        END
```

本例中循环次数已知，用R2作循环次数计数器。用DJNZ指令修改计数器值，并控制循环的结束与否。

此程序也可写成通用子程序形式：

```
CLEAR:  CLR     A
LOOP:   MOVX    @DPTR,A
        INC     DPTR            ;修改地址指针
        DJNZ    R2,LOOP         ;控制循环
        RET
```

使用时只要给定入口参数及被清零单元个数，调用此子程序即可：

```
        ORG     0000H
        MOV     DPTR, #2000H
        MOV     R2, #50
        ACALL   CLEAR
        SJMP    $
CLEAR:  CLR     A
LOOP:   MOVX    @DPTR,A
        INC     DPTR            ;修改地址指针
        DJNZ    R2,LOOP         ;控制循环
```

```
        RET
        END
```

入口参数是根据实际需要而定的,若要清4000H为起点的100个单元,只要改动前面两句就可以了。

**例4.8** 多个单字节数据求和。已知有n个单字节数据,依次存放在内部RAM 40H单元开始的连续单元中。要求把计算结果存入R2,R3中(高位存R2,低位存R3)。程序如下:

```
        ORG     8000H
        NUN     EQU 0AH
SAD:    MOV     R0, #40H        ;设首地址
        MOV     R5, #NUN        ;计数值0AH→R5
SAD1:   MOV     R2, #0          ;和的高8位清零
        MOV     R3, #0          ;和的低8位清零
LOOP:   MOV     A,R3            ;取加数
        ADD     A, @R0
        MOV     R3,A            ;存和的低8位
        JNC     LOP1
        INC     R2              ;有进位,和的高8位+1
LOP1:   INC     R0              ;指向下一数据地址
        DJNZ    R5,LOOP
        SJMP    $
        END
```

上述程序中,用R0作间址寄存器,每做一次加法,R0加1,数据指针指向下一数据地址,R5为循环次数计数器,控制循环的次数。

2.循环次数未知的循环程序

以上介绍的几个循环程序例子,它们的循环次数都是已知的,适合用计数器置初值的方法。而有些循环程序事先并不知道循环次数,不能用以上方法。这时需要根据判断循环条件的成立与否或用建立标志的方法,控制循环程序的结果。

**例4.9** 测试字符串长度。设有一串字符依次存放在从50H单元开始的连续单元中,该字符串以回车符为结束标志,测得的字符串长度存入R2中。待测字符以ASCII码形式存放在RAM中,回车符的ASCII码为0DH。

测字符串长度程序是将该字符串中的每一个字符依次与回车符相比,若比较不相等,则统计字符串长度的计数器加1。继续比较,若比较相等,则表示该字符串结束计数器中的值就是字符串的长度。具体程序如下:

```
        ORG     0000H
CONT:   MOV     R2, #00H        ;初始长度设置
        MOV     R0, #50H        ;数据指针R0置初值
NEXT:   CJNE    @R0, #0DH,LOOP1
        SJMP    $
LOOP1:  INC     R0
        INC     R2
```

```
        SJMP    NEXT
        END
```

程序中用一条 CJNE @R0, # 0DH, LOOP1 指令实现字符比较及控制循环的任务，当循环结束时，R2 的内容为字符串长度。

### 4.3.2 循环程序在数据传送方面的应用

数据传送在程序编写中占有很重要的位置，编程离不开数据的处理和传送，初编程时往往并不知道数据怎么处理。例如，一个简单的 1 + 2 程序，首先应将 1 与 2 送到加法指令所规定的单元中，再用一个加法指令将两数相加，加后的结果存放在编写程序时安排的存储单元中。若程序运行成功，结果一定在编程时规定的那个单元，若那个单元被用或被其他的程序占用了，数就存不进，读不出。传数的种类很多，数据传送指令也较多，除了用不同的寻址方式、采用不同的传送方法外，就传送的最终目的而言可分为：内部 RAM 传到内部 RAM（简称内传内）、内部 RAM 传送到外部存储器（简称内传外）、外部存储器传到内部 RAM（简称外传内）、外部存储器传到外部存储器（简称外传外）。数据传送程序的编写都离不开循环程序，下面具体讲解数据传送程序的编写方法。

**例 4.10** 将内部 RAM 以 40H 为起始地址的 8 个单元中的内容传到以 60H 为起始地址的 8 个单元中。

此程序的编写用到间接寻址方法，它的基本编程思路是先读取一个单元的内容，将读取的内容送到指定单元，再循环送第二个，反复送，直到送完为止，具体程序如下：

```
        ORG     0000H
        MOV     R0, # 40H           ;定内部 RAM 取数单元的起始地址
        MOV     A, @R0              ;读出数送 A 暂存
        MOV     R1, # 60H           ;定内部 RAM 存数单元的起始地址
        MOV     @R1, A              ;送数到 60H 单元
        MOV     R7, # 08            ;定送数的个数
LOOP:   INC     R0                  ;取数单元加 1，指向下一个单元
        INC     R1                  ;存数单元加 1，指向下一个单元
        MOV     A, @R0              ;读出数送 A 暂存
        MOV     @R1, A              ;送数到新单元
        DJNZ    R7, LOOP            ;8 个送完了吗？未完转到 LOOP 继续送
        END                         ;送完了顺序执行，结束。
```

根据此程序，自己编出程序流程图，编程与程序流程图有一定距离，编程开始前弄清程序要完成的任务是什么？然后安排好数据存储单元，采用什么指令，理顺思路。编程有很大的灵活性，很高的技巧，应该多看实例，有些指令的用法比较特殊专一，要记下来。掌握了编程基本方法可脱离书本自己编，先编简单程序，再编复杂程序，先编短程序，后编长程序。

**例 4.11** 将内部 RAM 以 40H 为起始地址的 8 个单元中的内容传到外部存储器以 2000H 为起始地址的 8 个单元中。

此程序与例 4.10 的区别就是数据传到外部存储器，注意外部存储器的地址是 16 位地址，向外部 16 位地址传送数有专门的指令。读（外传内）外部存储器单元的方法如下：

```
MOV   DPTR, # 2000H
```

MOVX A,@DPTR

写(内传外)外部存储器单元的方法如下:

MOV DPTR,#2000H

MOVX @DPTR,A

这是专用语句要记牢,不能错,有了这些知识后我们可编写程序如下:

```
       ORG    0000H
       MOV    R0,#40H        ;定内部 RAM 取数单元的起始地址
       MOV    A,@R0          ;读出数送 A 暂存
       MOV    DPTR,#2000H    ;定外部存储器存数单元的起始地址
       MOVX   @DPTR,A        ;送数到 2000H 单元
       MOV    R7,#08         ;定送数的个数
LOOP:  INC    R0             ;取数单元加 1,指向下一个单元
       INC    DPTR           ;存数单元加 1,指向下一个单元
       MOV    A,@R0          ;读出数送 A 暂存
       MOVX   @DPTR,A        ;送数到新单元
       DJNZ   R7,LOOP        ;8 个送完了吗? 未完转到 LOOP 继续送
       END                   ;送完了顺序执行,结束。
```

**例 4.12** 将外部存储器以 2000H 为起始地址的 8 个单元中的内容传到内部 RAM 以 40H 为起始地址的 8 个单元中。

仿照例 4.11 我们可写出程序如下:

```
       ORG    0000H
       MOV    DPTR,#2000H    ;定外部存储器取数单元的起始地址
       MOVX   A,@DPTR        ;读出数送 A 暂存
       MOV    R0,#40H        ;定内部 RAM 存数单元的起始地址
       MOV    @R0,A          ;送数到 40H 单元
       MOV    R7,#08         ;定送数的个数
LOOP:  INC    R0             ;取数单元加 1,指向下一个单元
       INC    DPTR           ;存数单元加 1,指向下一个单元
       MOV    A,@DPTR        ;读出数送 A 暂存
       MOVX   @R0,A          ;送数到新单元
       DJNZ   R7,LOOP        ;8 个送完了吗? 未完转到 LOOP 继续送
       END                   ;送完了,结束。
```

**例 4.13** 将外部存储器以 2000H 为起始地址的 8 个单元中的内容传到外部存储器以 4000H 为起始地址的 8 个单元中。

编程时可以沿用以上编程思路,但在循环时要将 DPTR 分成两个字节,即 DPH 和 DPL,只要这样改动就可,编程如下:

```
       ORG    0000H
       MOV    R2,#00H        ;定外部存储器取数单元的起始地址低字节
       MOV    R3,#20H        ;定外部存储器取数单元的起始地址高字节
       MOV    R4,#00H        ;定外部存储器存数单元的起始地址低字节
```

```
        MOV     R5, # 40H            ;定外部存储器存数单元的起始地址高字节
        MOV     R7, # 08             ;定送数的个数
LOOP:   MOV     DPL, R2
        MOV     DPH, R3
        MOV     A, @DPTR             ;读出 2000H 单元的数送 A 暂存
        MOV     DPL, R4
        MOV     DPH, R5
        MOVX    @DPTR, A             ;送数到 4000H 单元
        INC     R2                   ;取数单元加 1,指向下一个单元
        INC     R4                   ;存数单元加 1,指向下一个单元
        DJNZ    R7, LOOP             ;8 个送完了吗? 未完转到 LOOP 继续送
        END                          ;送完了顺序执行,结束。
```

此程序传数的最大个数为 FFH,即 256 个,超过此数该程序就有问题,该问题出在高字节不能改变,要使高字节也能变,程序要作如下变动:

```
        ORG     0000H
        MOV     R2, # 00H            ;定外部存储器取数单元的起始地址低字节
        MOV     R3, # 20H            ;定外部存储器取数单元的起始地址高字节
        MOV     R4, # 00H            ;定外部存储器存数单元的起始地址低字节
        MOV     R5, # 40H            ;定外部存储器存数单元的起始地址高字节
        MOV     R6, # 08H            ;定送数的个数低字节
        MOV     R7, # 04H            ;定送数的个数高字节
        MOV     A, R7
        JZ      LOP2
        JNZ     LOP                  ;以上三句是判断 R7 高字节是否为 0
LOP1:   MOV     DPL, R2
        MOV     DPH, R3
        MOV     A, @DPTR             ;读出 2000H 单元的数送 A 暂存
        INC     DPTR                 ;取数单元加 1,指向下一个单元
        MOV     R2, DPL
        MOV     R3, DPH              ;新地址送 R2,R3,为送下一个作准备
        MOV     DPL, R4
        MOV     DPH, R5
        MOVX    @DPTR, A             ;送数到 4000H 单元
        INC     DPTR                 ;存数单元加 1,指向下一个单元
        MOV     R4, DPL
        MOV     R5, DPH              ;新地址送 R4,R5,为送下一个作准备
LOP:    DJNZ    R7, LOP1             ;高字节送完了吗? 未完转到 LOP1 继续送
LOP2:   DJNZ    R6, LOP1             ;未完接着转去送低字节,完了顺序执行
        END                          ;结束程序
```

像这样的小程序是很有用的,一般将它编写成通用的子程序:

```
MOVE:  MOV    DPL,R2
       MOV    DPH,R3
       MOVX   A,@DPTR
       MOV    DPL,R4
       MOV    DPH,R5
       MOVX   A,@DPTR
       CJNE   R2,#0FFH,MOV1
       INC    R3
MOV1:  INC    R2
       CJNE   R2,#0FFH,MOV2
       INC    R5
MOV2:  INC    R4
       CJNE   R6,#00H,MOV3
       CJNE   R7,#00H,MOV4
MOV3:  DEC    R6
       SJMP   MOVE
MOV4:  DEC    R6
       DEC    R7
       SJMP   MOVE
       RET
```

程序中R2,R3定数据块的首地址,R4,R5定数据块目标地址,R6为传送个数的低字节,R7为传送多少个数的高字节,使用此子程序时只要将这6个数送入,调用此程序就行。

### 4.3.3 多重循环程序

如果在一个循环体中又包含了其他的循环程序,即循环中还套着循环,这种程序称为多重循环程序。

**例4.14** 10秒延时程序。

延时程序与MCS-51执行指令的时间有关,如果使用6 MHz晶振,一个机器周期为2 μs,计算出执行一条指令以至一个循环所需要的时间,给出相应的循环次数,便能达到延时的目的。

具体程序如下:

```
DEL:   MOV    R5,#100
DEL0:  MOV    R6,#200
DEL1:  MOV    R7,#248
DEL2:  DJNZ   R7,DEL2          ;248*2+4
       DJNZ   R6,DEL1          ;(248*2+4)*200+4
       DJNZ   R5,DEL0          ;(248*2+4)*200+4)*100+4
       RET
```

上例延时程序的实际延时为10.000406秒。它是一个三重循环程序,利用程序嵌套的方法对时间实行延迟是程序设计中常用的方法。使用多重循环程序时,必须注意以下几点:

(1)循环嵌套必须层次分明,不允许产生内外层循环交叉。

(2)外循环可以一层层向内循环进入,结束时由里往外一层层退出。

(3)内循环体可以直接转入外循环体,实现一个循环由多个条件控制的循环结构方式。

根据以上程序可编出多重循环程序,也可编出一(单)重循环程序:

```
LOOP:   MOV     R7, # 0FFH
LOP1:   DJNZ    R7,LOP1
        RET
```

也可编出两重循环程序:

```
DEL0:   MOV     R6, # 200
DEL1:   MOV     R7, # 248
DEL2:   DJNZ    R7,DEL2
        DJNZ    R6,DEL1
        RET
```

**例 4.15** 冒泡程序。

设有 N 个数,它们依次存放于 LIST 地址开始的存储区域中,将 N 个数比较大小后,使它们按由小到大(或由大到小)的次序排列,存放在原存储区域中。

编制该程序的方法:依次将相邻两个单元的内容作比较,即第一个数和第二个数比较,第二个数和第三个数比较……如果符合从小到大的顺序则不改变它们在内存中的位置,否则交换它们之间的位置。如此反复比较,直至数列排序完成为止。

由于在比较过程中将大数(或小数)向上冒,因此这种算法称为"冒泡法"或称排序法,它是通过一轮一轮的比较得出结果的:

第一轮经过六次两两比较后,得到一个最大数。

第二轮经过五次两两比较后,得到次大数。

……

每轮比较后得到本轮最大数(或最小数),该数就不再参加下一轮的两两比较,故进入下一轮时,两两比较次数减 1。为了加快数据排序速度,程序中设置一个标志位,只要在比较过程中两数之间没有发生过交换,就表示数列已按大小顺序排列了。可以结束比较。

设数列首地址在 R0 寄存器中,R2 为外循环次数计数器,R3 为内循环次数计数器,R1 为交换标志。具体程序如下:

```
        ORG     8000H
        MOV     R2, # CNT - 1       ;数列个数 - 1
LOOP1:  MOV     A,R2                ;外循环计数值
        MOV     R3,A                ;内循环计数值
        MOV     R1, # 01            ;交换标志置 1
LOOP2:  MOV     A,@R0               ;取数据
        MOV     B,A                 ;暂存 B
        INC     R0
        CLR     C
        SUBB    A,@R0               ;两数比较
        JC      LESS                ;前数小于后数,不用交换,转 LESS
```

```
        MOV     A,B             ;取大数
        XCH     A,@R0           ;两数交换位置
        DEC     R0
        MOV     @R0,A           ;
        INC     R0              ;恢复数据指针
        MOV     R1,#02          ;置交换标志为 2
LESS:   DJNZ    R3,LOOP2        ;内循环计数减 1,判一遍查完?
        DJNZ    R2,LOOP3        ;外循环计数减 1,判排序结束
STOP:   RET
LOOP3:  DJNZ    R1,LOOP1        ;发生交换转至 LOOP1,开始下一轮比较
        SJMP    STOP            ;无交换发生,表明已排序完毕,结束
        ORG     50H             ;(内部 RAM)
LIST:   DB      0,13,3,90,27,32,11
        ONT     EQU  07H
        END
```

## 4.4 子程序和参数传递方法

在实际程序中,常常会多次进行一些相同的计算和操作,如数制转换、函数式计算等。如果每次都从头开始编制一段程序不仅麻烦,而且浪费存储空间。因此将一些常用的程序段以子程序的形式事先存放在存储器的某一区域,当主程序运行需要用到子程序时,只要执行调用子程序的指令,使程序转至子程序即可。子程序处理完毕,返回主程序,继续进行以后的操作。

调用子程序有几个优点:

(1)避免对相同程序段的重复编制。

(2)简化程序的逻辑结构,同时也便于子程序调试。

(3)节省存储器空间。

MCS-51 指令系统提供了两条调用子程序指令 ACALL 及 LCALL,以及一条返回主程序的指令 RET。

子程序的调用一般包含两个部分,即保护现场和恢复现场。由于主程序每次调用子程序的工作是事先安排的,有时根据实际情况可以省去保护现场的工作。

调用子程序时,主程序应先把有关的参数(入口参数)存放在约定的位置,子程序在执行时可以从约定的位置取得参数,当子程序执行完,将得到的结果(出口参数)存入约定的位置,返回主程序后主程序可以从这些约定的位置上取到需要的结果,这就是参数的传递。

下面结合 MCS-51 单片机的特点,介绍几种传递方法。

1. 寄存器或累加器传递参数

此方法是把入口参数或出口参数放在工作寄存器或累加器中的方法。使用这种方法程序最简单,运算速度也最高。它的缺点是工作寄存器数量有限,不能传递太多的数据;主程序必须先把数据送到工作寄存器;参数个数固定,不能由主程序任意改定。

**例 4.16**　请编出能把 20H 单元内两个 BCD 数变换成相应 ASCII 码，放在 21H(高位 BCD 数的 ASCII 码)和 22H(低位 BCD 数的 ASCII 码)单元的程序。

根据 ASCII 字符表，0 ~ 9 的 BCD 数和它们的 ASCII 码之间仅相差 30H。因此，仅需把 20H 单元中两个 BCD 数拆开，分别和 30H 相加就行了。可以编出程序如下：

```
        ORG     000H
ASCH:   MOV     R0, #22H
        MOV     @R0, #00H
        MOV     A,20H
        XCHD    A, @R0
        ORL     22H, #30H
        SWAP    A
        ORL     A, #30H
        MOV     21H,A
        SJMP    $
        END
```

2.用指针寄存器来传递参数

由于数据一般存放在存储器中，而不是工作寄存器中，故可用指针来指示数据的位置，这样可以大大节省传递数据的工作量，并可实现可变长度运算。如果参数在内部 RAM 中，可用 R0 或 R1 作指针。可变长度运算时，可用一个寄存器来指出数据长度，也可在数据中指出其长度(如使用结束标记符)。

**例 4.17**　将(R0)和(R1)指出的内部 RAM 中两个 3 字节无符号整数相加，结果送(R0)指出的内部 RAM 中。入口时，(R0)，(R1)分别指向加数和被加数的低位字节，出口时(R0)指向结果的高位字节。利用 MCS－51 的带进位加法指令，可以直接编写出下面的程序：

```
        ORG     0000H
NADD:   MOV     R7, #3
        CLR     C
NADD1:  MOV     A, @R0
        ADDC    A, @R1
        MOV     R0, A
        DEC     R0
        DEC     R0
        DJNZ    R7,NADD1
        DJNZ    R7,NADD1
        INC     R0
        RET
        END
```

3.用堆栈来传递参数

堆栈可以用于传递参数。调用时，主程序可用 PUSH 指令把参数压入堆栈中。之后子程序可按栈指针访问堆栈中的参数，同时可把结果参数送回堆栈中。返回主程序后，可用 POP 指令得到这些结果参数。这种方法的优点是简单，能传递大量参数，不必为特定的参数分配存储单元。使用这种方法时,由于参数在堆栈中,故大大简化了中断响应时的现场保护。

实际使用时,不同的调用程序可使用不同的技术来决定或处理这些参数。下面以几个简单的例子来说明用堆栈来传递参数的方法。

**例4.18** 一位十六进制数转换为ASCII码子程序。

```
        ORG     0000H
HASC:   MOV     R0,SP
        DEC     R0
        DEC     R0                  ;R0为参数指针
        XCH     A,@R0               ;保护ACC,取出参数
        ANL     A,#0FH
        ADD     A,#2                ;加偏移量
        MOVC    A,@A+PC
        XCH     A,@R0               ;查表结果放回堆栈中
        RET
        DB      '0123456789'        ;十六进制数的ASCII字符表
        DB      'ABCDEF'
        END
```

子程序HASC把堆栈中的一位十六进制数变成ASCII码。它先从堆栈中读出调程序存放的数据,然后用它的低4位去访问一个局部的16项的ASCII码表,把得到的ASCII码放回堆栈中,然后返回。它不改变累加器的值。可以按不同的情况调用这个程序。

**例4.19** 把内部RAM中50H,51H的双字节十六进制数转换为4位ASCII码,存放于(R1)指向的4个内部RAM内部单元。

我们编写程序时可以将例4.18当作子程序调用,子程序名为HASC。

```
        ORG     0000H
HA24:   MOV     A,50H
        SWAP    A
        PUSH    ACC
        ACALL   HASC
        POP     ACC
        MOV     @R1,A
        INC     R1
        PUSH    50H
        ACALL   HASC
        POP     ACC
        MOV     @R1,A
        INC     R1
        MOV     A,51H
        SWAP    A
        PUSH    ACC
        ACALL   HASC
```

```
        POP     ACC
        MOV     @R1,A
        INC     R1
        PUSH    51H
        ACALL   HASC
        POP     ACC
        MOV     @R1,A
        END
```

HASC 子程序只完成了一位十六进制数到 ASCII 码的转换,对于一个字节中的两个十六进制数,需由主程序把它分成两个一位十六进制数,然后两次调用 HASC,才能完成转换。对于需多次使用该功能程序的场合,需占用很多程序空间。下面介绍把一个字节的两位十六进制数变成两位 ASCII 码的子程序。

该程序仍采用堆栈来传递参数,但现在传到子程序的参数为一个字节,传回到主程序的参数为两个字节,堆栈的大小在调用前后是不一样的。在子程序中,必须对堆栈内的返回地址和栈指针进行修改。

**例 4.20** 一个字节的两位十六进制数转换为两个 ASCII 码子程序。

```
        ORG     0000H
HTA2:   MOV     R0,SP
        DEC     R0
        DEC     R0
        PUSH    ACC             ;保护累加器内容
        MOV     A,@R0           ;取出参数
        ANL     A,#0FH
        ADD     A,#14           ;加偏移量
        MOVC    A,@A+PC
        XCH     A,@R0           ;低位 HEX 的 ASCII 码放入堆栈中
        SWAP    A
        ANL     A,#0FH
        ADD     A,#7            ;加偏移量
        MOVC    A,@A+PC
        INC     R0
        XCH     A,@R0           ;高位 HEX 的 ASCII 码放入堆栈中
        INC     R0
        XCH     A,@R0           ;高位返回地址放入堆栈,并恢复累加器内容
        RET
        DB      '0123456789'
        DB      'ABCDEF'
        END
```

**例 4.21** 将内部 RAM 50H,51H 中的内容以 4 位十六进制数的 ASCII 形式串行发送出去,可调用 HTA2,程序如下:

```
        ORG     0000H
SCOT4:  PUSH    50H
        ACALL   HTA2
        POP     ACC
        ACALL   COUT
        POP     ACC
        ACALL   COUT
        PUSH    51H
        ACALL   HTA2
        POP     ACC
        ACALL   COUT
        POP     ACC
        ACALL   COUT
        ……
COUT:   JNB     TI,COUT         ;字符发送子程序
        CLR     TI
        MOV     SBUF,A
        RET
        END
```

在例 4.20 的程序中,修改返回地址由 XCH A,@R0 指令来完成。这里并不需要修改栈指针的操作,因为在子程序中,有 PUSH ACC(保护累加器内容)已经使栈指针加 1。如果在子程序出口处,栈指针与实际的栈内容不相符,这时应修改栈指针。因为一般在用栈指针传递参数的子程序中,均用数据指针 R0 或 R1 来修改栈内容(包括返回地址),并且一般在最后修改返回地址,故可在返回前加入一条 MOV SP,R0 或 MOV SP,R1 指令,即可完成栈指针的修改。这种方法适用于各种情况,包括调用参数多于结果参数和调用参数少于结果参数等各种场合。

4.程序段参数传递

以上这些参数传递方法多数是在调用子程序前把值装入适当的寄存器传递参数。如果有许多常数参数,这种技术不太有效,因为每个参数需要一个寄存器传递,并且在每次调用子程序时需分别用指令把它们装入寄存器中。

如果需要大量参数,并且这些参数均为常数时,程序段参数传递方法(有时也称为直接参数传递)是传递常数的有效方法。调用时,常数作为程序代码的一部分紧跟在调用子程序后面。子程序根据栈内的返回地址,决定从何处找到这些常数,然后在需要时从程序存储器中读出这些参数。

**例 4.22** 字符串发送子程序。

在实际应用中,经常需要发送各种字符串。这些字符串通常放在程序存储器中。按通常方法,需要先把这些字符装入 RAM 中,然后用传递指针的方法来实现参数传递。为了简便,也可把字符串放在程序存储器独立区域中,然后用传递字符串首地址的方法来传递参数。以后子程序可按该地址用 MOVC 指令从程序存储器中读出并发送该字符串。但是最简单的方法是采用程序段参数传递的方法。

```
        ORG     0000H
SOUT:   POP     DPH                 ;栈中指针
        POP     DPL
SOT1:   CLR     A
        MOVC    A,@A+DPTR
        INC     DPTR
        JZ      SEND
        JNB     TI,$                ;$为本条指令地址
        CLR     TI
        MOV     SBUF,A
        SJMP    SOT1
SEND:   JMP     @A+DPTR
        END
```

这个子程序有以下几个特点：

(1)它不以一般的返回指令结尾，而是采用基寄存器加变址寄存器间接转移指令来返回到参数表后的第一条指令。一开始的 POP 指令已调整了栈指针的内容。

(2)它可适用于 ACALL 或 LCALL，因为这两种调用指令均把下一条指令或数据字节的地址压入栈中。调用程序可位于 MCS-51 全部地址空间的任何地方，因为 MOVC 指令能访问所有 64K 字节。

(3)传递到子程序的参数可按最方便的次序列表，而不必按使用的次序排列。子程序中在每一条 MOVC 指令前累加器装入适当的参数，就可以"随机访问"参数表。

(4)子程序只使用累加器 A 和数据指针 DPTR，应用程序可以在调用前把这些寄存器压入堆栈中，保护它们的内容。

前面介绍了四种基本的参数传递方法，实际上，可以按需要合并使用两种或几种参数传递方法，以达到减少程序长度，加快运行速度、节省工作单元等目标。

## 4.5 查表程序设计

查表程序是一种常用程序，它广泛使用于 LED 显示器控制、打印机打印，以及数据补偿、计算、转换等功能程序中，具有程序简单、执行速度快等优点。

查表，就是根据变量 $x$ 在表格中查找 $y$，使 $y=f(x)$。

$x$ 有各种结构，有时 $x$ 可取小于 $n$($n$ 为定值)的自然数子集；有时 $x$ 的取值范围较大，并且不会取到该范围中的所有值，即对某些 $x$，$f(x)$无定义，例如 $x$ 为不定长的字符串或 $x$ 为某些 ASCII 字符。

$y$ 也有各种结构，如有时 $y$ 可取定字长的数，但不是所有该字长的数都有对应的 $x$；有时 $y$ 可取小于 $m$($m$ 为定值)的自然数子集。

表格本身也有许多不同的结构。以存放顺序分，表格有有序和无序表；以存放地点分，有的表格存放在存储器中(用 MOVC 指令访问)，有的表存放在数据存储器中(用 MOVX 指令访问)。表格的存放内容也各有不同，有的只存放 $y$ 值，有的既有 $x$ 值又有 $y$ 值。下面介

绍几种常用查表方法及程序。

1.用 MOVC　A,@A+PC 查表指令编程

**例 4.23**　用查表方法编写彩灯控制程序,编程使彩灯先顺次点亮,再逆次点亮,然后连闪三下,反复循环。

程序如下:

```
        ORG     0000H
START:  MOV     R0, # 00H
LOOP:   CLR     A
        MOV     A,R0
        ADD     A, # 0CH          ;修正偏移量
        MOVC    A,@A+PC
        CJNE    A, # 03H,LOOP1
        AJMP    START
LOOP1:  MOV     P1,A
        ACALL   DEL
        INC     R0
        AJMP    LOOP
TAB:    DB      01H,02H,04H,08H,10H,20H,40H,80H
        DB      80H,40H,20H,10H,08H,04H,02H,01H
        DB      00H,0FFH,00H,0FFH,00H,0FFH,03H
DEL:    MOV     R7, # 0FFH        ;延时子程序
DEL1:   MOV     R6, # 0FFH
DEL2:   DJNZ    R6,DEL2
        DJNZ    R7,DEL1
        RET
        END
```

2.用 MOVC　A,@A+DPTR 查表指令编程

**例 4.24**　用查表方法编写彩灯控制程序,编程使彩灯先顺次点亮,再逆次点亮,然后连闪三下,反复循环。

程序如下:

```
        ORG     0000H
START:  MOV     DPTR, # TABLE     ;表格首地址送 DPTR
LOOP:   CLR     A
        MOVC    A,@A+DPTR
        CJNE    A, # 03H,LOOP1
        JMP     START
LOOP1:  MOV     P1,A
        ACALL   DEL
        INC     DPTR
        JMP     LOOP
```

```
TAB:    DB      01H,02H,04H,08H,10H,20H,40H,80H
        DB      80H,40H,20H,10H,08H,04H,02H,01H
        DB      00H,0FFH,00H,0FFH,00H,0FFH,03H
DEL:    MOV     R7, # 0FFH
DEL1:   MOV     R6, # 0FFH
DEL2:   DJNZ    R6,DEL2
        DJNZ    R7,DEL1
        RET
        END
```

## 4.6 散转程序设计

散转程序是分支程序的一种。它由输入条件或运算结果来确定转入各自的处理程序。有多种方法能实现散转程序,但通常用逐次比较法,即把所有情况逐一进行比较,若有符合便转向对应的处理程序。由于每一种情况都有判断和转移,如对 n 个情况,需要 n 个判断和转移,因此它的缺点是程序比较长。MCS－51 指令系统中有一条跳转指令 JMP @ADPTR,用它可以很容易地实现散转功能。该指令是把累加器 A 的 8 位无符号数(作地址的低 8 位)与 16 位数据指针的内容相加,其和送入程序计数器作为转移指令的地址。执行 JMP @A＋DPTR 指令后,累加器和 16 位数据指针的内容均不受影响。下面介绍几种实现散转程序的方法。

1.用转移指令表实现散转

在许多场合中,要根据某一单元的值 0,1,2,…,n 分别转向处理程序 0,处理程序 1,……处理程序 n。这时可以用转移指令 AJMP(或 LJMP)组成一个转移表。

**例 4.25** 根据 R6 的内容,转向各个处理程序。

R6＝0,转 LOP0

R6＝1,转 LOP1

R6＝2,转 LOP2

把转移标志送累加器 A,转移表首地址送 DPTR,利用 JMP @A＋DPTR 实现转移。标号为 LOP0 的程序为由 P1 口控制的彩灯两端向中间点亮,标号为 LOP1 的程序为由 P1 口控制的彩灯左移顺次点亮,标号为 LOP2 的程序为由 P1 口控制的彩灯右移顺次点亮。程序如下:

```
        ORG     0000H
        MOV     DPTR, # TAB1
        MOV     A,R6
        ADD     A,R6
        JNC     PAD
        INC     DPH
PAD:    JMP     @A + DPTR
TAB1:   AJMP    LOP0
        AJMP    LOP1
```

```
        AJMP    LOP2
LOP1:   MOV     A, # 0FEH
LP1:    MOV     P1,A
        ACALL   DEL
        RL      A
        AJMP    LP1
        RET
LOP2:   MOV     A, # 7FH
LP2:    MOV     P1,A
        ACALL   DEL
        RR      A
        AJMP    LP2
        RET
LOP0:   MOV     R0, # 00H
LOOP:   CLR     A
        MOV     A,R0
        ADD     A, # 0CH
        MOVC    A,@A + PC
        CJNE    A, # 03H,LOOP1
        JMP     START
LOOP1:  MOV     P1,A
        ACALL   DEL
        INC     R0
        JMP     LOOP
TAB:    DB      81H,42H,24H,18H,03H
DEL:    MOV     R4, # 0FFH
DEL1:   MOV     R3, # 0FFH
DEL2:   DJNZ    R3,DEL2
        DJNZ    R4,DEL1
        RET
        END
```

本例仅适用于散转表首地址 TAB1 和处理程序入口地址 LOP0,LOP1,…,LOPn 在同一个 2K 范围的存储区的情况。如果一个 2K 范围的存储区内放不下所有的处理程序时,把一些较长的处理程序放在其他存储区域,只要在该处理程序的入口地址内用 LJMP 指令即可。方法有以下两种。

(1)例如处理程序 LOP0,LOP3 比较长,要把两个程序转至其他区域,分别把它们的入口地址用符号 LLOP0,LLOP3 表示,以实现程序的转移。

```
LOP0:LJMP   LLOP0
LOP3:LJMP   LLOP3
```

(2)可以直接用 LJMP 指令组成转移表。由于 LJMP 是 3 字节的指令,在组成指令转移表时，当执行 JMP @A + DPTR 指令时，可能出现 DPTR 低 8 位向高 8 位的进位，用加法指令对 DPTR 直接修改来实现。

程序如下：

```
        ORG0    0000H
PJ2:    MOV     DPTR, # TAB2
        CLR     C
        MOV     R5, # 0
        MOV     A, R6
        RLC     A               ;R6 * 2
        JNC     AD1
        INC     R5              ;有进位,高 8 位加 1
AD1:    ADD     A, R6           ;R6 * 3
        JNC     AD2
        INC     R5              ;有进位,高 8 位加 1
AD2:    MOV     A, R5
        ADD     A, DPH          ;DPTR 高 8 位调整
        MOV     A, R6
        JMP     @A + DPTR       ;得散转地址
TAB2:   LJMB    LOP0
        LJMP    LOP1
        ……
        LJMP    LOPn
        END
```

用 AJMP 组成的散转表为二字节一项，而用 LJMP 组成的散转表则为三字节一项，根据 R6 中的内容或乘 2，或乘 3 得每一处理程序的入口地址表指针。

2.用转移地址表实现散转

当转向范围比较大时，可直接使用转向地址表方法，即把每个处理程序的入口地址直接置于地址表内。用查表指令，找到对应的转向地址，把它装入 DPTR 中。将累加器清零后用 JMP @A + DPTR 直接转向各个处理程序的入口。

**例 4.26** 根据 R3 的内容转向对应处理程序。处理程序的入口分别是 LOP0 ~ LOP2。

程序如下：

```
        ORG     0000H
PJ3:    MOV     DPTR, # TAB3
        MOV     A, R3
        ADD     A, R3           ;R3 * 2
        JNC     CAD
        INC     DPH             ;有进位 DPTR 高位加 1
CAD:    MOV     R2, A           ;暂存 R2
        MOVC    A, @A + DPTR
        XCH     A, R2           ;处理程序入口地址高 8 位暂存 R2
```

```
        INC     A
        MOVC    A,@A+DPTR
        MOV     DPL,A           ;处理程序入口地址低 8 位暂存 DPL
        MOV     DPH,R2
        CLR     A
        JMP     @A+DPTR
TAB3:   DW      LOP0
        DW      LOP1
        DW      LOP2
        END
```

本例可实现 64K 范围内的转移,但散转数 n 应小于 256。如大于 256 时,应采用双字节数加法运算修改 DPTR。

## 习题与思考题

4-1　若有两个无符号数 $x$,$y$ 分别存放在内部存储器 50H,51H 单元中,试编写一个程序实现 $x*10+y$,结果存入 52H,53H 两个单元中。

4-2　从内部存储器 20H 单元开始,有 30 个数据。试编一个程序,把其中的正数、负数分别送 51H 和 71H 开始的存储单元,并分别记下正数、负数的个数送 50H 和 70H 单元。

4-3　内部存储单元 40H 中有一个 ASCII 码字符,试编写程序,给该数的最高位加上奇校验。

4-4　以 BUF1 为起始地址的外存储区中,存放 16 个单字节无符号二进制数,试编一程序,求其平均值并送 BUF2 单元。

4-5　试编写一个三字节无符号数除法程序。

4-6　设内部 RAM 30H 和 31H 单元中有两个带符号数,求出其中的大数存放在 32H 单元中。

4-7　将 DATA 单元存放的以 ASCII 码表示的 16 进制数转换成十进制数存放于 DATA+1 单元中。

4-8　编一个将十六进制数转换成十进制数的子程序。

4-9　编一程序,将存储区 DATA1 单元开始的 20 个单字节数据依次与 DATA2 单元为起始地址的 20 个单字节数据进行交换。

4-10　试编写一程序,将存储区 DATA1 单元开始的 50 个单字节数逐一移至 DATA2 单元开始的存储区中。

# 第5章 中断系统

在 CPU 与外设交换信息时,存在一个快速的 CPU 与慢速的外设间的矛盾。为解决这个问题,采用了中断技术。良好的中断系统能提高计算机实时处理的能力,实现 CPU 与外设的分时操作和自动处理故障,从而扩大了计算机的应用范围。

当 CPU 正在处理某项事务的时候,如果外界或内部发生了紧急事件,要求 CPU 暂停正在处理的工作转而去处理这个紧急事件,待处理完以后再回到原来被中断的地方,继续执行原来被中断了的程序,这样的过程称为中断。向 CPU 提出中断请求的源称为中断源。微型计算机一般允许有多个中断源。当几个中断源同时向 CPU 发出中断请求时,CPU 应优先响应最需紧急处理的中断请求。为此,需要规定各个中断源的优先级,使 CPU 在多个中断源同时发出中断请求时能找到优先级最高的中断源,响应它的中断请求。在优先级高的中断请求处理完了以后,再响应优先级低的中断请求。

当 CPU 正在处理一个优先级低的中断请求的时候,如果发生另一个优先级比它高的中断请求,CPU 能暂停正在处理的中断源的处理程序,转去处理优先级高的中断请求,待处理完以后,再回到原来正在处理的低级中断程序,这种高级中断源能中断低级中断源的中断处理称为中断嵌套。

MCS-51 系列单片机允许有五个中断源,提供两个中断优先级(能实现二级中断嵌套)。每个中断源的优先级的高低都可以通过编程来设定。中断源的中断请求是否能得到响应,受中断允许寄存器 IE 的控制;各个中断源的优先级可以由中断优先级寄存器 IP 中的各位来确定;同一优先级中的各中断源同时请求中断时,由内部的查询逻辑来确定响应的次序。

## 5.1 中断请求源

MCS-51 中断系统可用图 5.1 来表示,五个中断源如下:

(1)$\overline{\text{INT0}}$来自 P3.2 引脚上的外部中断请求(外中断 0)。

(2)$\overline{\text{INT1}}$来自 P3.3 引脚上的外部中断请求(外中断 1)。

(3)T0 片内定时器/计数器 0 溢出(TF0)中断请求。

(4)T1 片内定时器/计数器 1 溢出(TF1)中断请求。

(5)串行口,片内串行口完成一帧发送或接收时,TI 或 RI 发出中断请求。

每一个中断源都对应一个中断请求标志位,它们设置在特殊功能寄存器 TCON 和 SCON 中。当这些中断源请求中断时,分别由 TCON 和 SCON 中的相应位来显示。

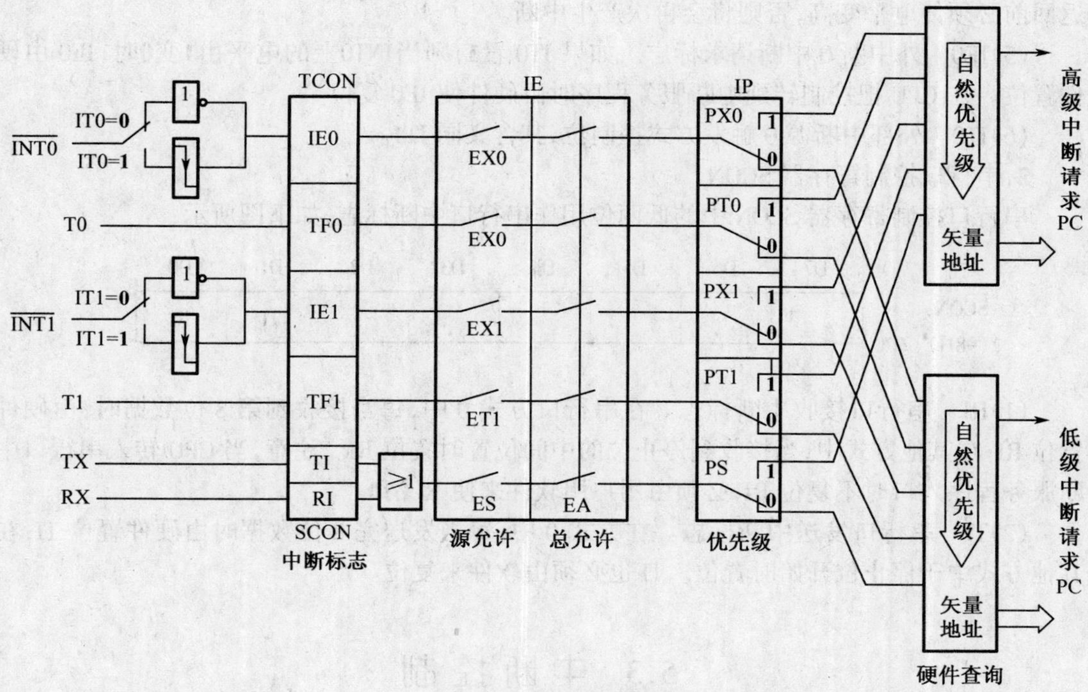


图 5.1 中断系统结构

## 5.2 中断标志位

1.定时器控制寄存器 TCON

TCON 是定时器/计数器 0 和 1(T0,T1)的控制寄存器,它同时也用来标志 T0,T1 的溢出中断请求源和外部中断请求源。TCON 寄存器中与中断有关的位如下图所示:

| | D7 | D6 | D5 | D4 | D3 | D2 | D1 | D0 |
|---|---|---|---|---|---|---|---|---|
| TCON:(88H) | TF1 | | TF0 | | IE1 | IT1 | IE0 | IT0 |

(1)TF1　定时器/计数器 1(T1)的溢出中断标志。当 T1 从初值开始加 1 计数到计数满产生溢出时,由硬件使 TF1 置**1**,直到 CPU 响应中断时由硬件复位。

(2)TF0　定时器/计数器 0(T0)的溢出中断标志。其作用同 TF1。

(3)IE1　外中断 1 中断请求标志。如果 IT1 = **1**,则当外中断 1 引脚$\overline{INT1}$上的电平由**1**变**0**时,IE1 由硬件置位,外中断 1 请求中断。在 CPU 响应该中断时由硬件清**0**。

(4)IT1　外部中断 1($\overline{INT1}$)触发方式控制位。如果 IT1 为**1**,则外中断 1 为负边沿触发方式(CPU 在每个机器周期的 S5P2 采样$\overline{INT1}$脚的输入电平,如果在一个周期中采样到高电平,在下个周期中采样到低电平,则硬件使 IE1 置**1**,向 CPU 请求中断);如果 IT1 为**0**,则外中断 1 为电平触发方式。此时外部中断是通过检测$\overline{INT1}$端的输入电平(低电平)来触发的。采用电平触发时，输入到$\overline{INT1}$的外部中断源必须保持低电平有效，直到该中断被响应。同时在中断返回前必须使电平变高，否则将会再次产生中断。

(5)IE0　外中断0中断请求标志。如果IT0置**1**，则当$\overline{INT0}$上的电平由**1**变**0**时，IE0由硬件置位。在CPU把控制转到中断服务程序时由硬件使IE0复位。

(6)IT0　外部中断源0触发方式控制位，其含义同IT1。

2.串行口控制寄存器SCON

串行口控制寄存器SCON中的低两位用作串行口中断标志，如下图所示：

| | D7 | D6 | D5 | D4 | D3 | D2 | D1 | D0 |
|---|---|---|---|---|---|---|---|---|
| SCON:(98H) | | | | | | | TI | RI |

(1)RI　串行口接收中断标志。在串行口方式0中，每当接收到第8位数据时，由硬件置位RI；在其他方式中，当接收到停止位的中间位置时置位RI。注意，当CPU转入串行口中断服务程序入口时不复位RI，必须由用户用软件来使RI清**0**。

(2)TI　串行口发送中断标志。在方式0中，每当发送完8位数据时由硬件置位TI；在其他方式中于停止位开始时置位。TI也必须由软件来复位。

## 5.3 中断控制

### 5.3.1 中断允许和禁止

在MCS－51中断系统中，中断允许或禁止是由片内的中断允许寄存器IE(IE为特殊功能寄存器)控制的，IE中的各位功能如下：

| | D7 | D6 | D5 | D4 | D3 | D2 | D1 | D0 |
|---|---|---|---|---|---|---|---|---|
| IE:(A8H) | EA | | | ES | ET1 | EX1 | ET0 | EX0 |

(1)EA　CPU中断允许标志。EA＝**0**，CPU禁止所有中断，即CPU屏蔽所有的中断请求；EA＝**1**，CPU开放中断。但每个中断源的中断请求是允许还是被禁止，还需由各自的允许位确定(见D4～D0位说明)。

(2)ES　串行口中断允许位。ES＝**1**，允许串行口中断；ES＝**0**，禁止串行口中断。

(3)ET1　定时器/计数器1(T1)的溢出中断允许位。ET1＝**1**，允许T1中断；ET1＝**0**，禁止T1中断。

(4)EX1　外部中断1中断允许位。EX1＝**1**，允许外部中断1中断；EX1＝**0**，禁止外部中断1中断。

(5)ET0　定时器/计数器0(T0)的溢出中断允许位。ET0＝**1**，允许T0中断；ET0＝**0**，禁止T0中断。

(6)EX0　外部中断0中断允许位。EX0＝**1**，允许外部中断0中断；EX0＝**0**，禁止外部中断0中断。

中断允许寄存器中各相应位的状态，可根据要求用指令置位或清零，从而实现该中断源允许中断或禁止中断,复位时IE寄存器被清零。

### 5.3.2 中断优先级控制

MCS-51中断系统提供两个中断优先级,对于每一个中断请求源都可以编程为高优先级中断源或低优先级中断源,以便实现二级中断嵌套。中断优先级是由片内的中断优先级寄存器IP(特殊功能寄存器)控制的。IP寄存器中各位的功能说明如下:

| | D7 | D6 | D5 | D4 | D3 | D2 | D1 | D0 |
|---|---|---|---|---|---|---|---|---|
| IP:(B8H) | | | | PS | PT1 | PX1 | PT0 | PX0 |

(1)PS 串行口中断优先级控制位。PS=**1**,串行口定义为高优先级中断源;PS=**0**,串行口定义为低优先级中断源。

(2)PT1 T1中断优先级控制位。PT1=**1**,定时器/计数器1定义为高优先级中断源;PT1=**0**,定时器/计数器1定义为低优先级中断源。

(3)PX1 外部中断1中断优先级控制位。PX1=**1**,外中断1定义为高优先级中断源;PX1=**0**,外中断1定义为低优先级中断源。

(4)PT0 定时器/计数器0(T0)中断优先级控制位,功能同PT1。

(5)PX0 外部中断0中断优先级控制位。功能同PX1。

中断优先级控制寄存器IP中的各个控制位都可由编程来置位或复位(用位操作指令或字节操作指令),单片机复位后IP中各位均为0,各个中断源均为低优先级中断源。

### 5.3.3 中断优先级结构

MCS-51中断系统具有两级优先级(由IP寄存器把各个中断源的优先级分为高优先级和低优先级),它们遵循下列两条基本规则:

(1)低优先级中断源可被高优先级中断源所中断,而高优先级中断源不能被任何中断源所中断;

(2)一种中断源(不管是高优先级或低优先级)一旦得到响应,与它同级的中断源不能再中断它。

为了实现上述两条规则,中断系统内部包含两个不可寻址的优先级状态触发器。其中一个用来指示某个高优先级的中断源正在得到服务,并阻止所有其他中断的响应;另一个触发器则指出某低优先级的中断源正得到服务,所有同级的中断都被阻止,但不阻止高优先级中断源。

当同时收到几个同一优先级的中断时,响应哪一个中断源取决于内部查询顺序,其优先级排列如下:

| 中断源 | 同级内的中断优先级 |
|---|---|
| 外部中断0 | 最高 |
| 定时器/计数器0溢出中断 | ↓ |
| 外部中断1 | ↓ |
| 定时器/计数器1溢出中断 | ↓ |
| 串行口中断 | 最低 |

## 5.4 中断响应

### 5.4.1 中断响应过程

CPU 在每个机器周期的 S5P2 时刻采样中断标志，而在下一个机器周期对采样到的中断进行查询。如果在前一个机器周期的 S5P2 有中断标志，则在查询周期内便会查询到并按优先级高低进行中断处理，中断系统将控制程序转入相应的中断服务程序。下列三个条件中任何一个都能封锁 CPU 对中断的响应：

(1)CPU 正在处理同级的或高一级的中断；

(2)现行的机器周期不是当前所执行指令的最后一个机器周期；

(3)当前正在执行的指令是返回(RETI)指令或是对 IE 或 IP 寄存器进行读/写的指令。

上述三个条件中，第二条是保证把当前指令执行完，第三条是保证如果在当前执行的是 RETI 指令或是对 IE，IP 进行访问的指令时，必须至少再执行完一条指令之后才会响应中断。

中断查询在每个机器周期中重复执行，所查询到的状态为前一个机器周期的 S5P2 时采样到的中断标志。这里要注意的是：如果中断标志被置位，但因上述条件之一的原因而未被响应，或上述封锁条件已撤销，但中断标志位已不再存在(已不再是置位状态)时，被拖延的中断就不再被响应，CPU 将丢弃中断查询的结果。也就是说，CPU 对中断标志置位后，如未及时响应，转入中断服务程序的中断标志不作记忆。

CPU 响应中断时，先置相应的优先级激活触发器，封锁同级和低级的中断。然后根据中断源的类别，在硬件的控制下，程序转向相应的向量入口单元，执行中断服务程序。

硬件调用中断服务程序时，把程序计数器 PC 的内容压入堆栈(但不能自动保存程序状态字 PSW 的内容)，同时把被响应的中断服务程序的入口地址装入 PC 中。五个中断源服务程序的入口地址如下：

| 中断源 | 入口地址 |
|---|---|
| 外部中断 0 | 0003H |
| 定时器 0 溢出 | 000BH |
| 外部中断 1 | 0013H |
| 定时器 1 溢出 | 001BH |
| 串行口中断 | 0023H |

通常，在中断入口地址处安排一条跳转指令，以跳转到用户的服务程序入口。

中断服务程序的最后一条指令必须是中断返回指令 RETI。CPU 执行完这条指令后，把响应中断时所置位的优先级激活触发器清零，然后从堆栈中弹出两个字节内容(断点地址)装入程序计数器 PC 中，CPU 就从原来被中断处重新执行被中断的程序。

### 5.4.2 中断响应时间

外部中断$\overline{INT0}$和$\overline{INT1}$的电平在每个机器周期的 S5P2 时被采样并锁存到 IE0 和 IE1 中，这个置入到 IE0 和 IE1 的状态在下一个机器周期才被查询电路查询，如果产生了一个中断请求，而且满足响应的条件，CPU 响应中断，由硬件生成一条长调用指令转到相应的服务程序入口，这条指令是双机器周期指令。因此，从中断请求有效到执行中断服务程序的第一条指令的时间间隔至少需要三个完整的机器周期。

如果中断请求被前面所述的三个条件之一封锁，将需要更长的响应时间。若一个同级的或高优先级的中断已经在进行，则延长的等待时间显然取决于正在处理的中断服务程序的长度，如果正在执行的一条指令还没有进行到最后一个周期，则所延长的等待时间不会超过 3 个机器周期，这是因为 MCS－51 指令系统中最长的指令（MUL 和 DIV）也只有 4 个机器周期；假若正在执行的是 RETI 指令或者是访问 IE 或 IP 指令，则延长的等待时间不会超过 5 个机器周期（为完成正在执行的指令还需要一个周期，加上为完成下一条指令所需要的最长时间——4 个周期，如 MUL 和 DIV 指令）。因此，在系统中只有一个中断源的情况下，响应时间总是在三个机器周期到八个机器周期之间。

### 5.4.3　外部中断触发方式

MCS－51 的外部中断$\overline{\text{INTx}}$（$\overline{\text{INT0}}$和$\overline{\text{INT1}}$可以用程序控制为电平触发或负边沿触发（通过编程对定时器/计数器控制寄存器 TCON 中的 IT0 和 IT1 位进行清**0**或置**1**）。

若 ITx（x＝0，1）为**0**，则外部中断$\overline{\text{INTx}}$程控为电平触发，由$\overline{\text{INTx}}$引脚上所检测到的低电平（必须保持到 CPU 响应该中断为止，并且还应在中断返回前变为高电平）触发。

若 ITx＝1，则外部中断$\overline{\text{INTx}}$由负边沿触发。即在相继的两个机器周期中，前一个周期从$\overline{\text{INTx}}$引脚上检测到高电平，而在后一个周期检测到低电平，则置位 TCON 寄存器中的中断请求标志 IEx（IE0 或 IE1），由 IEx 发出中断请求。

由于外部中断引脚在每个机器周期内被采样一次，所以中断引脚上的电平应至少保持 12 个振荡周期，以保证电平信号能被采样到。对于负边沿触发方式的外部中断，要求输入的负脉冲宽度至少保持 12 个振荡周期（若晶振频率为 6 MHz，则宽度为 2 μs），以确保检测到引脚上的电平跳变，而使中断请求标志 IEx 置位。

对于电平触发的外部中断源，要求在中断返回前撤销中断请求（使引脚上的电平变高）是为了避免在中断返回后又再次响应该中断而出错。电平触发方式适用于外部中断输入为低电平，而且能在中断服务程序中撤销外部中断请求源电平由低变高的情况。

（1）电平触发，即 8051 每执行完一个指令都将$\overline{\text{INTx}}$的信号读入 IEx（$\overline{\text{INTx}}$＝**0**，IEx＝**1**；$\overline{\text{INTx}}$＝**1**，IEx＝**0**），因此 IEx 的中断请求信号随着$\overline{\text{INTx}}$变化。如果送入$\overline{\text{INTx}}$的中断请求信号，8051 未能及时检查到，而$\overline{\text{INTx}}$的信号也产生变化，IEx 的信号亦发生变化，这样就会漏掉$\overline{\text{INTx}}$的中断要求。

（2）负边沿触发即只要检测到送至$\overline{\text{INTx}}$上的信号由**1**变成**0**，中断请求标志位 IEx 就被设定为**1**，并且一直维持着**1**，直到此中断请求被响应后，由硬件自动清除。

## 5.5　多个外部中断源系统设计

MCS－51 有两个外部中断源$\overline{\text{INT0}}$和$\overline{\text{INT1}}$，但在实际的应用系统中，外部中断请求源往往比较多，下面讨论两种多中断源系统的设计方法。

1.定时器中断作为外部中断使用

把 MCS－51 的两个定时器/计数器(T0 和 T1)选择为计数器方式,每当 P3.4(T0)或 P3.5(T1)引脚上发生负跳变时,T0 和 T1 的计数器加 1。利用这个特性可以把 P3.4 和 P3.5 引脚作为外部中断请求输入线,而定时器的溢出中断作为外部中断请求标志。

设 T0 为方式 2(自动装入常数)外部计数方式,时间常数为 0FFH,允许中断,并且 CPU 开放中断。其初始化程序为:

```
MOV   TMOD, # 06H     ;数 00000110B 送方式寄存器 TMOD。设 T0 为方式 2,计数器方
                       式工作;
MOV   TL0, # 0FFH     ;时间常数 0FFH 送 T0 的低 8 位 TL0 和高 8 位 TH0 寄存器
MOV   TH0, # 0FFH
SETB  TR0,            ;置 TR0 为1,启动 T0
MOV   IE, # 82H       ;置中断允许,即置中断允许寄存器 IE 中的 EA 位,ET0 位为1
……
```

当接在 P3.4 引脚上的外部中断请求输入线发生负跳变时,TL0 加 1 溢出,TF0 被置1向 CPU 发出中断请求。同时 TH0 的内容自动送入 TL0,使 TL0 恢复初始值 0FFH。这样,每当 P3.4 引脚上有一次负跳变时都置1于 TF0,向 CPU 发中断请求,P3.4 引脚就相当于边沿触发的外部中断请求源输入线。

同理,也可以把 P3.5 引脚作类似的处理。

2.中断和查询结合的方式

这种方法是把系统中多个外部中断源按它们的重要程度进行排队,把其中最高级别的中断源接到 MCS－51 的一个外部中断源输入端(例如接到$\overline{INT0}$脚),其余的中断源用线**或**的方法连接到另一个外部中断输入端($\overline{INT1}$),并同时还接到一个 I/O 口,如图 5.2 中接到 P1 口。中断请求由硬件电路产生,而中断源的识别由程序查询来处理,查询顺序由中断源的优先级决定。外部中断 1 的中断服务程序如下:

```
INTR:  PUSH   PSW          ;程序状态字 PSW 内容压入堆栈保存
       PUSH   A            ;累加器 A 内容压入堆栈保存
       JNB    P1.0,DVT1    ;P1.0 引脚为 0,转至设备 1 中断服务程序
       JNB    P1.1,DVT2    ;P1.1 引脚为 0,转至设备 2 中断服务程序
       JNB    P1.2,DVT3    ;P1.2 引脚为 0,转至设备 3 中断服务程序
       JNB    P1.3,DVT4    ;P1.3 引脚为 0,转至设备 4 中断服务程序
INTR1: POP    A            ;压入堆栈的内容送回到 A
       POP    PSW          ;恢复程序状态字 PSW 的内容
       RETI                ;中断返回
       ……
DVT1:                      ;设备 1 中断服务程序入口
       AJMP   INTR1        ;跳转到 INTR1 所指示的指令
       ……
DVT2:                      ;设备 2 中断服务程序入口
       AJMP   INTR1        ;跳转到 INTR1
       ……
```

```
DVT3:                          ;设备 3 中断服务程序入口
        AJMP    INTR1          ;跳转到 INTR1
        ……
DVT4:                          ;设备 4 中断服务程序入口
        AJMP    INTR1          ;跳转到 INTR1
        ……
```

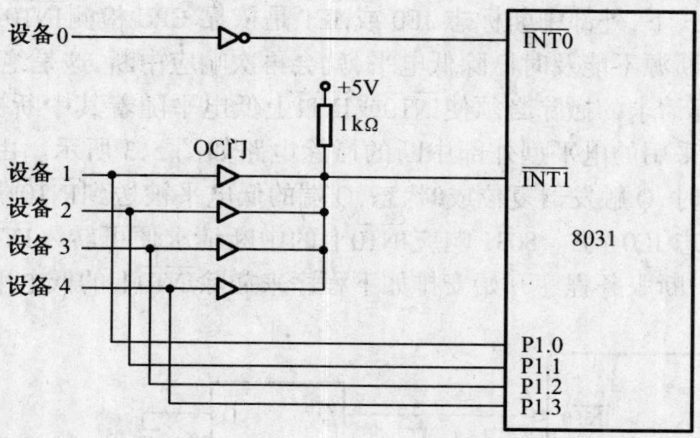


**图 5.2 多个外部中断源系统设计**

## 5.6 MCS - 51 对中断请求的撤除

在中断请求被响应前,中断源发出的中断请求是由 CPU 锁存在特殊功能寄存器 TCON 和 SCON 的相应中断标志位中的。一旦某个中断请求得到响应,CPU 必须把它的相应中断标志位复位成0状态。否则,MCS - 51 就会因为中断标志位未能得到及时撤除而重复响应同一中断请求,这是绝对不能容许的。

8031,8051 和 8751 有 5 个中断源,但实际分属于三种中断类型:外部中断、定时器溢出中断和串行口中断。对于这三种中断类型的中断请求,其撤除方法是不相同的。

1. 定时器溢出中断请求的撤除

TF0 和 TF1 是定时器溢出中断标志位(见 TCON),它们因定时器溢出中断源的中断请求的输入而置位,因定时器溢出中断得到响应而自动复位成0状态。因此,定时器溢出中断源的中断请求是自动撤除的,用户根本不必专门为它们撤除。

2. 串行口中断请求的撤除

TI 和 RI 是串行口中断的标志位(见 SCON),中断系统不能自动将它们撤除,这是因为 MCS - 51 进入串行口中断服务程序后常需要对它们进行检测,以测定串行口是发生了接收中断还是发送中断。为防止 CPU 再次响应这类中断,用户应在中断服务程序的适当位置处通过如下指令将它们撤除:

```
CLR   TI      ;撤除发送中断
CLR   RI      ;撤除接收中断
```

若采用字节型指令，也可采用如下指令将中断撤除：

```
ANL     SCON, # 0FCH        ;撤除发送和接收中断
```

3. 外部中断请求的撤除

外部中断请求有两种触发方式：电平触发和负边沿触发。对于这两种不同的中断触发方式，MCS－51 撤除它们的中断请求的方法是不相同的。

在负边沿触发方式下，外部中断标志 IE0 或 IE1 是依靠 CPU 在响应中断时自动复位 IE0 或 IE1。

在电平触发方式下，外部中断标志 IE0 或 IE1 是依靠 CPU 检测$\overline{\text{INT0}}$或$\overline{\text{INT1}}$上电平而置位的。但若外部中断源不能及时撤除低电平，就会再次响应中断，这是绝对不能允许的。因此，电平触发型外部请求的撤除必须使$\overline{\text{INT0}}$或$\overline{\text{INT1}}$上低电平随着其中断被 CPU 响应而变成高电平。一种可供采用的电平型外部中断的撤除电路如图 5.3 所示。由图可见，当外部中断源产生中断请求时，Q 触发器复位成**0**状态，Q 端的低电平被送到$\overline{\text{INT0}}$端，该低电平被 8031 检测后就使中断标志 IE0 置**1**。8031 响应$\overline{\text{INT0}}$上的中断请求便可转入$\overline{\text{INT0}}$中断服务程序执行，故我们可以在中断服务程序开始安排如下程序来撤除$\overline{\text{INT0}}$上的低电平。

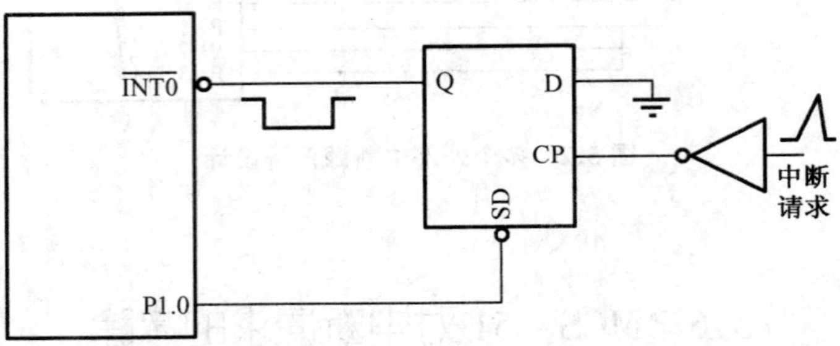


**图 5.3　电平外部中断的撤除电路**

```
INSVR: ANL   P1, # 0FEH
       ORL   P1, # 01H
       CLR   IE0
       ……
```

8031 执行上述程序就可在 P1.0 上产生一个宽度为两个机器周期的负脉冲。在该负脉冲作用下，Q 触发器被置位成**1**状态，$\overline{\text{INT0}}$上电平也因此而变高，从而撤除了其上的中断请求。

## 5.7　MCS－51 中断系统的初始化

MCS－51 中断系统功能是可以通过上述特殊功能寄存器统一管理的，中断系统初始化是指用户对这些特殊功能寄存器中的各控制位进行赋值。

中断系统初始化步骤如下：

(1)开相应中断源的中断；

(2)设定所用中断源的中断优先级；

(3)若为外部中断，则应规定低电平还是负边沿的中断触发方式。

**例 5.1** 写出$\overline{\text{INT1}}$为低电平触发的中断系统初始化程序。

(1)采用位操作指令

```
SETB    EA
SETB    EX1     ;开INT1中断
SETB    PX1     ;令INT1为高优先级
CLR     IT1     ;令INT1为电平触发
```

(2)采用字节型指令

```
MOV     IE, #84H          ;开INT1中断
ORL     IP, #04H          ;令INT1为高优先级
ANL     TCON, #0FBH       ;令INT1为电平触发
```

显然,采用位操作指令进行中断系统初始化是比较简单的,因为用户不必记住各控制位寄存器中的确切位置,而各控制位名称是比较容易记忆的。

## 5.8 应用举例

**例 5.2** 两个中断($\overline{\text{INT0}}$,$\overline{\text{INT1}}$)同时使用。

两个中断同时存在时,设置 IP 寄存器(中断优先)有两种方法:同一层中断和高低优先中断。同一层中断:IP = **00000000**B,先按键者先中断,后按键者后中断,不分高低中断优先。高低优先中断:如本题$\overline{\text{INT1}}$为高优先,而$\overline{\text{INT0}}$为低优先,IP = **00000100**B,两个中断同时产生(或即使$\overline{\text{INT0}}$已产生中断),$\overline{\text{INT1}}$先中断($\overline{\text{INT0}}$停止中断),执行中断子程序后,再产生$\overline{\text{INT0}}$中断($\overline{\text{INT0}}$中断必须为负边沿触发)。

TCON 的设定不同,也会造成不同的结果。以本题为例,TCON = **00000000**B,$\overline{\text{INT0}}$,$\overline{\text{INT1}}$均为电平触发。①$\overline{\text{INT0}}$,$\overline{\text{INT1}}$同时产生中断,则跳至 EXT1,中断子程序执行后返回主程序。②$\overline{\text{INT0}}$中断期间,$\overline{\text{INT1}}$产生中断,则$\overline{\text{INT0}}$中断暂停,跳至 EXT1 中断子程序执行后,再跳至 EXT0 中断子程序执行未完的程序,然后返回主程序。③$\overline{\text{INT1}}$中断期间,$\overline{\text{INT0}}$产生中断,对$\overline{\text{INT1}}$中断不影响,执行 EXT1 中断后返回主程序。

TCON = **00000001**B;$\overline{\text{INT1}}$为电平触发,$\overline{\text{INT0}}$为负边沿触发。①$\overline{\text{INT0}}$,$\overline{\text{INT1}}$同时中断,则跳至 EXT1 中断子程序执行后,再跳至 EXT0 中断子程序执行,然后返回主程序。②$\overline{\text{INT0}}$中断期间,$\overline{\text{INT1}}$产生中断,则$\overline{\text{INT0}}$中断暂停,跳至 EXT1 中断子程序执行后,然后再跳至 EXT0 中断子程序执行未完的程序,返回主程序。③$\overline{\text{INT1}}$中断期间,$\overline{\text{INT0}}$产生中断,对$\overline{\text{INT1}}$中断不影响,继续执行 EXT1 中断子程序后,再跳至 EXT0 中断子程序执行后,返回主程序。

**功能说明** P1 接 8 个 LED,使 8 个 LED 闪烁。INT0 控制的中断要求:使 P1 口的 8 个 LED 做一个灯的左移右移 3 次。INT1 控制的中断要求:使 P1 口的 8 个 LED 做两个灯的左移右移 3 次。硬件只是在第 12 脚($\overline{\text{INT0}}$)和第 13($\overline{\text{INT1}}$)脚各接一个按键,另一端接地。程序如下:

```
        ORG     0000H           ;主程序起始地址
        JMP     START           ;跳至主程序 START
        ORG     0003H           ;INT0中断子程序起始地址
        JMP     EXT0            ;跳至INT0中断子程序 EXT0
```

```
        ORG     0013H           ;INT1中断子程序起始地址
        JMP     EXT1            ;跳至INT1中断子程序 EXT1
START:  MOV     IE, #10000101B  ;INT0,INT1中断使能
        MOV     IP, #00000100B  ;INT1 中断优先
        MOV     TCON, #00000000B ;INT0,INT1为电平触发
        MOV     SP, #70H        ;设定堆栈在(70H)
        MOV     A, #00
        MOV     P1,A
        MOV     A, #00          ;使 P1 闪烁
LOOP:   MOV     P1,A
        ACALL   DELAY           ;延时 0.2 秒
        CPL     A               ;将 A 反相(使全亮)
        JMP     LOOP            ;重复循环
EXT0:   PUSH    ACC             ;将 A 压入堆栈暂时保存
        PUSH    PSW             ;将 PSW 压入堆栈暂时保存
        SETB    RS0             ;设定工作寄存器组 1 RS1 = 0,RS0 = 1
        CLR     RS1
        MOV     R3, #03         ;左右移 3 次
LOOP1:  MOV     A, #0FFH        ;左移初值
        CLR     C               ;C = 0
        MOV     R2, #08         ;设定左移 8 次
LOOP2:  RLC     A               ;含 C 左移一位
        MOV     P1,A            ;输出至 P1
        ACALL   DALAY           ;延时 0.2 秒
        DJNZ    R2,LOOP2        ;左移 8 次?
        MOV     R2, #07         ;设定右移 7 次
LOOP3:  RRC     A               ;含 C 右移一位
        MOV     P1,A            ;输出至 P1
        ACALL   DELAY           ;延时 0.2 秒
        DJNZ    R2,LOOP3        ;左移 7 次?
        DJNZ    R3,LOOP1        ;左右移 3 次?
        POP     PSW             ;至堆栈取回 PSW 的值
        POP     ACC             ;至堆栈取回 A 的值
        RETI                    ;返回主程序
EXT1:   PUSH    ACC             ;将 A 压入堆栈暂时保存
        PUSH    PSW             ;将 PSW 压入堆栈暂时保存
        SETB    RS              ;设定工作寄存器组 2 RS1 = 1,RS0 = 0
        CLR     RS0
        MOV     R3, #03         ;左右移 3 次
LOOP4:  MOV     A, #0FCH        ;左移初值
```

```
        MOV     R2,#06          ;设定左移6次
LOOP5:  RL      A               ;左移一位
        MOV     P1,A            ;输出至P1
        ACALL   DELAY           ;延时0.2秒
        DJNZ    R2,LOOP5        ;左移6次?
        MOV     R2,#06          ;设定右移6次
LOOP6:  RR      A               ;右移一位
        MOV     P1,A            ;输出至P1
        ACALL   DELAY           ;延时0.2秒
        DJNZ    R2,LOOP6        ;
        DJNZ    R3,LOOP4        ;
        POP     PSW             ;
        POP     ACC             ;
        RETI                    ;
DELAY:  MOV     R5,#20          ;
D1:     MOV     R6,#20          ;
D2:     MOV     R7,#248         ;
        DJNZ    R7,$            ;
        DJNZ    R6,D2           ;
        DJNZ    R5,D1           ;
        RET                     ;
        END
```

**例5.3** 广告灯左移(计时中断法)。

**功能说明** 令P1的8个LED每隔1秒左移1次,令T0工作在MODE1(16bit定时器),每隔10 000 μs产生一次中断,而中断100次就是1秒。定时器在FFFFH时,再加1会变成0000H而产生溢出,并设定中断标志位TF0为**1**,以对CPU提出中断要求。因此在中断产生时,定时器内部的16 bit全部为0,若在此时不重新设定定时器的计数值,则定时器就从0000H开始计数,当下次溢出产生时,共计数 $2^{16}=65\ 536$ 个脉冲(即65 536 μs),所以在定时器溢出时,必须重新设计数值(如本题10 000 μs)。另一个问题是,如果从定时器提出中断请求,必须经POP A,MOV TH0,#HIGH(65 536 ~ 10 000),MOV TL0,#LOW(65 536 ~ 10 000),计3个指令6个机器周期后才开始计时,即有6 μs的计时误差,这是8051的TIMER在MODE0,MODE1,MODE3的缺点。可将此6 μs计入,即可改进此缺点。如本题重新设计的计数值可为9 996(10 000)。另外可由MODE2来改进这一缺点,因为MODE2在溢出时可以将预存在THx的计数值载入定时器TLx,这样可以不受软件的影响。程序如下:

```
        ORG     00H
        JMP     START
        ORG     0BH
        JMP     TIM0
START:  MOV     TMOD,#00000001B
        MOV     TH0,#LOW(65536-10000)
```

```
        MOV     TL0, # HIGH(65536 - 10000)
        SETB    TR0
        MOV     IE, # 1000010B
        MOV     R5, # 100
        MOV     P1. # 0FEH
        JMP     $
TIM0:   PUSH    ACC
        MOV     TH0, # HIGH(65536 - 10000)
        MOV     TL0, # LOW(65536 - 10000)
        DJNZ    R5,LOOP
        MOV     R5, # 100
        MOV     A,P1
        RL      A
        MOV     P1,A
LOOP:   POP     ACC
        RETI
        END
```

**例 5.4** 计时中断与外部中断同时存在。

**功能说明** 令 P1 的 8 个 LED 每隔 1 秒左移 1 次。按 INT0 时,8 个 LED 闪烁 5 次。程序如下:

```
        ORG     0000H                       ;主程序起始地址
        JMP     START                       ;跳至主程序
        ORG     0003H
        JMP     EXT0
        ORG     000BH                       ;TIMER0 中断起始地址
        JMP     TIM0                        ;跳至 TIMER0 中断子程序 TIM0
START:  MOV     SP, # 70H                   ;设堆栈
        MOV     TMOD, # 00000001B           ;设定 TIMER0 工作在 MODE1
        MOV     TH0, # HIGH(65536 - 10000)  ;10000 微秒
        MOV     TL0, # LOW(65536 - 10000)
        SETB    TR0                         ;启动 TIMER0
        MOV     IE, # 10000011B             ;TIMER0 中断使能,INT0 外部中断
        MOV     IP, # 00000001B
        MOV     R5, # 100                   ;设中断 100 次即 1 秒
        MOV     R1, # 0FEH                  ;左移初值
        JMP     $                           ;无穷循环
TIM0:   PUSH    ACC                         ;将 A 的值暂存于堆栈
        PUSH    PSW
        MOV     TH0, # HIGH(65536 - 10000)  ;重设计时次数
        MOV     TL0, # LOW(65536 - 10000)
```

```
        DJNZ    R3,LOOP             ;中断 100 次？不是则到 LOOP
        MOV     R3, # 100           ;是则重设 R5 = 100
        MOV     A,R1                ;读入 P1 的数据至 A
        MOV     P1,A
        RL      A                   ;将 A 左移一位
        MOV     R1,A                ;存入左移初值
LOOP:   POP     PSW                 ;至堆栈取回 A 的值
        POP     ACC
        RETI                        ;返回主程序
EXT0:   PUSH    ACC                 ;将累加器的值存入堆栈保存
        PUSH    PSW                 ;将 PSW 的值存入堆栈保存
        MOV     A, # 00             ;为使 P1 全亮
        MOV     R2, # 10            ;闪烁 5 次(全亮,全灭计 10 次)
LOOP3:  MOV     P1,A                ;将 A 输出至 P1
        CALL    DELAY               ;延时 0.2 秒
        CPL     A                   ;将 A 的值反相
        DJNZ    R2,LOOP3            ;闪烁 5 次(亮减 10 次)?
        POP     PSW                 ;至堆栈取回 PSW 的值
        POP     ACC                 ;至堆栈取回 A 的值
        RETI                        ;返回主程序
DELAY:  MOV             R5, # 20
D1:     MOV             R6, # 20
D2:     MOV             R7, # 248
        DJNZ            R7, $
        DJNZ            R6,D2
        DJNZ            R5,D1
        RET
        END
```

## 习题与思考题

5－1　简述中断、中断源、中断源的优先级及中断嵌套的含义。

5－2　MCS－51 单片机能提供几个中断源，几个中断优先级？各个中断源的优先级怎样确定？在同一优先级中各个中断源的优先级怎样确定？

5－3　简述 MCS－51 单片机的中断响应过程。

5－4　MCS－51 单片机中断有哪两种触发方式，如何选择？对外部中断源的触发脉冲或电平有何要求？

5－5　在 MCS－51 单片机的应用系统中，如果有多个外部中断源，怎样进行处理？

# 第 6 章 定时器/计数器

MCS－51 单片机内部有两个 16 位可编程的定时器/计数器，即定时器 T0 和定时器 T1（8052 还有定时器 T2）。它们既可用作定时器方式，又可用作计数器方式。

定时器/计数器实质上是一个加法计数器，其主要功能是定时和计数，如定时控制、延时、对外部信号检测或计数等。

定时器/计数器是单片机中能独立运行、工作灵活的部件。其工作方式一旦设定后，定时器即按既定的方式独立运行，不再占用 CPU 的操作，除非定时器溢出，才可能中断 CPU 当前的操作。对定时器的工作方式，可以根据需要用软件重新设定。

## 6.1 定时器/计数器结构

MCS－51 单片机定时器/计数器的基本部件是两个 8 位的计数器（其中 TH1，TL1 是 T1 的计数器，TH0，TL0 是 T0 的计数器）拼装而成。图 6.1 为定时器/计数器结构框图。

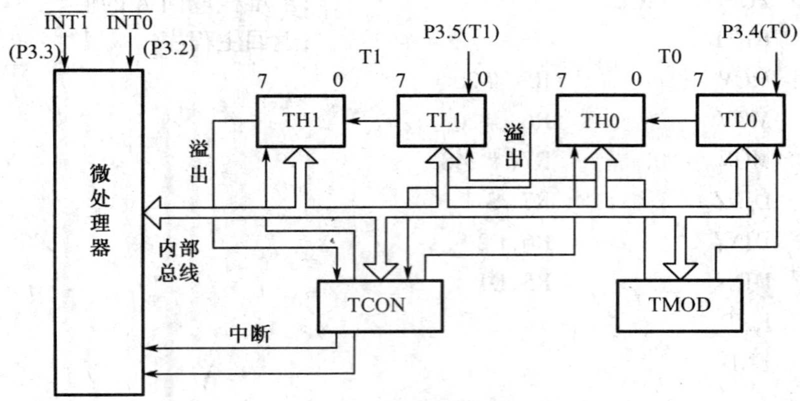


图 6.1 定时器/计数器结构框图

在作定时器使用时，输入的时钟脉冲是由晶体振荡器的输出经 12 分频后得到的，所以定时器也可看作是对计算机机器周期的计数器（因为每个机器周期包含 12 个振荡周期，故每一个机器周期定时器加 1，可以把输入的时钟脉冲看成机器周期信号），故其频率为晶振频率的 1/12。如果晶振频率为 12 MHz，则定时器每接收一个输入脉冲的时间为 1 μs。

当它用作对外部事件计数时，接相应的外部输入引脚 T0（P3.4）或 T1（P3.5）。在这种情况下，当检测到输入引脚上的电平由高跳变到低时，计数器就加 1（它在每个机器周期的 S5P2 时采样外部输入，当采样值在这个机器周期为高，在下一个机器周期为低时，则计数器加 1）。加 1 操作发生在检测到这种跳变后的一个机器周期中的 S3P1，因此需要两个机器周期来识别一个从**1**到**0**的跳变，故最高计数频率为晶振频率的 1/24。这就要求输入信号的电平要在跳变后至少应在一个机器周期内保持不变，以保证在给定的电平再次变化前至少被采样一次。

用作定时器时，计数脉冲来自内部机器周期($T_{CY}$)脉冲；用作计数器时，计数脉冲来自引脚 T0 或 T1 上的脉冲。

加法计数器是计满溢出时才申请中断，所以在给计数器赋初值时，不能直接输入所需的计数值，而应输入计数器计数的最大值与这一计数值的差值，设最大值为 M，计数值为 N，初值为 X，则 X 的计算方法如下：

计数使用　$X = M - N$

定时使用　$X = M - 定时时间/T_{CY}$

而　　　　$T_{CY} = 12 \div 晶振频率$

定时器/计数器有四种工作方式，其工作方式的选择及控制都由两个特殊功能寄存器(TMOD 和 TCON)的内容来决定。用指令改变 TMOD 或 TCON 的内容后，则在下一条指令的第一个机器周期的 S1P1 时起作用。

1.定时器的方式寄存器 TMOD

特殊功能寄存器 TMOD 为定时器的方式控制寄存器，寄存器中每位的定义如图 6.2 所示。高 4 位用于定时器 1，低 4 位用于定时器 0。其中 M1，M0 用来确定所选的工作方式。

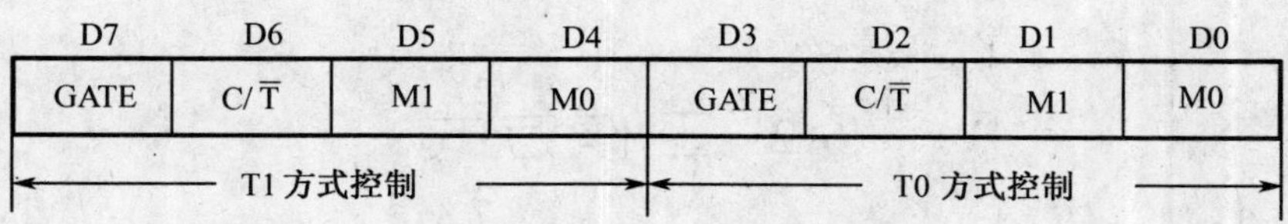


**图 6.2　TMOD 寄存器各位定义**

(1)M1 M0　定时器/计数器四种工作方式选择，如表 6.1 所示。

**表 6.1　工作方式选择表**

| M1 | M0 | 方式 | 说　明 |
|---|---|---|---|
| **0** | **0** | 0 | 13 位定时器/计数器 |
| **0** | **1** | 1 | 16 位定时器/计数器 |
| **1** | **0** | 2 | 自动装入初值的 8 位定时器/计数器 |
| **1** | **1** | 3 | 对 T0 分为两个 8 位独立计数器；对 T1 置方式 3 时停止工作(无中断重装 8 位计数器) |

(2)C/$\overline{T}$　定时器方式或计数器方式选择位。C/$\overline{T}$ = **1**时，为计数器方式；C/$\overline{T}$ = **0**时，为定时器方式。

(3)GATE　定时器/计数器运行控制位，用来确定对应的外部中断请求引脚($\overline{INT0}$，$\overline{INT1}$)是否参与 T0 或 T1 的操作控制。当 GATE = **0**时，只要定时器控制寄存器 TCON 中的 TR0(或 TR1)被置**1**，T0(或 T1)被允许开始计数(TCON 各位含义见后面叙述)。当 GATE = **1**时，以定时器 0 为例，此时仅 TR0 = **1**不能使计数器计数，还需要$\overline{INT0}$引脚为高电平才能使计数器工作。由此可知，当 GATE = **1**和 TR0 = **1**时，是否计数取决于$\overline{INT0}$引脚的信号，当$\overline{INT0}$由**0**变**1**

时,开始计数;当$\overline{\text{INT0}}$由**1**变**0**时,停止计数,这样就可以用来测量在$\overline{\text{INT0}}$端出现的脉冲宽度(高电平持续时间)。

2.定时器控制寄存器 TCON

特殊功能寄存器 TCON 用于控制定时器的操作及对定时器中断的控制。其各位定义如图 6.3 所示。其中 D0～D3 位与外部中断有关,已在中断系统一节中介绍。

| D7 | D6 | D5 | D4 | D3 | D2 | D1 | D0 |
|---|---|---|---|---|---|---|---|
| TF1 | TR1 | TF0 | TR0 | IE1 | IT1 | IE0 | IT0 |
|  |  |  |  | ← 用于外部中断 → |  |  |  |

**图 6.3 TCON 寄存器各位定义**

(1)TR0 T0 的运行控制位。该位置**1**或清**0**用来实现启动计数或停止计数。

(2)TF0 T0 的溢出中断标志位。当 T0 计数溢出时由硬件自动置**1**;在 CPU 中断处理时由硬件清**0**。

(3)TR1 T1 的运行控制位,功能同 TR0。

(4)TF1 T1 的溢出中断标志位,功能同 TF0。

TMOD 和 TCON 寄存器在复位时其每一位均清**0**。

## 6.2 工作方式

如前所述,MCS－51 片内的定时器/计数器可以通过对特殊功能寄存器 TMOD 中的控制位 $C/\overline{T}$ 的设置来选择定时器方式或计数器方式;通过对 M1M0 两位的设置来选择四种工作方式,现以 T0 为例加以说明。

1.方式 0

当 M1M0 设置为 00 时,定时器选定为方式 0 工作。在这种方式下,16 位寄存器只用了 13 位,TL0 的高三位未用。图 6.4 为定时器/计数器方式 0 结构框图。由 TH0 的 8 位和 TL0 的低 5 位组成一个 13 位计数器。

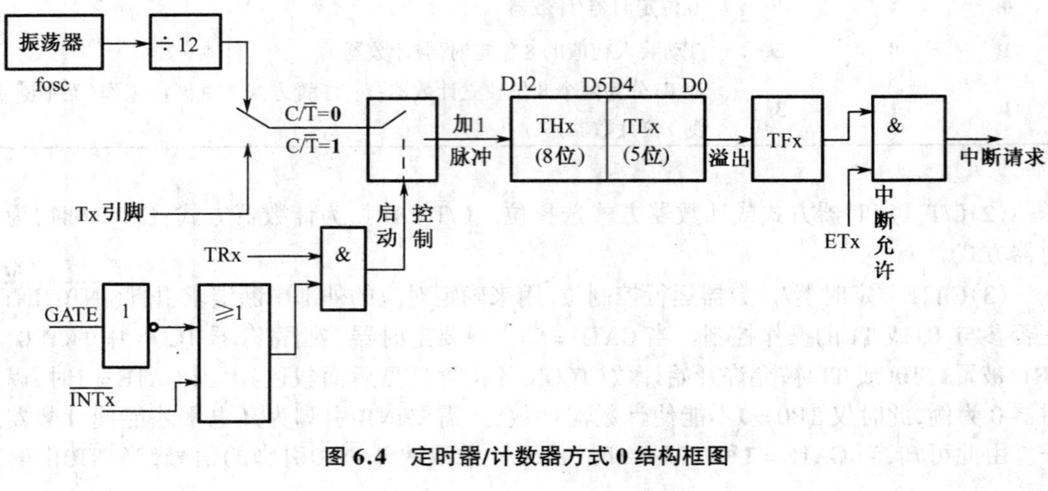


**图 6.4 定时器/计数器方式 0 结构框图**

当 13 位计数器从**0**或设定的初值,加 1 到全**1**以后,再加**1**就产生溢出。这时,置 TCON 的 TF0 位为 1,同时把计数器变为全**0**。

最大计数值为 $2^{13}=8192$

初值为 X = 8192 − N(计数值)

定时器常数计算公式　　T(定时时间) = (8192 − X)$T_{CY}$

2.方式 1

方式 1 和方式 0 的工作相同,唯一的差别是 TH0 和 TL0 组成一个 16 位计数器。图 6.5 为定时器/计数器方式 1 结构框图。

初值 X 为　　X = 65535 − N(计数值)

定时器常数计算公式　　T = (65536 − X)$T_{CY}$

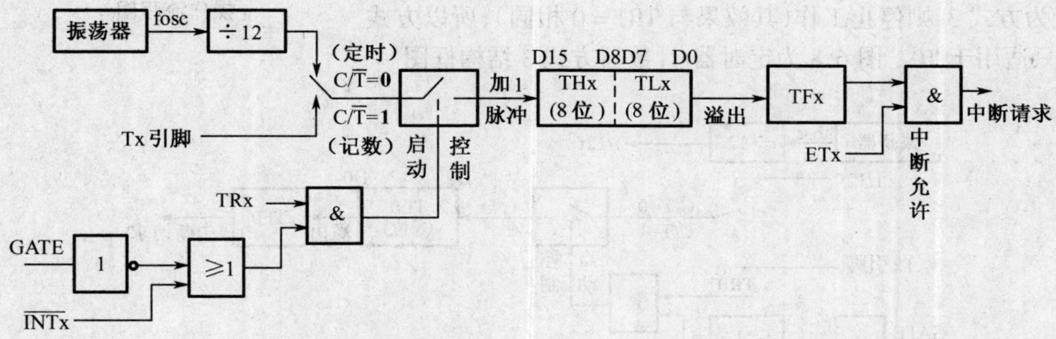


**图 6.5　定时器/计数器方式 1 结构框图**

3.方式 2

方式 2 把定时器配置成一个可以自动恢复初值(初始常数自动重新装入)的 8 位计数器,图 6.6 为定时器/计数器方式 2 结构框图。

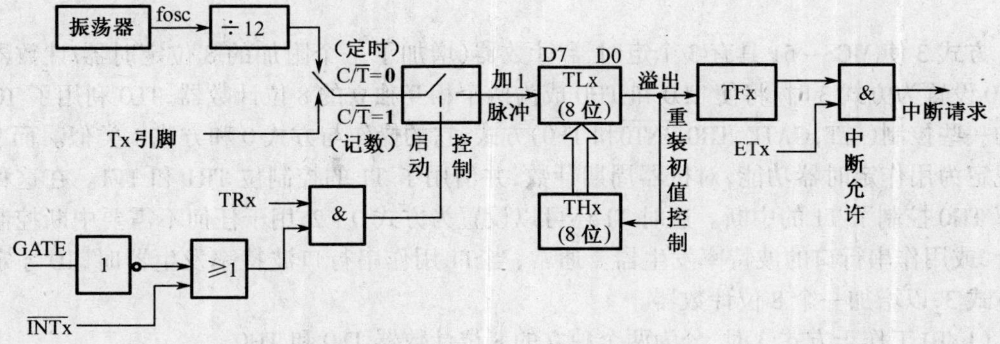


**图 6.6　定时器/计数器方式 2 结构框图**

方式 2 中,TL0(TL1)为 8 位计数器,TH0(TH1)用来存放和保持初值。当 TL0(TL1)计数溢出时,在将溢出标志位 TF0(TF1)置**1**的同时,还自动地将 TH0(TH1)中存放的初值(常数)送至TL0(TL1),使 TL0 又从初值开始计数,如此循环往复。因此方式 2 具有使 8 位计数器

TL0(TL1)自动恢复初值的功能。为此,在程序初始化时,用软件赋予 TH0(TH1),TL0(TL1)以相同的初值。以后 TL0(TL1)每次溢出都由 TH0(TH1)再装入同一初值。其操作流程见图 6.7。

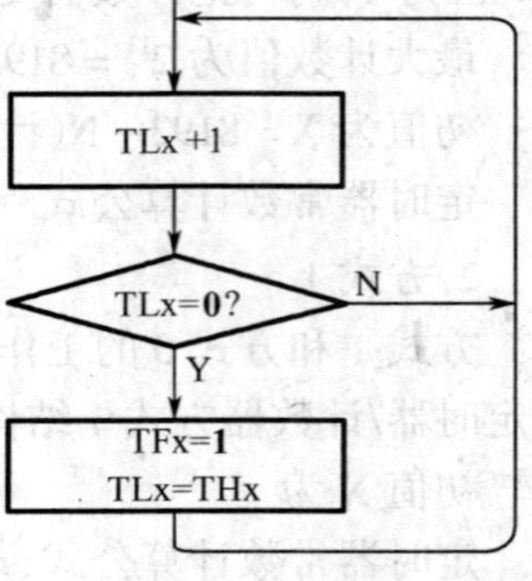


图 6.7 定时器/计数器方式 2 操作流程图

方式 2 常用于定时控制。例如希望每隔 250 μs 产生一个定时控制脉冲,则可以采用 12 MHz 的振荡器,把 TH0 预置为 06H,并使 $C/\overline{T}=0$就能实现。

初值 X 为　　　　　　　　$X=256-N$

定时器常数计算公式　　　　$T=(256-X)T_{CY}$

4.方式 3

方式 3 对定时器 T0 和定时器 T1 是不相同的。若 T1 设置为方式 3,则停止工作(其效果与 TR1 = 0 相同),所以方式 3 只适用于 T0。图 6.8 为定时器/计数器方式 3 结构框图。

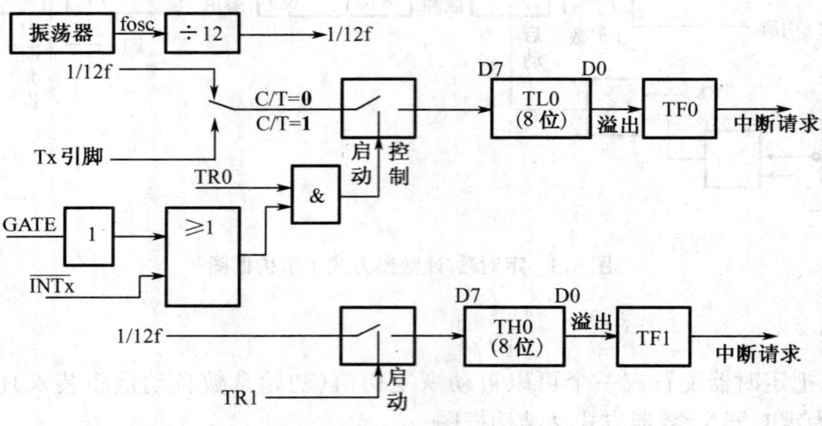


图 6.8 定时器/计数器方式 3 结构框图

方式 3 使 MCS-51 具有 3 个定时器/计数器(增加了一个附加的 8 位定时器/计数器)。当 T0 设置为方式 3 时,将使 TL0 和 TH0 成为两个相互独立的 8 位计数器,TL0 利用了 T0 本身的一些控制($C/\overline{T}$,GATE,TR0,$\overline{INT0}$和 TF0)方式,它的操作与方式 0 和方式 1 类似。而 TH0 被规定为用作定时器功能,对机器周期计数,并借用了 T1 的控制位 TR1 和 TF1。在这种情况下 TH0 控制了 T1 的中断。这时 T1 还可以设置为方式 0~2,用于任何不需要中断控制的场合,或用作串行口的波特率发生器。通常,当 T1 用作串行口波特率发生器时,T0 才定义为方式 3,以增加一个 8 位计数器。

(1)T0 工作于方式 3 时,分为两个独立的 8 位计数器 TL0 和 TH0。

①TL0:使用 T0 的控制和中断资源,计数器为 8 位。

②TH0:被固定作为一个 8 位的定时器,借用 TR1 作为运行控制位,借用 TF1 作为溢出标志。

(2)T0 工作于方式 3 时,T1 没有运行控制和溢出中断功能,常用作串行器的波特发生器。

## 6.3 定时器/计数器的初始化

1. 初始化步骤

MCS－51 内部定时器/计数器是可编程序的，其工作方式和工作过程均可由 MCS－51 通过程序对它进行设定和控制。因此，MCS－51 在定时器/计数器工作前必须先对它进行初始化。具体的初始化步骤如下：

(1)根据题目要求先给定时器方式寄存器 TMOD 送一个方式控制字，以设定定时器/计数器相应的工作方式。

(2)根据实际需要给定时器/计数器选送定时器初值或计数器初值。

(3)根据需要给中断允许寄存器 IE 选送中断控制字和中断优先级寄存器 IP 选送中断优先级字，以开放相应中断和设定中断优先级。

(4)给定时器控制寄存器 TCON 送命令字，以启动或禁止定时器/计数器的运行。

2. 计数器初值的计算

定时器/计数器可用软件随时随地启动和关闭，启动时它就自动加 1 记数，一直记到满，即全为**1**，若不停止，计数值从全**1**变为全**0**，同时将计数溢出位置**1**，并向 CPU 发出定时器溢出中断申请。对于各种不同的工作方式最大的定时时间和计数数不同。如果需要定时时间比定时器可产生的最长定时时间还要长，可用循环程序。例如要产生 1 秒的定时，可先用定时器产生 50 ms 的定时，再循环 20 次就行了，当然也可用其他的组合或中断来实现。由此可见，解决问题的基本关键在于初值的计算，下面就来具体讨论计数器的初值计算和最大值的计算。

我们把计数器从初值开始作加 1 计数到计满为全**1**所需要的计数值设定为 C 和计数初值设定为 D，由此便可得到如下的计算通式：

$$D = M - C \tag{6.1}$$

式中，M 为计数器模值，该值和计数器工作方式有关。在方式 0 时 M 为 $2^{13}$；在方式 1 时 M 为 $2^{16}$；在方式 2 和方式 3 时 M 为 $2^{8}$。

3. 定时器初值的计算

在定时器模式下，计数器由单片机脉冲经 12 分频后计数。因此，定时器定时时间 T 的计算公式为：

$$T = (TM - TC)12/f_{OSC} \quad \mu s \tag{6.2}$$

式中，TM 为计数器从初值开始作加 1 计数到计满为全 1 所需要的时间，TM 为模值，和定时器的工作方式有关；$f_{OSC}$是单片机晶体振荡器的频率，TC 为定时器的定时初值。

在式(6.2)中，若设 TC = **0**，则定时器定时时间为最大(初值为**0**，计数从全**0**到全**1**，溢出后又为全 0)。由于 M 的值和定时器工作方式有关，因此不同工作方式下定时器的最大定时时间也不一样。例如，若设单片机主脉冲晶体振荡器频率 $f_{OSC}$ 为 12 MHz，则最大定时时间为：

方式 0 时　　$TM_{max} = 2^{13} \times 1\ \mu s = 8.192\ ms$

方式 1 时　　$TM_{max} = 2^{16} \times 1\ \mu s = 65.536\ ms$

方式 2 和 3 时　　　$TM_{max} = 2^8 \times 1\ \mu s = 0.256\ ms$

**例 6.1** 设方式 0 工作时，定时时间为 1 ms，时钟振荡频率为 6 MHz。

**解**　将数据代入公式(6.2)得：

$$(2^{13} - TC)12/6\ \mu s = 1\ ms = 1\ 000\ \mu s$$

$$TC = 2^{13} - 500 = 7\ 692$$

化成二进制数为 TC = **1111000001100**

根据 13 位定时器/计数器特性，高 8 位 F0H 送至 TH0，低 5 位 0CH 送 TL0，一般 TL0 的高三位置**0**，可用下列指令实现。

```
MOV   TL0, # 0CH    ;5 位送 TL0 寄存器
MOV   TH0, # 0F0H   ;8 位送 TH0 寄存器
```

**例 6.2**　若单片机时钟频率 $f_{OSC}$ 为 12 MHz，请计算定时 2 ms 所需的定时器初值。

**解**　由于定时器工作在方式 2 和方式 3 下的最大定时时间只有 0.256 ms，因此要想获得 2 ms 的定时时间定时器必须工作在方式 0 或方式 1。

若采用方式 0，则根据式(6.2)可得定时器初值为：

$$TC = 2^{13} - 2\ ms/1\ \mu s = 6192$$

用计算机附件中的计算器可将 6192 转换为十六进制数为 1830H。

注意：这不是定时器工作在方式 0 时的初值，因定时器工作在方式 0 时是 13 位，高字节 8 位，低字节 5 位，所以还要进行适当的变换，因为

1830H　可写成　**0001　1000　0011　0000**

按 13 位重新组合成**11000001　10000**，这组数就可拼成

**1100 0001 0001 0000**

这样就得到定时器工作在方式 0 时的初值 C110H。即 TH0 应装 C1H；TL0 应装 10H(高三位为 0)。

若采取方式 1，则有

$$TC = 2^{16} - 2\ ms/1\ \mu s = 63\ 536 = F830H$$

即 TH0 应装 F8H；TL0 应装 30H。

**例 6.3**　设 T1 作定时器，以方式 1 工作，定时时间为 10 ms；T0 作计数器，以方式 2 工作，外界发生一次事件即溢出。

**解**　T1 的时间常数为

$$(2^{16} - TC) \times 2\ \mu s = 10\ ms$$

$$TC = EC78H$$

初始化程序：

```
MOV    TMOD, # 16H     ;T1 定时方式 1,T0 计数方式 2,即置 TMOD 寄存器的内容为
                        00010110B
MOV    TL0, # 0FFH     ;T0 时间常数送 TL0
MOV    TH0, # 0FFH     ;T0 时间常数送 TH0
MOV    TL1, # 78H      ;T1 时间常数(低 8 位)送 TL1
MOV    TH1, # 0ECH     ;T1 时间常数(高 8 位)送 TH1
SETB   TR0             ;置 TR0 为1允许 T0 启动计数
SETB   TR1             ;置 TR1 为1允许 T1 启动计数
```

**例 6.4**　设定时器 T0 以方式 1 工作,试编写一个延时 1 秒的子程序。

**解**　若晶振频率为 6 MHz 可求得 T0 的最大定时时间为:

$$TM_{max} = 2^{16} \times 2\ \mu s = 131.072\ ms$$

我们就用定时器获得 100 ms 的定时时间再加 10 次循环得到 1 秒的延时,可算得 100 ms 定时的定时初值:

$$(2^{16} - TC) \times 2\ \mu s = 100\ ms = 100\ 000\ \mu s$$

$$TC = 2^{16} - 50\ 000 = 15\ 536$$

$$TC = 3CB0H$$

程序如下:

```
        ORG     0000H
        MOV     TMOD, #01H
        MOV     R7, #10
TIME:   MOV     TL0, #0B0H
        MOV     TH0, #3CH
        SETB    TR1
LOOP1:  JBC     TF0,LOOP2
        JMP     LOOP1
LOOP2:  DJNZ    R7,TIME
        RET
        END
```

## 6.4 应用举例

应用定时器 T0,T1 来进行定时或对外部事件计数,利用 MCS－51 的中断功能就能使 CPU 并行地执行多种操作,提高 CPU 的工作效率。

**例 6.5**　低频信号发生器驱动程序。

我们设计一个控制程序,使 8031 的 P1 口输出 8 路低频方波脉冲,频率分别为 100,50,25,20,10,5,2,1 Hz。

我们使用定时器 T0,产生 5 ms 的定时,若晶振选11.059 2 MHz,则 5 ms 相当于4 608个机器周期,T0 应工作于方式 1,初值位 X 为 X＝65 536－4 608＝60 928。用十六进制数表示则 X＝0EE00H。对应于 P1.0～P1.7,设立 8 个计数器,初值分别为 1,2,4,5,10,20,50,100,由 T0 的溢出中断服务程序对它们减"1"计数,当减为零时恢复初值,并使相应的口线改变状态,这样就使 P1 口输出所要求的方波。下面分别是有关的部分主程序和 T0 中断处理程序。

程序如下:

```
        ORG     0
START:  AJMP    MAIN
        ORG     0BH
PTF0:   MOV     TH0, #0EEH        ;T0中断服务程序
        CPL     P1.0
```

```
        DJNZ    31H,PF01        ;对各路计数器进行计数
        MOV     31H, #2         ;计数器减为0,恢复计数初值
        CPL     P1.1
PF01:   DJNZ    32H,PF02        ;输出相反
        MOV     32H, #4
        CPL     P1.2
PF02:   DJNZ    33H,PF03
        MOV     33H, #5
        CPL     P1.3
PF03:   DJNZ    34H,PF04
        MOV     34H, #10
        CPL     P1.4
PF04:   DJNZ    35H,PF05
        MOV     35H, #20
        CPL     P1.5
PF05:   DJNZ    36H,PF06
        MOV     36H, #50
        CPL     P1.6
PF06:   DJNZ    37H,PF07
        MOV     37H, #100
        CPL     P1.7
PF07:   RETI
MAIN:   MOV     SP, #70         ;主程序:栈指针初始化
        MOV     31H, #2         ;各路计数器置初值
        MOV     32H, #4
        MOV     33H, #5
        MOV     34H, #10
        MOV     35H, #20
        MOV     36H, #50
        MOV     37H, #100
        MOV     TMOD, #1        ;T0方式1定时
        MOV     TL0, #0         ;初值→T0
        MOV     TH0, #0EEH
        MOV     IE, #82H        ;允许T0中断
        SETB    TR0             ;允许T0计数
HERE:   SJMP    HERE            ;踏步,通常CPU处理其他工作
```

**例 6.6** 波形展宽程序。

设 P3.4 输入低频的窄脉冲信号,要求在 P3.4 输入发生负跳变时,P1.0 输出一个 500 μs 的同步脉冲。若晶振频率为 6 MHz,500 μs 相当于 250 个机器周期。我们采用如图 6.9 所示的设计方法。P1.0 的初态为高电平,T0 选为方式 2 对外部事件计数,初值为 0FFH;这样 P3.4 输入

发生负跳变时,T0 产生溢出,程序查询到 TF0 为1时,T0 改变为 500 μs 的定时器的工作方式,并使 P1.0 输出低电平,T0 溢出后恢复 P1.0 高电平,T0 又工作于外部事件计数方式。

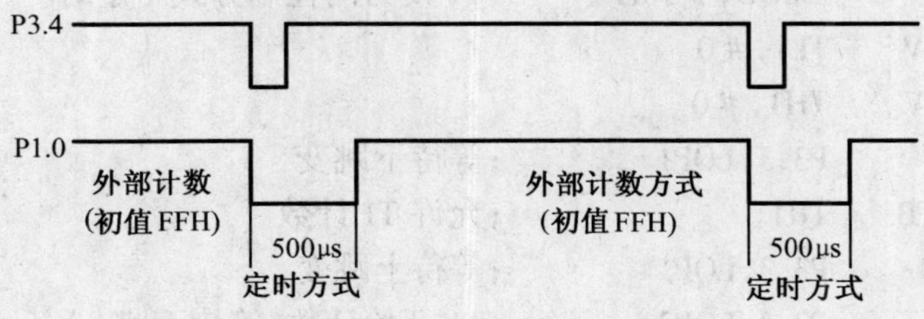


**图 6.9 I/O 波形和 T0 方式变换**

程序如下:

```
START:  MOV    TMOD, #6
        MOV    TH0, #0FFH
        MOV    TL0, #0FFH
        SETB   TR0
LOP1:   JBC    TF0,PT01
        SJMP   LOP1
PT01:   CLR    P1.0
        CLR    TR0              ; *1
        MOV    TMOD, #2         ; *2
        MOV    TH0, #11H        ; *2
        MOV    TL0, #11H        ; *2
        SETB   TR0              ; *1
LOP1:   JBC    TF0,PT02         ; *2
        SJMP   LOP1
PT02:   SETB   P1.0             ; *1
        CLR    TR0
        SJMP   START
```

P1.0 负脉冲宽度为$[(2^8-17)+11]\times 2\ \mu s = 500\ \mu s$(带 * 号的机器周期和为 11)。

**例 6.7** 脉冲宽度测试程序

该程序的功能是测试 P3.3 上输入的正脉冲宽度,将测试的结果送内部 RAM 缓冲器中。

门控位为1时,仅当 P3.3 为高电平时,T1 才启动计数,利用这个方法便可以测试 P3.3 输入脉冲的宽度,测试原理见图 6.10。在本例中脉冲宽度以机器周期为单位,且小于65 536。

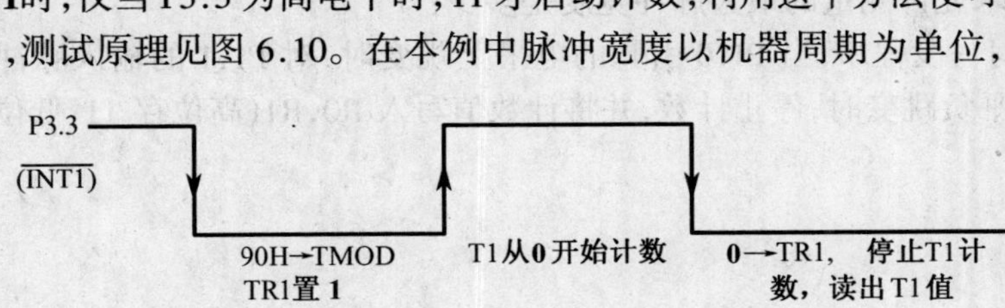


**图 6.10 脉冲宽度测试原理**

请读者修改下面给出的程序，使之能测试宽度更大的脉冲。

程序如下：

```
TPLS:   MOV     TMOD, # 90H         ;T1 设为门控制方式 1 定时
        MOV     TL1, # 0
        MOV     TH1, # 0
LOP1:   JB      P3.3,LOP1           ;等待下跳变
        SETB    TR1                 ;允许 T1 计数
LOP1:   JNB     P3.3,LOP1           ;等待上跳变
LOP3:   JB      P3.3,LOP3           ;T1 开始计数,等待下跳
        CLR     TR1                 ;禁止 T1 计数
        MOV     R0, # BUF0
        MOV     @R0,TL1             ;读 TL1→BUF0 单元
        INC     R0
        MOV     @,TH1               ;TH1→BUF0 + 1 单元
        RET
```

## 习题与思考题

6－1　8051 单片机内部设有几个可编程的定时器/计数器？它们可以有 4 种工作方式，如何选择和设定？当作定时器或计数器应用时，它们的速率分别为晶振频率的多少倍？

6－2　如果采用的晶振频率为 3 MHz，定时器/计数器工作在方式 0,1,2 下，其最大的定时时间各为多少？

6－3　定时器/计数器用作定时器时，其计数脉冲由谁提供？定时时间与哪些因素有关？

6－4　定时器/计数器作计数器模式使用时，对外界计数频率有何限制？

6－5　采用定时器/计数器 T0 对外部脉冲进行计数，计 100 个脉冲后，T0 转为定时工作方式，定时 1 ms 后，又转为计数方式，如此循环不止。假定 MCS－51 单片机的晶体振荡器的频率为 6 MHz，请使用方式 1 实现，要求编写出程序。

6－6　定时器/计数器的工作方式 2 有什么特点，适用于什么应用场合？

6－7　当定时器 T0 用于方式 3 时，应该如何控制定时器 T1 的启动和关闭？

6－8　定时器/计数器测量某正单脉冲的宽度，采用何种方式可得到最大量程？若时钟频率为 6 MHz，求允许测量的最大脉冲宽度是多少？

6－9　编写一段程序，当 P1.0 引脚的电平上跳变时，对 P1.1 的输入脉冲进行计数；当 P1.2 引脚的电平负跳变时，停止计数，并将计数值写入 R0,R1(高位存 T1，低位存 T0)。

# 第 7 章 串 行 接 口

## 7.1 并行口和串行口简介

单片机通信方式有串行和并行两种。数据的各位同时传送的称为并行通信，其优点是传送速度快，缺点是有多少位数据就需要多少根传输线，在数据位数比较多、传输距离比较远时不宜采用。数据一位一位串行地顺序传送的称为串行通信，其突出优点是只需一根传输线，特别适宜远距离传输，缺点是传送速度较慢。

并行通信通过并行接口来实现，例如 MCS－51 单片机的 P1 口就是并行接口。P1 口作为输出口时，CPU 将一个数据写入 P1 口后，数据在 P1 口上并行地同时输出到外部设备。P1 口作为输入口时，对 P1 口执行一次读操作，在 P1 口上输入的 8 位数据同时被读出。

串行通信通过串行口来实现。MCS－51 有一个全双工的异步串行接口，可以用于串行数据通信。串行通信又分为异步传送和同步传送两种方式。

在异步传送时，对字符必须规定一定的格式，以利于接收方判别何时有字符送来及何时是一个新字符的开始。异步传送字符格式如下：

| | 起始位 | D0 | D1 | D2 | D3 | D4 | D5 | D6 | D7 | 符号位 | 停止位 |
|---|---|---|---|---|---|---|---|---|---|---|---|
| | | | | | | | | | | | |

一个字符由四部分组成：起始位、数据位、奇偶校验位和停止位。一个字符由起始位(0)开始，停止位(1)结束。起始位用来通知接收设备一个新的字符开始来到。线路在不传送数据时应保持为 1，接收端不断检测线路的状态，若连续为 1 后又检测到一个 0，就知道又发来一个新的字符。

起始位后面跟着数据位，它可以是 5 位、6 位、7 位或 8 位。串行通信的速度与数据的位数成比例，因此要根据需要来确定数据的位数。另外数据发送总是低位在前。

奇偶校验位只占一位，但在字符中也可以不用奇偶校验位，即可省略。

停止位用来表示字符的结束，用逻辑电平**1**表示。停止位可以是一位也可以是两位。接收端收到停止位，就表示这个字符结束，同时也为接收下一个字符做好准备。若停止位以后不是紧接着传送下一个字符，则让线路保持为**1**，即高电平，这种情况下两个字符之间存在空闲位，空闲位为**1**，线路处于等待状态。

同步传送是按数据块传送的，把传送的字符顺序地连接起来，组成数据块。在数据块前面加上特殊的同步字符，作为数据块的起始符号，在数据块的后面加上校验字符用于校验通信中的错误。在同步通信中字符之间没有空闲位，通信效率比较高。典型的同步通信数据格式如下：

| 同步字符 1 | 同步字符 2 | n 个数据字节 | 校验字节 1 | 校验字节 2 |
|---|---|---|---|---|

波特率就是每秒钟传送二进制数码的位数,以位/秒为单位。在异步通信中,波特率为每秒钟传送的字符数和每个字符位数的乘积。例如每秒钟传送的速率为120字符/秒,而每个字符又包含10位(1位起始位,7位数据位,1位奇偶校验位,1位停止位),则波特率为:

120字符/秒×10位/字符=1 200位/秒=1 200波特

MCS-51单片机内部的串行接口是全双工的,即它能同时发送和接收数据。发送缓冲器只能写入不能读出,接收缓冲器只能读出不能写入。串行口还有接收缓冲作用,即从接收寄存器中读出前一个已收到的字节之前就能开始接收第二字节。

两个串行口数据缓冲器(实际上是两个寄存器)通过特殊功能寄存器SBUF来访问。写入SBUF的数据储存在发送缓冲器,用于串行发送;从SBUF读出的数据来自接收缓冲器。两个缓冲器共用一个地址99H(特殊功能寄存器SBUF的地址)。

## 7.2 串行口控制寄存器

MCS-51单片机串行口的内部有数据接收缓冲器和数据发送缓冲器。数据接收缓冲器只能读出不能写入,数据发送缓冲器只能写入不能读出,这两个数据缓冲器都用符号SBUF来表示,地址都是99H。CPU对特殊功能寄存器SBUF执行写操作,就是将数据写入发送缓冲器;对SBUF执行读操作就是读出接收缓冲器的内容。串行口结构图如图7.1所示。

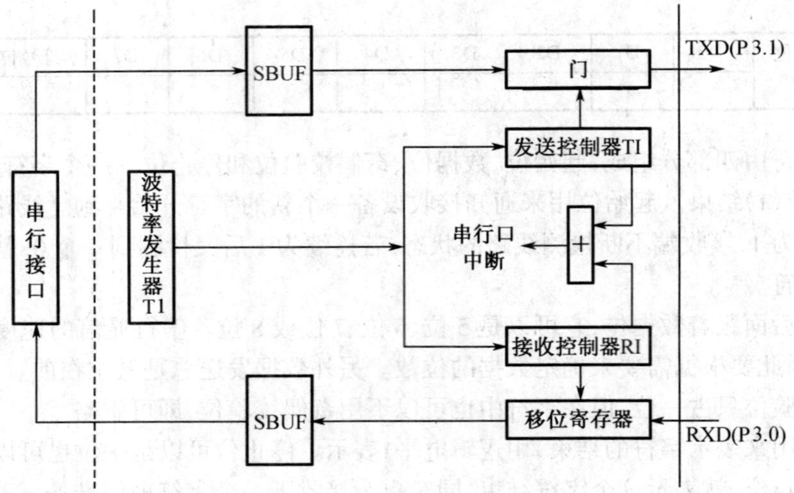


图7.1 串行口结构图

控制串行口有两个特殊功能寄存器:即串行口控制寄存器SCON和电源控制器PCON。

1.PCON中的波特率选择位

PCON是一个特殊功能寄存器(如下图所示),没有位寻址功能,字节地址为87H。其中D7位(SMOD)为波特率选择位。复位时SMOD值为**0**。可用MOV PCON,#80H或MOV 87H,#80H指令使该位置**1**。当SMOD=**1**时,在串行口方式1,2或3情况下,波特率提高一倍。

| | D7 | D6 | D5 | D4 | D3 | D2 | D1 | D0 |
|---|---|---|---|---|---|---|---|---|
| PCON (87H) | SMOD | — | — | — | GF1 | G0 | PD | IDL |

（D6～D4：无定义位）

2.串行口控制寄存器 SCON

特殊功能寄存器 SCON 用于定义串行口的操作方式和控制它的某些功能，其字节地址为 98H。寄存器中各位内容如下：

| | D7 | D6 | D5 | D4 | D3 | D2 | D1 | D0 |
|---|---|---|---|---|---|---|---|---|
| SCON (98H) | SM0 | SM1 | SM2 | REN | TB8 | RB8 | TI | RI |

(1)SM0，SM1　串行口操作方式选择位，两个选择位对应于四种状态，所以串行口能以四种方式工作。

(2)SM2　允许方式 2 和 3 的多机通信使能位，在方式 2 或 3 中，若 SM2 置为**1**，且接收到的第 9 位数据(RB8)为**0**，则接收中断标志 RI 不会被激活，在方式 1 中，若 SM2 = **1**，则只有收到有效的停止位时才会激活 RI。在方式 0 中，SM2 必须置为**0**。

(3)REN　允许串行接收位。由软件置位或清零，使允许接收或禁止接收。

(4)TB8　在方式 2 和 3 中要发送的第 9 位数据可按需要由软件置位或复位。

(5)RB8　方式 2 和 3 中已接收到的第 9 位数据。在方式 1 中，若 SM2 = **0**，RB8 是接收到的停止位。在方式 0 中，不使用 RB8 位。

(6)TI　发送中断标志。在方式 0 中当串行发送完第 8 位数据时由硬件置位；在其他方式中，在发送停止位的开始时由硬件置位。当 TI = **1**时，申请中断，CPU 响应中断后，发送下一帧数据。在任何方式中，该位都必须由软件清零。

(7)RI　接收中断标志。在方式 0 中串行接收到第 8 位结束时由硬件置位。在其他方式中，在接收到停止位的中间时刻由硬件置位。RI = **1**时申请中断，要求 CPU 取走数据。但在方式 1 中，当 SM2 = **1**时，若未接收到有效的停止位，则不会对 RI 置位。在任何工作方式中，该位都必须由软件清零。在系统复位时，SCON 中的所有位都被清零。

## 7.3　串行接口工作方式

串行口的操作方式由 SM0，SM1 定义，编码和功能如表 7.1 所示。

**表 7.1　串行口方式选择**

| SM0 | SM1 | 方　式 | 功能说明 | 波 特 率 |
|---|---|---|---|---|
| **0** | **0** | 0 | 移位寄存器方式 | $f_{OSC}/12$ |
| **0** | **1** | 1 | 8 位 UART | 可变 |
| **1** | **0** | 2 | 9 位 UART | $f_{OSC}/64$ 或 $f_{OSC}/32$ |
| **1** | **1** | 3 | 9 位 UART | 可变 |

1.方式0

串行口的工作方式0为移位寄存器输入输出方式,可外接移位寄存器,以扩展I/O口,也可外接同步输入输出设备。

(1)方式0输出(发送)。串行数据通过RXD引脚输出,而在TXD引脚输出移位时钟,作移位脉冲输出端。

当一个数据写入串行口数据缓冲器时,就开始发送。在此期间,发送控制器送出移位信号,使发送移位寄存器的内容右移一位。直至最高位(D7位)数字移出后,停止发送数据和移位时钟脉冲。完成了发送一帧数据的过程,并置TI为**1**,就申请中断。若CPU响应中断,则从0023H单元开始执行串行口中断服务程序。

①发送。执行任何一条将SBUF作为目的寄存器的指令时,数据开始从RXD端串行发送,其波特率为振荡频率的1/12。方式0发送时的情况如图7.2(a)所示。在写信号有效后,相隔一个机器周期,发送控制端SEND有效(高电平),允许RXD发送数据,同时允许从TXD端输出移位脉冲,一帧(即8位)数据发送完毕时,各控制端均恢复原状态,只有TI保持高电平,呈中断申请状态。要再次发送数据,必须用软件将TI清零。

②接收。在满足REN = **1**和RI = **0**的条件下,会启动一次接收过程。此时,RXD为串行输入端,TXD为同步脉冲输出端。串行接收的波特率也为振荡频率的1/12。其时序如图7.2(b)所示。

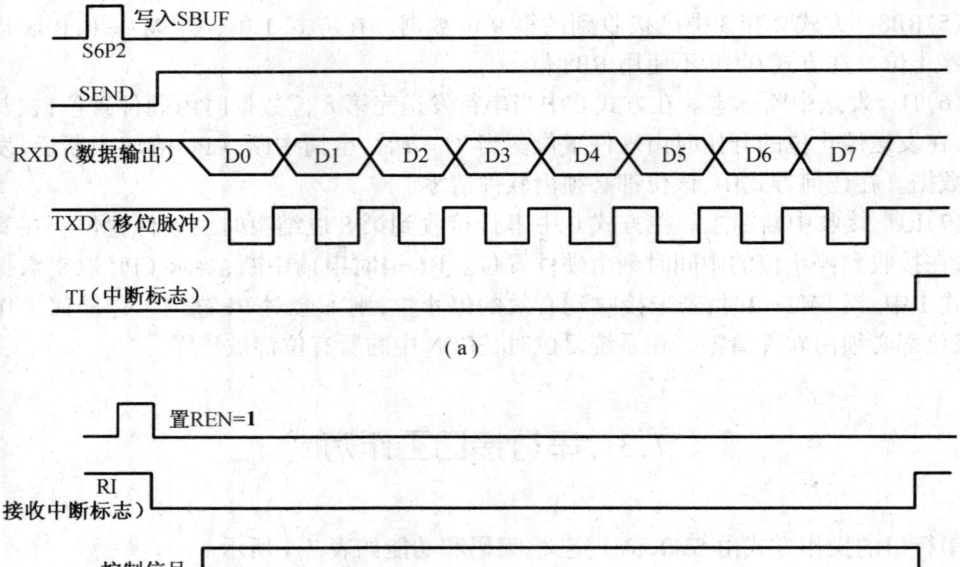


(a)

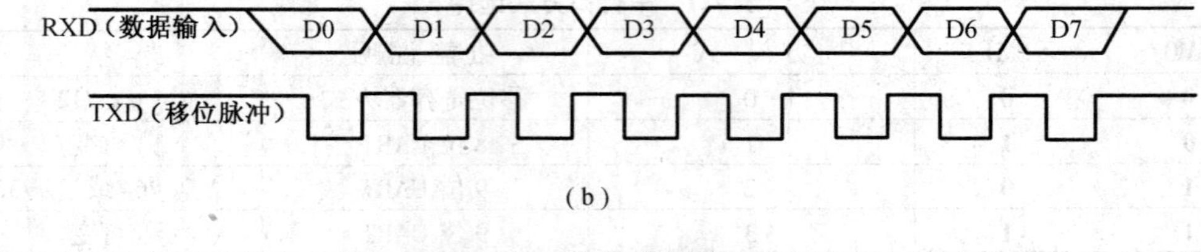


(b)

**图7.2 方式0发送和接收时序**

同样，当接收完一帧数据后，控制信号复位，只有 RI 仍保持高电平，呈中断申请状态。再次接收时，必须通过软件清零。

(2)方式 0 输入(接收)。当串行口定义为方式 0 时，RXD 端为数据输入端，TXD 端为同步脉冲信号输出端。接收器以振荡频率的 1/12 的波特率接收 TXD 端输入的数据信息。

REN(SCON.4)为串行口接收器允许接收控制位。当 REN = **0**时，禁止接收；REN = **1**，允许接收。当串行口置为方式 0，且满足 REN = **1**和 RI(SCON.0) = **0**的条件时，就会启动一次接收过程。在机器周期的 S6P2 时刻，接收控制器向输入移位寄存器写入**11111110**，并使移位时钟由 TXD 端输出。从 RXD 端(P3.0 引脚)输入数据，同时使输入移位寄存器的内容左移一位，在其右端补上刚由 RXD 引脚输入的数据。这样，原先在输入移位寄存器中的**1**就逐位从左端移出，而在 RXD 引脚上的数据就逐位从右端移入。当写入移位寄存器中的最右端的一个**0**移到最左端时，其右边已经接收了 7 位数据。这时，将通知接收控制器进行最后一次移位，并把所接收的数据装入 SBUF。在启动接收过程开始后的第 10 个机器周期的 S1P1 时刻，SCON 中的 RI 位被置位，从而发出中断申请。至此，完成了一帧数据的接收过程。若 CPU 响应中断，就去执行由 0023H 作为入口地址的中断服务程序。

方式 0 主要用于使用 CMOS 或 TTL 移位寄存器进行 I/O 扩展的场合。

MCS－51 串行口可以外接串行输入并行输出移位寄存器作为输出口和外接并行输入串行输出移位寄存器作为输入口。

方式 0 发送或接收完 8 位数据后由硬件置位发送中断标志 TI 或接收中断标志 RI。但 CPU 响应中断请求转入中断服务程序时并不清 TI 或 RI。因此，中断标志 TI 或 RI 必须由用户在程序中清零(可用 CLR　TI 或 CLR　RI；也可以用 ANL　SCON，# 0FEH 或 ANL　SCON，# 0FDH 等指令)。

以方式 0 工作时 SM2 位必须为**0**。

2.方式 1

串行口工作于方式 1 时，被控制为波特率可变的 8 位异步通信接口。传送一帧信息为 10 位，即 1 位起始位(**0**)，8 位数据位(低位在先)和 1 位停止位(**1**)。数据位由 TXD 发送，由 RXD 接收。波特率是可变的，取决于定时器 1 或 2 的溢出速率。

(1)方式 1 发送。CPU 执行任何一条以 SBUF 为目标寄存器的指令，就启动发送。先把起始位输出到 TXD，然后把移位寄存器的输出位送到 TXD。接着发出第一个移位脉冲(SHIFT)，使数据右移一位，并从左端补入**0**。此后数据将逐位由 TXD 端送出，而其左面不断补入**0**。当发送完数据位时，置位中断标志位 TI。

(2)方式 1 接收。串行口以方式 1 输入时，当检测到 RXD 引脚上由**1**到**0**的跳变时开始接收过程，并复位内部 16 分频计数器，以实现同步。计数器的 16 个状态把 1 位时间等分成 16 份，并在第 7,8,9 个计数状态时采样 RXD 的电平，因此每位数值采样三次，当接收到的三个值中至少有两个值相同时，这两个相同的值才被确认接收。这样可排除噪声干扰。如果检测到起始位的值不是**0**，则复位接收电路，并重新寻找另一个**1**到**0**的跳变。当检测到起始位有效时，才把它移入移位寄存器并开始接收本帧的其余部分。一帧信息也是 10 位，即 1 位起始位，8 位数据位(先低位)，1 位停止位。在起始位到达移位寄存器的最左位时，它使控制电路进行最后一次移位。在产生最后一次移位脉冲时能满足下列两个条件：①RI = **0**，②接收到的停止位为**1**或 SM2 = **0**时，停止位进入 RB8，8 位数据进入 SBUF，且置位中断标志 RI。如果上述两个条件中任何一个不满足，将丢失接收的帧。中断标志 RI 必须由用户在中断服务程序中清零。通常串行口以方式 1 工作时,SM2 置为**0**。方式 1 发送和接收时序如图 7.3 所示。

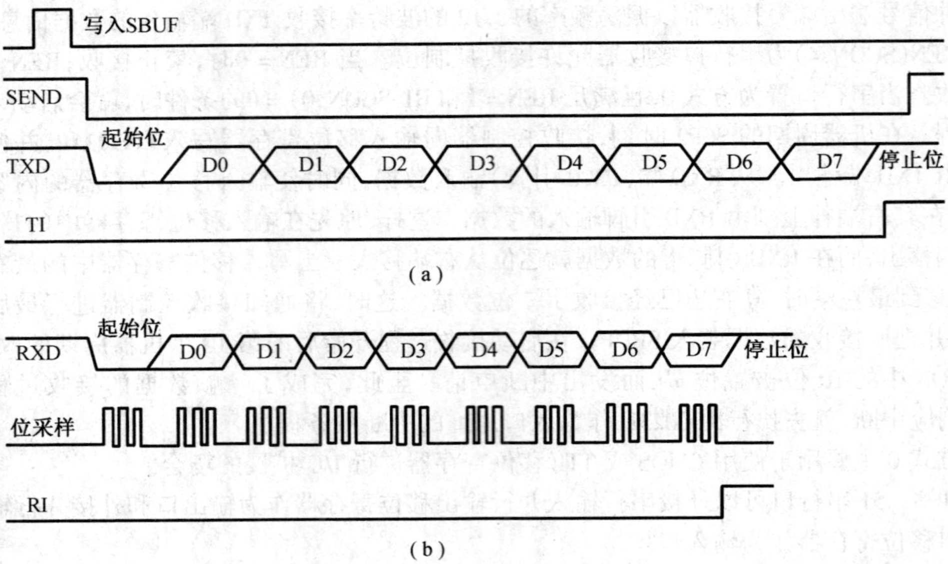


**图 7.3 方式 1 发送和接收时序**

3.方式 2 和方式 3

串行工作于方式 2 和方式 3 时,被自定义为 9 位的异步通信接口,发送(通过 TXD)和接收(通过 RXD)一帧信息都是 11 位,1 位起始位(0),8 位数据位(低位在先),1 位可编程位(即第 9 位数据)和 1 位停止位(1)。方式 2 和方式 3 的工作原理相似,唯一的差别是方式 2 的波特率是固定的,为 $f_{osc}/32$ 或 $f_{osc}/64$;方式 3 的波特率是可变的,利用定时器 1 或定时器 2 作波特率发生器。

(1)方式 2 和方式 3 发送。方式 2 和方式 3 的发送过程是由执行任何一条以 SBUF 作为目的寄存器的指令来启动的。由"写入 SBUF"信号把 8 位数据装入 SBUF,同时还把 TB8 装到发送移位寄存器的第 9 位位置上(可由软件把 TB8 赋予**0**或**1**),并通知发送控制器要求进行一次发送,发送开始,把一个起始位(**0**)放到 TXD 端,经过一位时间后,数据由移位寄存器送到 TXD 端,通过第一位数据,出现第一个移位脉冲。在第一次移位时,把一个停止位**1**由控制器的停止位送入移位寄存器的第 9 位。此后,每次移位时,都把**0**送入第 9 位。因此,当 TB8 的内容移到位寄存器的输出位置时,其左面一位是停止位**1**,再往左的所有位全为**0**。这种状态由零检测器检测到后,就通知发送控制器作最后一次移位,然后置 TI = **1**,请求中断。第 9 位数据(即 SCON 中 的 TB8 的值)由软件置位或清零,可以作为数据的奇偶校验位,也可以作为多机通信中的地址,数据标志位。如果把 TB8 作为奇偶校验位,可以在发送中断服务程序中,在数据写入 SBUF 之前,先将数据的奇偶位写入 TB8。

(2)方式 2 和方式 3 接收。方式 2 和方式 3 的接收过程与方式 1 类似。数据从 RXD 端输入,接收过程由 RXD 端检测到负跳变时开始(CPU 对 RXD 不断采样,采样速率为所建立的波特率的 16 倍),当检测到负跳变时,16 分频计数器立即复位,同时把 1FFH 写入输入移位寄存器,计数器的 16 个状态把 1 位时间等分成 16 份,在每一位的第 7,8,9 个状态时,位检测器对 RXD 端的值采样,如果所接收到的起始位不是**0**,则复位接收电路等待另一个负跳变的到来,若起始位有效(**0**),则起始位移入输入移位寄存器,并开始接收这一帧的其余位。当起始位**0**移到最左面时,通知接收控制器进行最后一次移位。把 8 位数据装入接收缓冲器,第 9 位数据装入 SCON 中的 RB8,并置中断标志 RI = **1**。数据装入接收缓冲器和 RB8,并置位 RI,则满足条件:①RI = 0,SM2 = 0;②接收到的第 9 位数据为**1**时,才会进行发送。如果不满足上述条件接收到的数据信息就会丢失,而且中断标志 RI 不置**1**。图 7.4 为方式 2 或者 3 发送和接收时序。

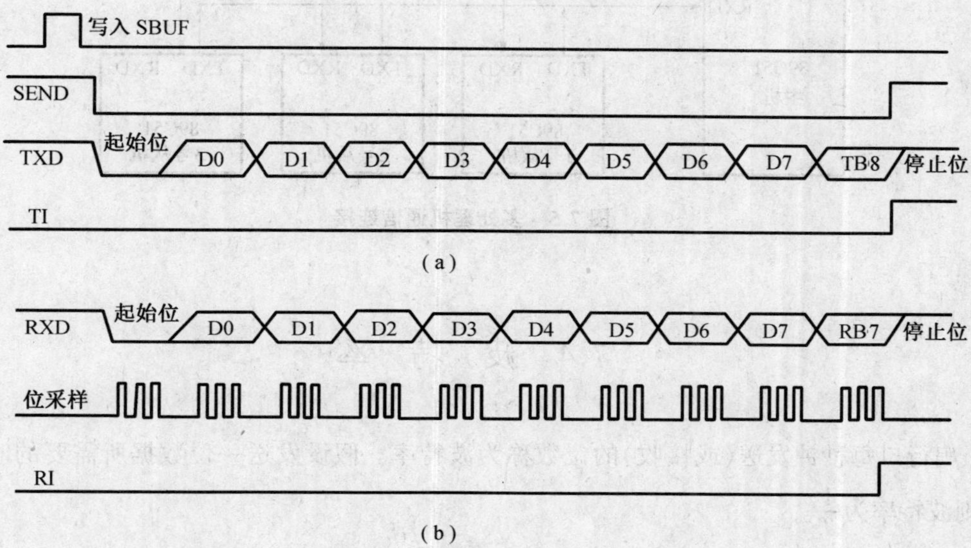


**图 7.4 方式 2 或者 3 发送和接收时序**

请注意与方式 1 的区别,在方式 2 和方式 3 中装入 RB8 的是第 9 位数据,而不是停止位(方式 1 中装入的是停止位)。所接收的停止位的值可用于多机处理(多机通信中的地址/数据标志位),也可作奇偶校验位。

4.多机通信

如前所述,串行口以方式 2 和方式 3 接收时,若 SM2(串行口控制寄存器 SCON 中的 SM2 为多机通信控制位)为**1**,则只有当接收器收到的第 9 位数据为**1**时,数据才装入接收缓冲器,并将中断标志 RI 置**1**,向 CPU 发中断申请。如果接收到的第 9 位数据为**0**,则不产生中断标志,信息将丢失,而当 SM2 为**0**时,则接收到一个数据字节后,不管第 9 位数据是**1**还是**0**,都产生中断标志(RI = **1**)接收到的数据装入接收缓冲器。利用这个特点,可实现多个 MCS - 51 之间的通信。图 7.5 为一种简单的主从式的多机系统,从机之间的通信只能经主机才能实现,从机是被动的。

从机系统由从机的初始化程序(或相关的处理程序)将串行口编程为方式 2 或方式 3 接收,且置 SM2 为**1**,允许串行口中断,当主机要发送一数据块给从机时,它先送出一地址字节,以辨认目标从机。地址字节与数据字节可用第 9 位来区别,发出地址信息时第 9 位为**1**,发数据(包括命令)信息时第 9 位为**0**。当主机发送地址时,各从机的串行口接收到第 9 位信息(RB8)为**1**,则把中断标志 RI 置**1**。这样,使每一台从机都检查所接收到的主机发送来的地址是否与本机相符。若为本机地址,则清除 SM2(=0),并准备接收即将来到的数据(或命令)。没有被寻址的从机,则保持 SM2=1状态,这些从机将不处理进入到串行口的数据字节。在主机发送数据时,各从机串行口接收到 RB8 为0信息,只有被寻址的从机(已清 SM2)激活中断标志 RI,接收主机的数据(或执行主机的命令),实现和主机的信息传送。其余从机因 SM2≠0,且第 9 位 RB8 为0,不满足接收数据的条件,即将所接收到的数据丢失。

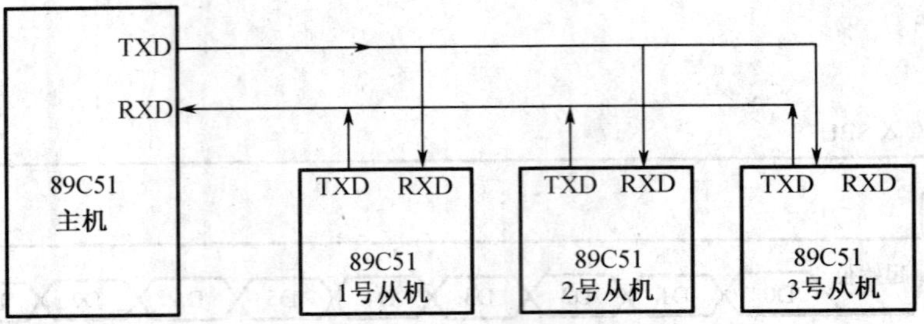


**图 7.5 多处理机通信连接**

## 7.4 波 特 率

串行口每秒钟发送(或接收)的位数称为波特率。假设发送一位数据所需要的时间为 $T$,则波特率为$\frac{1}{T}$。

串行口的通信波特率反映了数据传输的速率,用户应根据实际需要加以选择。

1.方式 0 的波特率

方式 0 的波特率是固定的,其值为 $f_{OSC}/12$,$f_{OSC}$为主频,即在 12 M 晶振的系统中的方式 0 的波特率为 1 Mbit/s。

2.方式 1 和方式 3 的波特率

在这两种方式下,串行口的波特与定时器的溢出率有关,即

$$波特率 = \frac{2^{SMOD}}{32} \times 定时器\ T1\ 溢出率 \tag{7.1}$$

$$定时器\ T1\ 溢出率 = \frac{f_{OSC}}{12} \times \frac{1}{2^k - 定时器\ T1\ 的初值} \tag{7.2}$$

其中,K 为定时器 T1 的位数(方式 2 或 3 时 K=8,方式 0 时 K=13,方式 1 时 K=16)。

3.方式 2 的波特率

$$波特率 = \frac{2_{SMOD}}{64} \times f_{OSC} \tag{7.3}$$

若 SMOD=0,波特率为 $f_{OSC}/64$;若 SMOD=1,则波特率为 $f_{OSC}/32$,即在 12 M 晶振、SMOD=1 时,方式 2 的波特率为 375 Kbit/s。

定时器 T1 工作在方式 2 时,所得到的波特率很精确。对于产生较低的波特率时,定时器 T1 才选用方式 0 或方式 1。51 单片机串行口常用波特率参数如表 7.2 所示。

表 7.2 常用波特率参数表

| 波特率 /(b/s) | $f_{osc}$ /MHz | SMOD | 定时器 1 | | |
|---|---|---|---|---|---|
| | | | C/T | 模式 | 重装值 |
| 4800 | 12 | 1 | 0 | 2 | 0F3H |
| 2400 | 12 | 0 | 0 | 2 | 0F3H |
| 2400 | 12 | 1 | 0 | 2 | 0E6H |
| 1200 | 12 | 0 | 0 | 2 | 0E6H |
| 1200 | 12 | 1 | 0 | 2 | 0CCH |
| 600 | 12 | 0 | 0 | 2 | 0CCH |
| 600 | 12 | 1 | 0 | 2 | 098H |
| 300 | 12 | 0 | 0 | 2 | 098H |
| 300 | 12 | 1 | 0 | 2 | 030H |
| 110 | 12 | 0 | 0 | 1 | 0FEEBH |
| 56800 | 11.059 | 1 | 0 | 2 | 0FFH |
| 19200 | 11.059 | 1 | 0 | 2 | 0FDH |
| 9600 | 11.059 | 0 | 0 | 2 | 0FDH |
| 9600 | 11.059 | 1 | 0 | 2 | 0FAH |
| 4800 | 11.059 | 0 | 0 | 2 | 0FAH |
| 4800 | 11.059 | 1 | 0 | 2 | 0F4H |
| 2400 | 11.059 | 0 | 0 | 2 | 0F4H |
| 2400 | 11.059 | 1 | 0 | 2 | 0E8H |
| 1200 | 11.059 | 0 | 0 | 2 | 0E8H |
| 1200 | 11.059 | 1 | 0 | 2 | 0D0H |
| 600 | 11.059 | 0 | 0 | 2 | 0D0H |
| 600 | 11.059 | 1 | 0 | 2 | 0A0H |
| 300 | 11.059 | 0 | 0 | 2 | 0A0H |
| 300 | 11.059 | 1 | 0 | 2 | 040H |
| 1200 | 6 | 0 | 0 | 2 | 0F3H |
| 600 | 6 | 0 | 0 | 2 | 0E6H |
| 300 | 6 | 0 | 0 | 2 | 0CCH |
| 110 | 6 | 0 | 0 | 2 | 072H |

4.用 T2 产生波特率

在 51 系列单片机中，52 单片机还可用 T2 产生波特率，通过将 T2CON 中的 RCLK 和 TCLK 置位，可将 T2 定义为波特率发生器模式。T2 作波特率发生器时方式 1 和方式 3 的波特率与 T2 溢出率的关系为

$$方式 1 和方式 3 的波特率 = T2 溢出率/16$$

采用 T2 作为波特率发生器的典型应用方式是将 T2 设置为定时器，且工作于 16 位的自装载模式。16 位的常数值由软件装入 RCAP2H 和 RCAP2L 中，当 T2 溢出时，再由硬件控制将 RCAP2H 和 RCAP2L 中的常数自动装入 TH2 和 TL2。此时，T2 的计数输入脉冲来自系统振荡时钟的二分频，方式 1 和方式 3 的波特率的计算公式为

$$\text{方式 1 和方式 3 的波特率} = \frac{f_{osc}}{2 \times 16 \times [65536 - (\text{RCAP2H}, \text{RCAP2L})]}$$

式中的(RCAP2H,RCAP2L)为两个寄存器内容组成的 16 位二进制数。表 7.3 列出了使用 T2 产生常用波特率的参数。

**表 7.3 T2 常用波特率参数表**

| 波特率/(b/s) | $f_{osc}$/MHz | RCAP2H | RCAP2L |
|---|---|---|---|
| 375000 | 12 | 0FFH | 0FFH |
| 9600 | 12 | 0FFH | 0D9H |
| 4800 | 12 | 0FFH | 0B2H |
| 2400 | 12 | 0FFH | 064H |
| 1200 | 12 | 0FEH | 0C8H |
| 600 | 12 | 0FDH | 08FH |
| 300 | 12 | 0FBH | 01EH |
| 56800 | 11.059 | 0FFH | 0FAH |
| 38400 | 11.059 | 0FFH | 0F7H |
| 19200 | 11.059 | 0FFH | 0EEH |
| 9600 | 11.059 | 0FFH | 0DCH |
| 4800 | 11.059 | 0FFH | 0B8H |
| 2400 | 11.059 | 0FFH | 070H |
| 1200 | 11.059 | 0FEH | 0E0H |
| 600 | 11.059 | 0FDH | 0C0H |
| 300 | 11.059 | 0FBH | 080H |
| 4800 | 6 | 0FFH | 0D9H |
| 2400 | 6 | 0FFH | 0B2H |
| 1200 | 6 | 0FFH | 064H |
| 600 | 6 | 0FEH | 0C8H |
| 300 | 6 | 0FDH | 08FH |
| 110 | 6 | 0F9H | 057H |

## 7.5　串行接口应用举例

**例 7.1**　串行口调试程序。

串行口通信调试是比较困难的工作,因为只有当通信双方的硬件和软件都正确无误时才能实现成功的通信。我们可以采用分别调试的方法,即按通信规约双方各自调试好,然后再联调。如图 7.6 所示,我们借用终端来进行单片机通信口的调试。只要方式设置正确,终端已具有正常的通信功能,如果通信不正常便是单片机部分引起的,这样便于查出故障的所在。下面给出的串行口调试程序,其功能是对串行口的工作方式编程,然后在串行口上输出字符串'MCS - 51 Microcomputer',接着从串行口上输入字符,又将输入的字符从串行口上输出,将终端键盘上输入的字符在屏幕上显示出来。这个功能实现以后,串行口的硬件和串行口的编程部分就调试成功,接着便可以按通信规约,实现单片机和终端之间串行通信,完成通信软件的调试工作。

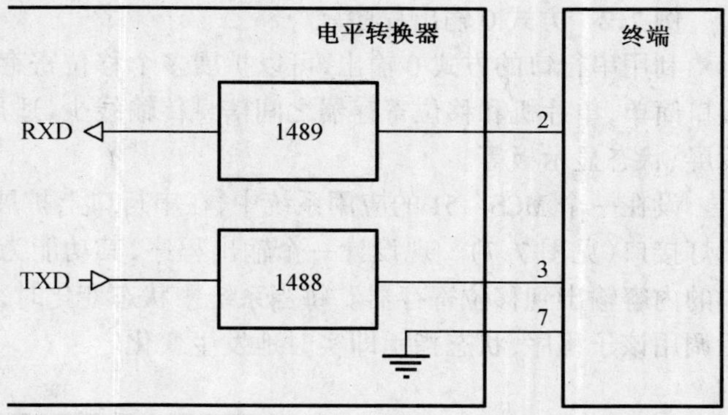


**图 7.6　串行口通信口调试电路**

程序如下:

```
TSIO: MOV     TMOD, # 20H        ;T1 初始化,选 1200 波特,f_OSC = 11.0592MHz
      MOV     TL1, # 0E8H
      MOV     TH1, # 0E8H
      MOV     SCON, # 0DAH
      SETB    TR1
      MOV     R4, # 0
      MOV     DPTR, # ASAB       ;查表,串行输出表中字符串
TSO1: MOV     A, R4
      MOVC    A, @A + DPTR
      JZ      TSO6
TSO3: JBC     TI, TSO2
      SJMP    TSO3
TSO2: MOV     SBUF, A
      INC     R4
      SJMP    TSO1
TSO6: JBC     RI, TSO5           ;等待输入字符
      SJMP    TSO6
TSO5: MOV     A, SBUF            ;读串行口数据
```

```
TSO8: JBC     TI,TSO7
      SJMP    TSO8
TSO7: MOV     SBUF,A              ;数据发送缓冲器
      SJMP    TSO6
ASAB: DB      'MCS-51 Microcomputer'
      DB      0AH,0DH,0
```

**例 7.2** 方式 0 输出程序。

利用串行口的方式 0 输出，可以扩展多个移位寄存器，作为并行输出口，这种扩展方法接口简单，单片机和移位寄存器之间信息传输线少，适用于远距传送的输出设备，如智能显示屏、状态显示板等。

设在一个 MCS-51 的应用系统中，在串行口上扩展两个移位寄存器，作为 16 路状态指示灯接口(见图 7.7)。现设计一个输出程序，其功能为将内部 20H,21H 单元的状态缓冲器中的内容输出到移位寄存器。每当系统中状态变化时，首先改变状态缓冲器中相应状态，然后调用该子程序，状态指示即实时地发生变化。

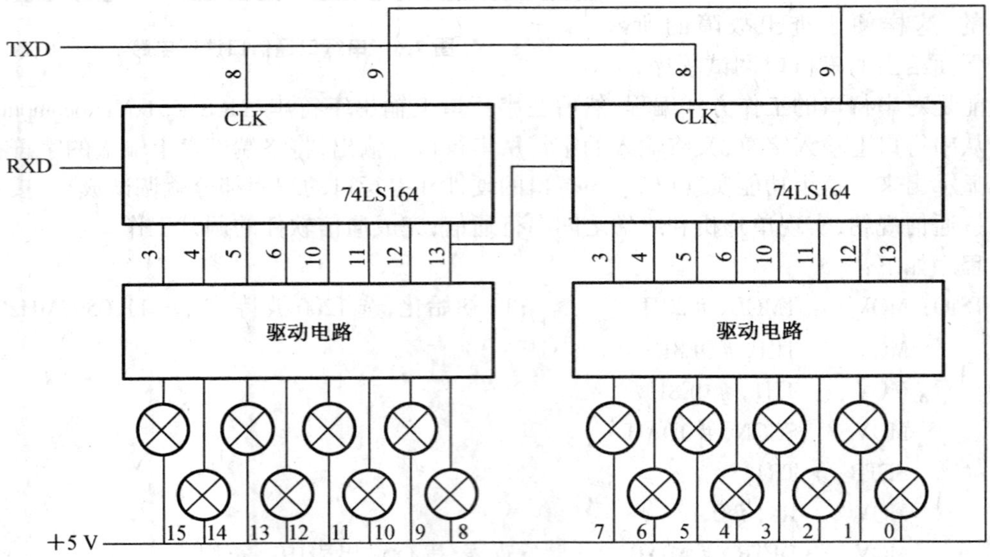


**图 7.7 状态指示灯接口板**

程序如下：

```
SOUT: MOV     R0, #20H
      CLR     TI
      MOV     A,@R0
      MOV     SBUF,A
SOT1: JNB     TI,SOT1
      CLR     TI
      INC     R0
      MOV     A,@R0
```

```
        MOV     SBUF,A
        RET
```

**例 7.3**　UART 作串行输出端口扩充。

(1)功能说明

①利用 UART 的 MODE0 作串行发送。其设定方式如下：

```
MOV   SCON,#00000000B     ;设定工作方式
JBC   TI,LOOP2            ;作为检测并清除 TI
```

②将 89C51 的 RXD,TXD 接 74164(串入并出),扩充 8 个输出口。

③本题利用表格的方式,建立一组数据,利用 UART 发送至 8BIT 串入并出的 IC74164。

④这组数据将使 74164 的 8 个 LED 左移 2 次,右移 2 次,闪烁 2 次。

(2)硬件

如图 7.8 所示。

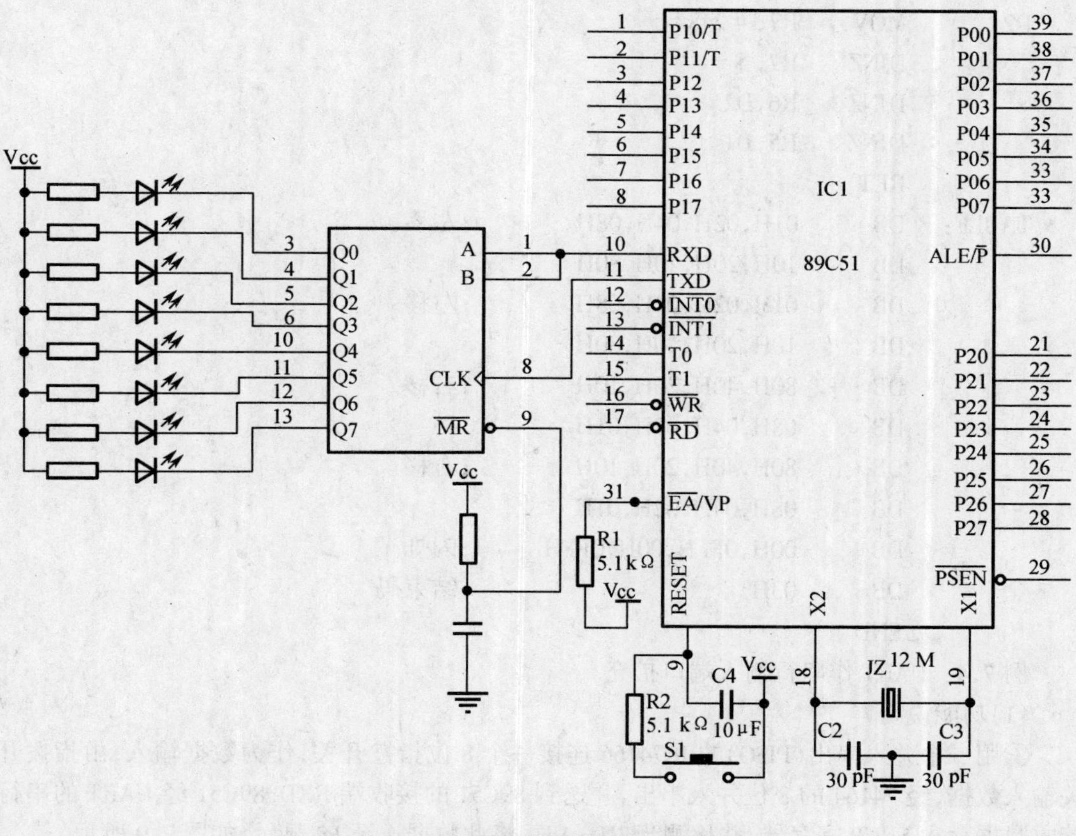


**图 7.8　UART 用作串行输出时扩充电路图**

(3)程序如下

```
        ORG     00H               ;起始地址
        MOV     SCON,#00000000B   ;设定 UART 的工作方式 MODE0
START:  MOV     DPTR,#TABLE       ;数据指针寄存器指到 TABLE 的开头
LOOP:   CLR     A                 ;清楚 ACC
```

```
        MOVC    A,@A+DPTR          ;到 TABLE 取数据
        CJNE    A,#03,A1           ;取到结束码 03H 吗? 不是则跳到 A1
        JMP     START              ;是跳到 START
A1:     CPL     A                  ;将取到数据反相
        MOV     30H,A              ;存入(30H)地址
        MOV     SBUF,30H           ;将(30H)的值存入 SBUF
LOOP1:  JBC     TI,LOOP2           ;检测 TI=1? 是则跳到 LOOP2
        JMP     LOOP1              ;不是再检测
LOOP2:  CALL    DELAY              ;延时 0.2 秒
        INC     DPTR               ;数据指针加 1
        JMP     LOOP
DELAY:  MOV     R5,#20             ;200 毫秒
D1:     MOV     R6,#20             ;10 毫秒
D2:     MOV     R7,#248
        DJNZ    R7,$
        DJNZ    R6,D2
        DJNZ    R5,D1
        RET
TABLE:  DB      01H,02H,04H,08H        ;左移
        DB      10H,20H,40H,80H
        DB      01H,02H,04H,08H        ;左移
        DB      10H,20H,40H,80H
        DB      80H,40H,20H,10H        ;右移
        DB      08H,04H,02H,01H
        DB      80H,40H,20H,10H        ;右移
        DB      08H,04H,02H,01H
        DB      00H,0FFH,00H,0FFH      ;闪烁
        DB      03H                    ;结束码
        END
```

**例 7.4** UART 作串行输入端口扩充。

(1)功能说明

①用一个并入串出(PISO)的 IC74166 连接一个 8 位指拨开关,作为数据输入,由指拨开关输入数据,经 74164 的 8 位并入串出,并送到 89C51 的接收端 RXD;89C51 经 UART 的串行接收数据存入 SBUF 寄存器,并检测当 RI=1时,将此数据送至 P2 显示,如图 7.9 所示。

②输出一个 LOW 的信号(P10)到 74166 的 SH/LD(位移/载入),将指拨开关的状态载入 74166 内部寄存器。

③启动 UART 的 MODE0 作为读入 74166 的数据。其设定方式为 0,清除 RI,设定 REN(SCON)=1,程序如下:

```
MOV     SCON,#00010000B
CLR     RI
```

```
JBC      RI,LOOP2
```

(2)硬件(如图 7.9 所示)。

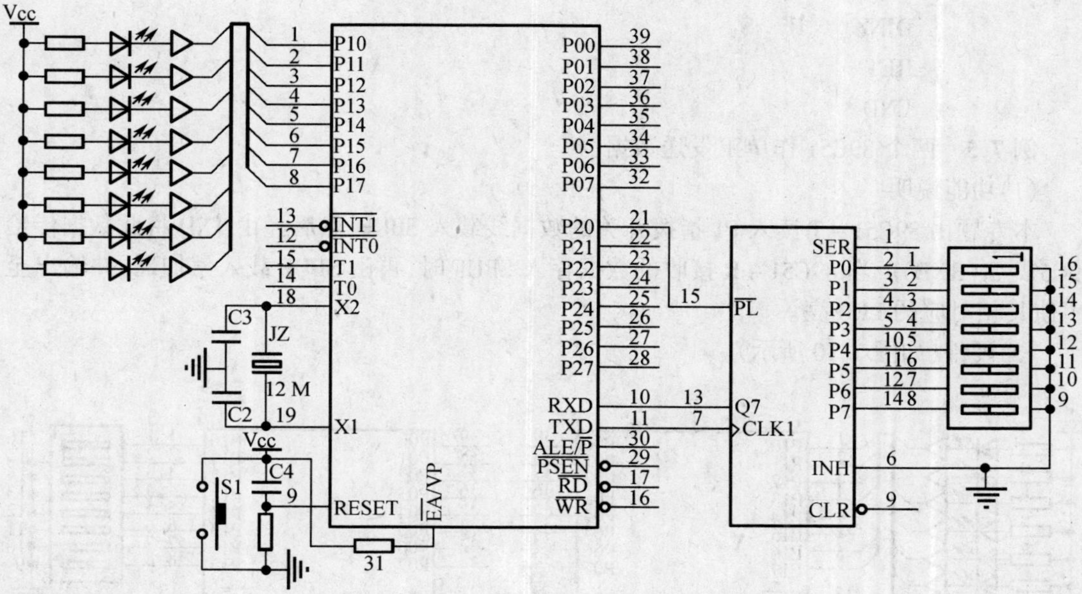


图 7.9 UART 用作串行输入口扩充

(3)程序如下

```
         ORG     00H                 ;起始地址
LOOP:    MOV     SCON,#00010000B     ;设定 MODE0,REN = 1
         CLR     P1.0                ;P1.0 = 0,载入 74166 数据(并入)
         CALL    DELAY1              ;延时
         SETB    P1.0                ;P1.0 = 1,74166(移位串出)
         CLR     RI                  ;RI = 0
LOOP1:   JBC     RI,LOOP2            ;RI = 1? 是则跳到 LOOP2
         JMP     LOOP1               ;不是则再检测
LOOP2:   MOV     A,SBUF              ;将 SBUF 载入 ACC
         CPL     A                   ;将数据反相
         MOV     P2,A                ;输出至 P2
         CALL    DELAY               ;延时 500 毫秒
         JMP     LOOP
DELAY:   MOV     R5,#50              ;500 毫秒
D1:      MOV     R6,#20              ;10 毫秒
D2:      MOV     R7,#248
         DJNZ    R7,$
         DJNZ    R6,D2
         DJNZ    R5,D1
```

```
        RET
DELAY1:
        MOV     R7, #02
        DJNZ    R7, $
        RET
        END
```

**例 7.5**　两个 89C51 作单工发送数据。

(1)功能说明

本专题由 89C51 - T 读入 P1 指拨开关的数据线载入 SBUF,然后经由 TXD 将此数据传给 89C51 - R(RXD)。当 89C51 - R 接收的数据存入 SBUF 时,再由 SBUF 载入累加器,并输出至 P1 使其相对应的 LED 亮。

(2)硬件(如图 7.10 所示)。

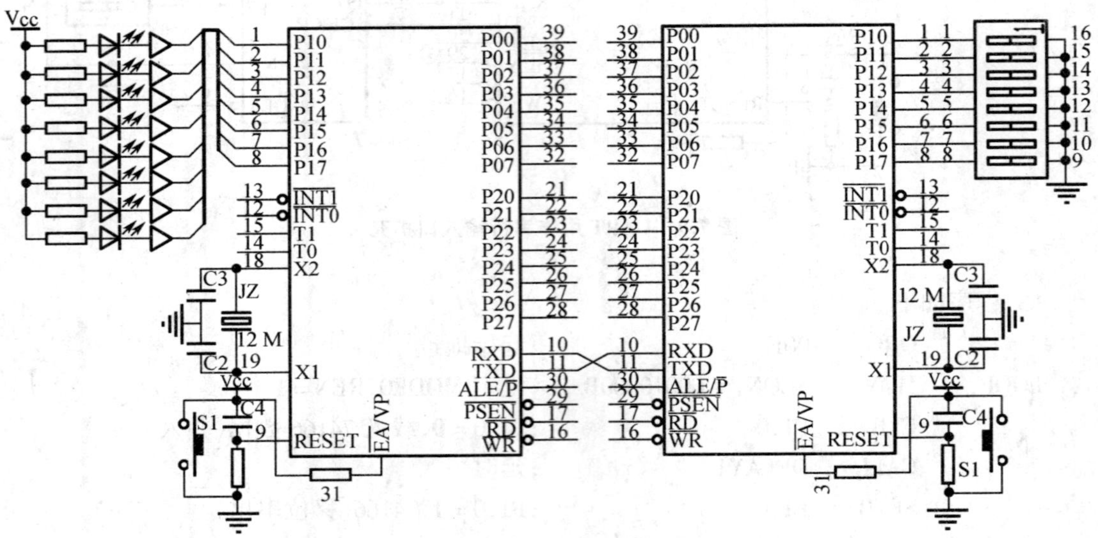

**图 7.10　两个 89C - 51 单工传送数据电路**

(3)发送程序

```
        ORG     00H
        JMP     START
START:  MOV     SP, #60H        ;设定堆栈
        MOV     SCON, #50H      ;UART 工作在 MODE1
        MOV     TMOD, #20H      ;TIMER1 工作在 MODE2
        MOV     TH1, #0E6H      ;波特率 1200
        SETB    TR1             ;启动 TIMER1 计时
        MOV     30H, #0FFH      ;设指拨开关初始值
SCAN0:  MOV     A,P1            ;读入指拨开关
        CJNE    A,30H,KEYIN     ;判断与前次是不是相同? 不同则跳至 KEYIN
```

```
        JMP     SCAN0
KEYIN:  MOV     30H,A           ;存入指拨开关新值
        MOV     P2,A            ;输出至 P2
        MOV     SBUF,A          ;载入 SBUF 发送
WAIT:   JBC     TI,SCAN0        ;是否发送完毕?
        JMP     WAIT
        END
```

(4)接收程序

```
        ORG     00H
        JMP     START
START:  MOV     SP,#60          ;设定堆栈
        MOV     SCON,#50H       ;UART 工作在 MODE1
        MOV     TMOD,#20H       ;TIMER1 工作在 MODE2
        MOV     TH1,#0E6H       ;波特率 1200
        SETB    TR1             ;启动 TIMER1 计时
SCAN0:  JB      RI,UART         ;是否接收到数据,有则跳至 UART
        JMP     SCAN0
UART:   MOV     A,SBUF          ;将接收到的数据线载入累加器
        MOV     P1,A            ;输出至 P1
        CLR     RI              ;清除,RI=0
        JMP     SCAN0
        END
```

本电路需要两片 89C51 或一台仿真器与一片 89C51,运行程序必须注意以下两点:

①两片 89C51 分别烧写程序。

②当用一台仿真器与烧写的一片 89C51 通信时,须注意仿真器的石英晶体是否相同,若不相同应重新计算仿真器的波特率。例如仿真器 16MHz,则经计算:

BAUD = 1200　TH1 = #0DDH　BAUD = 2400　TH1 = #0EFH

**例 7.6** 两个 89C51 作单工发送数据(中断法)。

(1)功能说明

由 89C51 - T 读入 P1 指拨开关的数据,再载入 SBUF,然后通过 TXD 将此数据传给 89C51 - R(RXD)。当 89C51 - R 接收的数据输出至 P1 时,使其相对应的 LED 亮,再经由 SBUF 传回 89C51 - T;当 89C51 - T 接收到数据后,会与刚才发送的数据作比较,若不相同则再重新发送。

注意:两单片机不要相隔太远,若要较远时可加 1488 和 1489 或 232 通信芯片。

(2)硬件(如图 7.11 所示)。

(3)发送程序

```
        ORG     00H
        JMP     START
        ORG     23H             ;UART 中断起始地址
        JMP     UARTI           ;UART 中断子程序
```

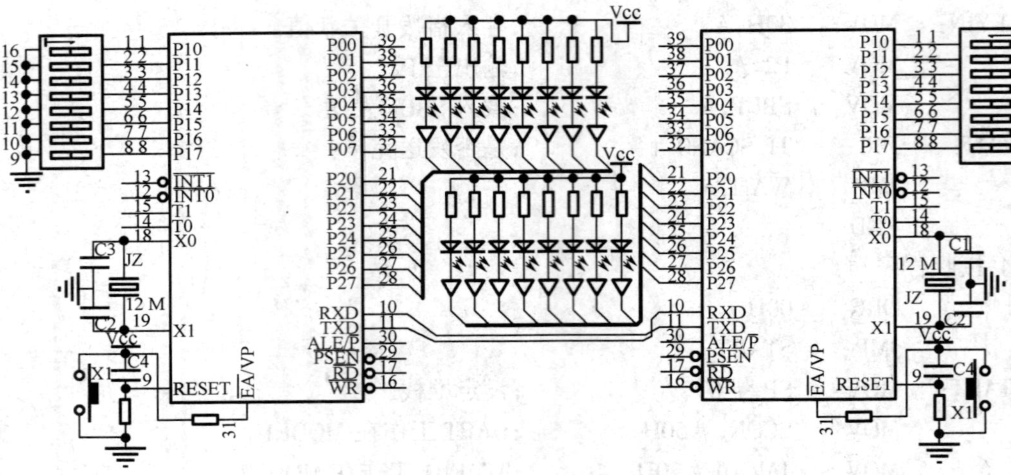

图 7.11　两个 89C51 作单工发送数据(中断法)

```
START:  MOV   TMOD, # 00100000B   ;TIMER1 工作在 MODE2
        ANL   PCON, # 011111111B  ;SMOD = 0
        MOV   TH1, # 0F3H         ;波特率 2400
        SETB  TR1                 ;启动 TIMER1
        MOV   SCON, # 01010000B   ;UART 工作在 MODE1
        MOV   IE, # 10010000B     ;UART 中断使能
        MOV   30H, # 0FFH         ;指拨开关初始值
LOOP:   MOV   A,P1                ;读入指拨开关
        CJNE  A,30H,LOOP1         ;判断指拨开关有没有变化?
        JMP   LOOP
LOOP1:  MOV   30H,A               ;有变化则存入 RAM(30H)
LOOP2:  MOV   SBUF,A              ;送出 SBUF 发出
        CLR   20H.0               ;清除回应标志位 20H.0 = 0
        CLR   20H.1               ;清除错误标志位 20H.1 = 0
LOOP3:  JB    20H.1,LOOP2         ;检测有错否?(20H.1 = 1),有则重发
        JNB   20H.0,LOOP3         ;检测有回应否:(20H.0 = 1)
        JMP   LOOP
UARTI:  PUSH  ACC                 ;将 ACC 存入堆栈
        PUSH  PSW                 ;将 PSW 存入堆栈
        SETB  RS0                 ;设寄存器组 1
        CLR   RS1
        JBC   RI,LOOP4            ;是否接收中断? 是则跳至 LOOP4
        CLR   TI                  ;是发送中断,则清除 TI = 0
        SJMP  RETURN
LOOP4:  MOV   A,SBUF              ;将 SBUF 载入 ACC
```

```
        CJNE    A,30H,LOOP5         ;将发送与接收比较是否相同?
        SETB    20H.0               ;相同则设定应答标志位 20.0 = 1
        SJMP    RETURN
LOOP5:  SETB    20H.1               ;不同则设错误标志位 20H.1 = 1
RETURN: POP     PSW                 ;取回 PSW 值
        POP     ACC                 ;取回 ACC 值
        RETI
        ENR
```

(4)接收程序

```
        ORG     00H
        MP      START
        RG      23H                 ;UART 中断起始地址
        MP      UARTI               ;UART 中断子程序
START:  MOV     TMOD, # 00100000B   ;TIMER1 工作在 MODE2
        ANL     PCON, # 011111111B  ;SMOD = 0
        MOV     TH1, # 0F3H         ;波特率 2400
        SETB    TR1                 ;启动 TIMER1
        MOV     SCON, # 01010000B   ;UART 工作在 MODE1
        MOV     IE, # 10010000B     ;UART 中断使能
        JMP     $
UARTI:  PUSH    ACC                 ;将 ACC 压入堆栈
        PUSH    PSW                 ;将 PSW 压入堆栈
        ETB     RS0                 ;设寄存器组
        LR      RS1
        BC      RI,LOOP             ;是否接收中断? 是则跳至 LOOP
        CLR     TI                  ;是发送中断,则清除 TI = 0
        SJMP    RETURN
LOOP:   MOV     A,SBUF              ;读入 SBUF
        MOV     P1,A                ;输出至 P1
        MOV     SBUF,A              ;载入 SBUF 发送
RETURN: POP     PSW                 ;取回 PSW
        POP     ACC                 ;取回 ACC
        RETI
        END
```

**例 7.7** 两个 89C51 作串行多工数据传输。

(1)功能说明

利用 UART 工作在 MODE1 下全双工传输。所谓全双工即表示可同时进行发送与接收数据的工作。两个 89C51 的程序完全相同。当 89C51 – A P1 的指拨开关发生变化时,会将指拨开关的值通过其 TXD 发送出去。当 89C51 – B 的 RXD 接收到数据时,将接收到的数据显示在 89C51 – B 的 P2。同理,当 89C51 – B P1 的指拨开关发生变化时,也会将其发送给

89C51 - A,使其显示在 P2。

(2)硬件

是用专用的 232 接口卡,卡可带多台单片机。

(3)程序如下

```
        RG      00H
        MP      START
START:  MOV     SP, #60H            ;设置堆栈
        MOV     SCON, #50H          ;UART 工作在 MODE1,SM1 = 1,REN = 1
        MOV     TMOD, #20H          ;TIMER1 工作在 MODE2
        MOV     TH1, #0F3H          ;波特率 2400
        ETB     TR1                 ;启动 TIMER1
        MOV     30H, #0FFH          ;指拨开关初始值
SCAN:   JB      RI,UART             ;检测 SCON 的 RI 是否为1? 是则表示接收到
        MOV     A,P1                ;读入指拨开关值
        CJNE    A,30H,KEYIN         ;指拨开关是否有变化? 有则跳至 KEYIN
        JMP     SCAN                ;没有变化
KETIN:  MOV     30H,A               ;指拨开关存入新值
        MOV     SBUF,A              ;载入 SBUF 发送出去
WAIT:   JBC     TI,SCAN             ;发送完毕否? TI = 1?
        JMP     WAIT
UART:   MOV     A,SBUF              ;将 SBUF 的值载入 ACC
        MOV     P2,A                ;输出至 P2
        CLR     RI                  ;清除 RI = 0
        JMP     SCAN
        END
```

**例 7.8** 一个 89C51(主)与两个 89C51(副)作串行单工发送数据。

(1)相关知识

利用 89C51 的 UART 的 MODE2 和 MODE3 可实现主 CPU 提供一个 UART 与多个副 CPU 连接,方法是在硬件及数据发送方式上加一个发送位(TB8),对接收端来说则是在寄存器内设计了一个 SM2(在 SCON 寄存器内)位。这个 TB8 或 SM2 位都可由软件来控制。这两个位在 UART 中所扮演的功能是若接收端的 SM2 = **1**,则发送端必须发送 TB8 = **1**的数据才能被接收端收到;若 SM2 = **1**,而 TB8 = **0**则无法收到;若 SM2 = **0**,则是否收到数据与 TB8 无关(一定可以收到)。在多个 CPU 的场合,开始时使每个副 CPU 的 SM2 = **1**,当主 CPU 送出 TB8 = **1**的数据时,每个副 CPU 都可以收到此字节的数据,此时每个副 CPU 就将此数据译为地址数据,然后与自己的地址(由软件设定)比较,若相同就将本身的 SM2 设为**0**,不同则仍维持其 SM2 = **1**。接下来 CPU 就开始送出 TB8 的真正数据,此时只有 SM2 = **0**的副 CPU 会收到 TB8 = **0**的数据,因此也就不会影响其他的副 CPU。即主 CPU TB8 = **1**时送出的数据为地址数据,TB8 = **0**时送出的数据为真正的数据。

(2)功能说明

①主 CPU 为 89C51 - A:P1 接指拨开关,P2 接指拨开关。副 CPU89C51 - B:P2 接 8 个 LED。副 CPU89C51 - C:P2 接 8 个 LED。

②当主 DCPU89C51 - A,P1 的指拨开关切换时,此数据会发送给副 CPU89C51 - B,并控制其 P2 口 8 个 LED 的亮灭。同理,当主 CPU89C51 - A,P2 的指拨开关切换时,则此数据会发送给副 CPU89C51 - C,并控制其 P2 口的 8 个 LED 的亮灭。

(3)硬件(如图 7.12 所示)

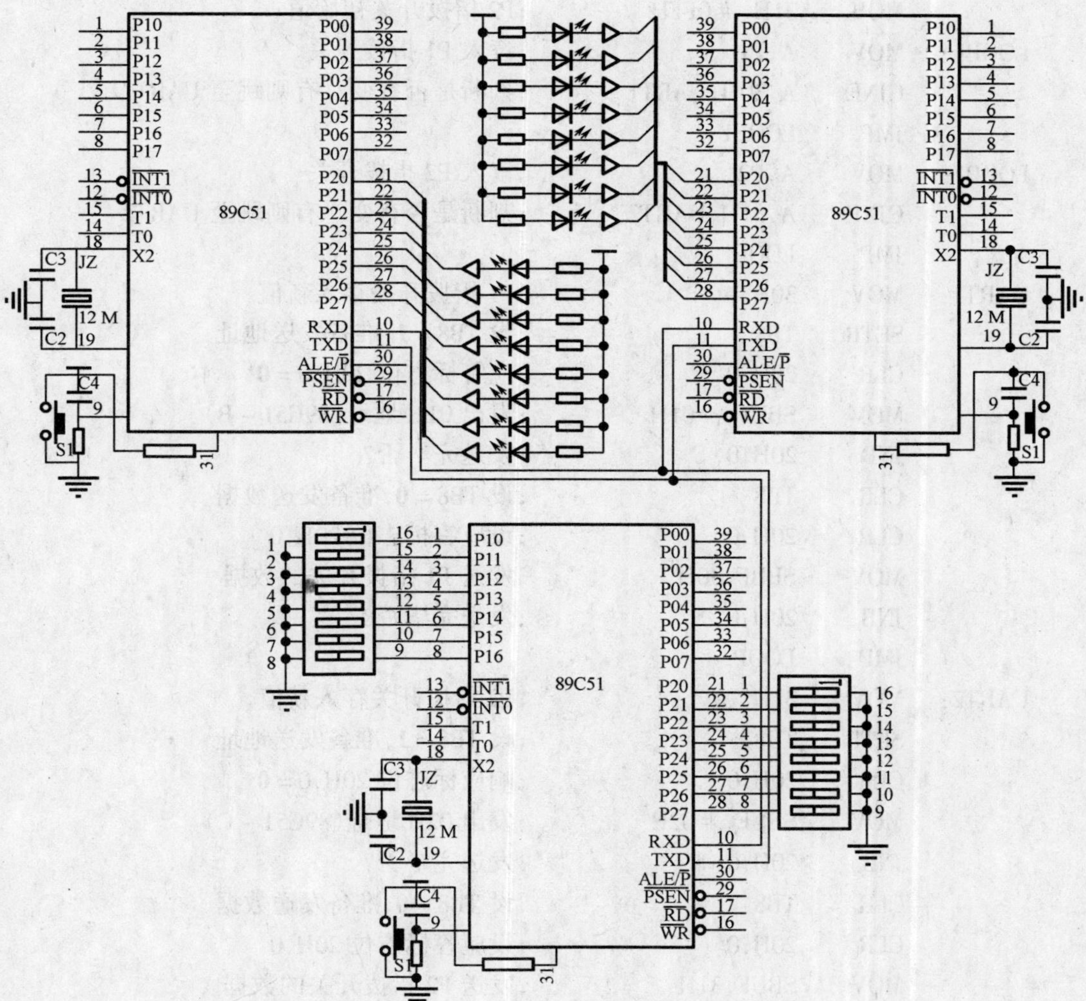

图 7.12 一个 89C51(主)与两个 89C51(副)作串行单工发送数据

(4)89C51 - A 程序

```
        ORG     00H
        JMP     START
        ORG     23H                         ;UART 中断起始地址
```

```
        JMP     UARTI
START:  MOV     TMOD, # 00100000B   ;TIMER1 工作在 MODE2
        ANL     PCON, # 011111111B  ;SMOD = 0
        MOV     TH1, # 0F3H         ;波特率为 2400
        SETB    TR1                 ;启动 TIMER1
        MOV     SCON, # 11010000B   ;UART 工作 MODE3
        MOV     IE, # 10010000B     ;UART 中断使能
        MOV     30H, # 0FFH         ;P1 指拨开关初始值
        MOV     31H, # 0FFH         ;P2 指拨开关初始值
LOOP:   MOV     A,P1                ;读入 P1 指拨开关
        CJNE    A,30H,UART1         ;判断是否有变？有则跳至 UART1
        JMP     LOOP1
LOOP1:  MOV     A,P2                ;读入 P2 指拨开关
        CJNE    A,31H,UART2         ;判断是否有变？有则跳至 UART2
        JMP     LOOP
UART1:  MOV     30H,A               ;P1 指拨开关存入新值
        SETB    TB8                 ;设 TB8 = 1,准备发送地址
        CLR     20H.0               ;应答标志位 20H.0 = 0
        MOV     SBUF, # 01H         ;发出 01H 地址(89C51 - B)
        JNB     20H.0, $            ;发送完毕否?
        CLR     TB8                 ;设 TB8 = 0,准备发送数据
        CLR     20H.0               ;设应答标志位 20H.0
        MOV     SBUF,30H            ;发送 P1 指拨开关的数据
        JNB     20H.0, $            ;发送完毕否?
        JMP     LOOP
UART2:  MOV     31H,A               ;P2 指拨开关存入新值
        SETB    TB8                 ;设 TB8 = 1,准备发送地址
        CLR     20H.0               ;响应标志位 20H.0 = 0
        MOV     SBUF, # 02H         ;发出 02H 地址(89C51 - C)
        JNB     20H.0, $            ;发送完毕否?
        CLR     TB8                 ;设 TB8 = 0,准备发送数据
        CLR     20H.0               ;设应答标志位 20H.0
        MOV     SBUF,31H            ;发送 P2 指拨开关的数据
        JNB     20H.0, $            ;发送完毕否?
        JMP     LOOP
UARTI:  PUSH    ACC                 ;将 ACC 压入堆栈
        PUSH    PSW                 ;将 PSW 压入堆栈
        JBC     RI,RETURN           ;是否产生接收中断?
        CLR     TI                  ;发送中断,清除 TI = 0
        SETB    20H.0               ;设应答标志位 20H.0 = 1
```

```
        JMP     RETURN
RETURN: POP     PSW                     ;取回 PSW
        POP     ACC                     ;取回 ACC
        RETI
        END
```

(5)89C51 - B 程序

```
        ORG     00H
        JMP     START
        ORG     23H                     ;UART 中断起始地址
        JMP     UARTI
START:  MOV     TMOD, # 00100000B       ;TIMER1 工作在 MODE2
        ANL     PCON, # 011111111B      ;SMOD = 0
        MOV     TH1, # 0F3H             ;波特率为 2400
        SETB    TR1                     ;启动 TIMER1
        MOV     SCON, # 11010000B       ;UART 工作 MODE3
        MOV     IE, # 10010000B         ;UART 中断使能
        SETB    SM2                     ;设 SM2 = 1
        JMP     $
UARTI:  PUSH    ACC                     ;将 ACC 压入堆栈
        PUSH    PSW                     ;将 PSW 压入堆栈
        JBC     RI,LOOP                 ;是否产生接收中断?
        CLR     TI                      ;发送中断则清除 TI = 0
        JMP     RETURN
LOOP:   MOV     A,SBUF                  ;接收数据载入累加器
        JB      SM2,LOOP1               ;SM2 = 1接收地址,SM2 = 0接收数据
        MOV     P2,A                    ;SM2 = 0则将接收数据输出至 P2
        SETB    SM2                     ;设 SM2 = 1,准备下一次接收地址
        JMP     RETURN
LOOP1:  CJNE    A, # 1,RETURN           ;SM2 = 1接收地址,是否 89C51 - B 的地址
        CLR     SM2                     ;是则清除 SM2 = 0,准备接收数据
RETURN: POP     PSW                     ;取回 PSW
        POP     ACC                     ;取回 ACC
        RETI
        END
```

(6)89C51 - C 程序

```
        ORG     00H
        JMP     START
        ORG     23H                     ;UART 中断起始地址
        JMP     UARTI
START:  MOV     TMOD, # 00100000B       ;TIMER1 工作在 MODE2
```

```
        ANL     PCON, # 011111111B      ;SMOD = 0
        MOV     TH1, # 0F3H             ;波特率为 2400
        SETB    TR1                     ;启动 TIMER1
        MOV     SCON, # 11010000B       ;UART 工作 MODE3
        MOV     IE, # 10010000B         ;UART 中断使能
        SETB    SM2                     ;设 SM2 = 1
        JMP     $
UARTI:  PUSH    ACC                     ;将 ACC 压入堆栈
        PUSH    PSW                     ;将 PSW 压入堆栈
        JBC     RI,LOOP                 ;是否产生接收中断?
        CLR     TI                      ;发送中断则清除 TI = 0
        JMP     RETURN
LOOP:   MOV     A,SBUF                  ;接收数据载入累加器
        JB      SM2,LOOP1               ;SM2 = 1接收地址,SM2 = 0接收数据
        MOV     P2,A                    ;SM2 = 0则将接收数据输出至 P2
        SETB    SM2                     ;设 SM2 = 1,准备下一次接收地址
        JMP     RETURN
LOOP1:  CJNE    A, # 02,RETURN          ;SM2 = 1接收地址,是否 89C51 - B 的地址
        CLR     SM2                     ;是则清除 SM2 = 0,准备接收数据
RETURN: POP     PSW                     ;取回 PSW
        POP     ACC                     ;取回 ACC
        RETI
        END
```

**例 7.9** 一个 89C51(主)与两个 89C51(副)作串行多工发送数据。

(1)功能说明

①主 CPU 为 89C51 - A:P1 接指拨开关,P2 接指拨开关,P0 接 8 个 LED。

副 CPU89C51 - B:P10 ~ P13 接指拨开关,P2 接 8 个 LED。

副 CPU89C51 - C:P10 ~ P13 接指拨开关,P2 接 8 个 LED。

②当主 CPU89C51 - A P1 的指拨开关切换时,此数据会发送给副 CPU89C51 - B,并控制其 P2 口 8 个 LED 的亮灭。同理,当主 CPU89C51 - A P2 的指拨开关切换时,则此数据会发送给副 CPU89C51 - C,并控制其 P2 口的 8 个 LED 的亮灭。

③副 PU89C51 - B P1 的指拨开关切换时,此数据会发送给副 CPU89C51 - A,并控制其 P0 口低 4 位 4 个 LED 的亮灭。同理,当副 CPU89C51 - C P1 的指拨开关切换时,则此数据会发送给主 CPU89C51 - A,并控制其 P0 口的高 4 位的 4 个 LED 的亮灭。

(2)硬件(如图 7.13 所示)

(3)89C51 - A 程序

```
        ORG     00H
        JMP     START
        ORG     23H                     ;UART 中断起始地址
        JMP     UARTI
```

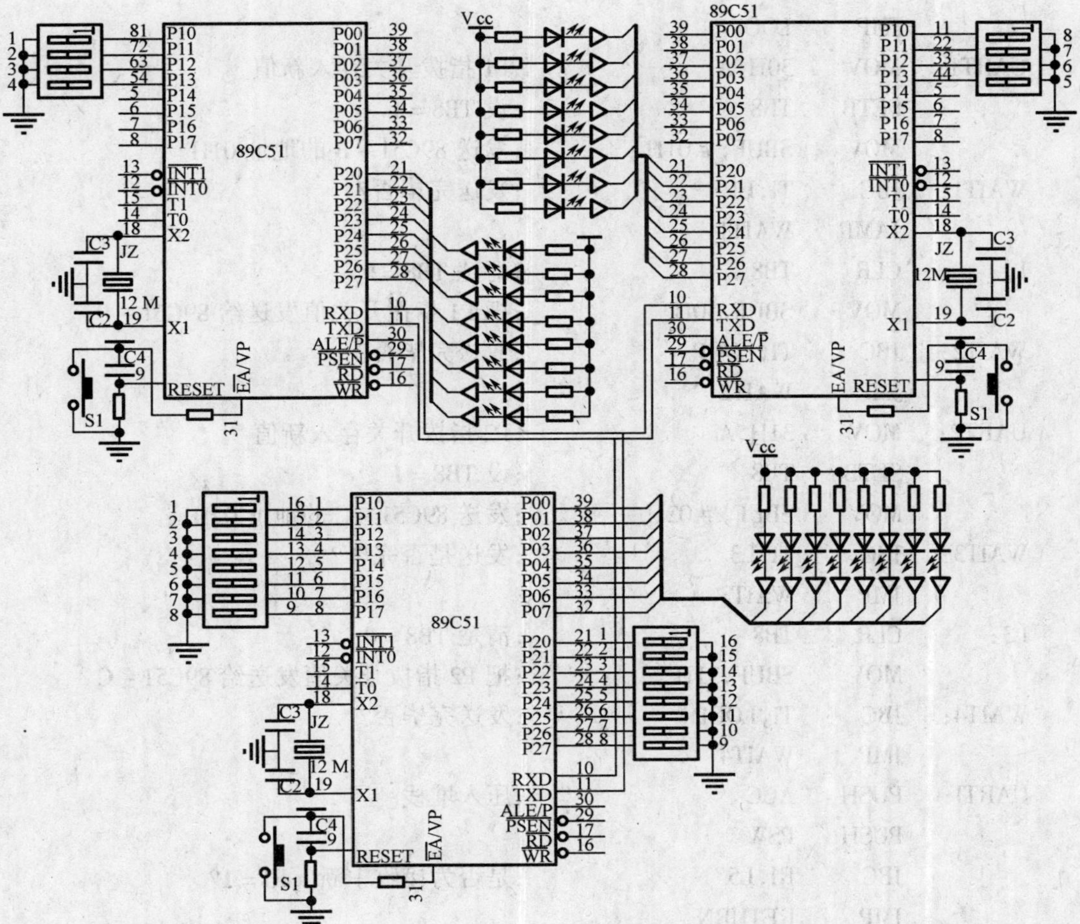

图 7.13　一个 89C51(主)与两个 89C51(副)作串行多工发送数据

```
START:  MOV   TMOD,#00100000B     ;TIMER1 工作在 MODE2
        ANL   PCON,#011111111B    ;SMOD = 0
        MOV   TH1,#0F3H           ;波特率为 2400
        SETB  TR1                 ;启动 TIMER1
        MOV   SCON,#11010000B     ;UART 工作 MODE3
        MOV   IE,#10010000B       ;UART 中断使能
        SETB  SM2                 ;设 SM2 = 1
        MOV   30H,#0FFH           ;P1 指拨开关初始值
        MOV   31H,#0FFH           ;P2 指拨开关初始值
        MOV   32H,#0FFH           ;两个副 CPU 地址暂存器
LOOP:   MOV   A,P1                ;读入 P1 指拨开关值
        CJNE  A,30H,UART1         ;判断是否变化?
        JMP   LOOP1
LOOP1:  MOV   A,P2                ;读入 P2 指拨开关值
```

```
        CJNE    A,31H,UART2          ;判断是否变化?
        JMP     LOOP
UART1:  MOV     30H,A                ;P1 指拨开关存入新值
        SETB    TB8                  ;设 TB8 = 1
        MOV     SBUF, # 01H          ;发送 89C51 - B 的地址 01H
WAIT1:  JBC     TI,L1                ;发送完毕否?
        JAMP    WAIT1
L1:     CLR     TB8                  ;清楚 TB8 = 0
        MOV     SBUF,30H             ;把 P1 指拨开关值发送给 89C51 - B
WAIT2:  JBC     TI,LOOP              ;放松完毕否?
        JMP     WAIT2
UART2:  MOV     31H,A                ;P2 指拨开关存入新值
        SETB    TB8                  ;设 TB8 = 1
        MOV     SBUF, # 02H          ;发送 89C51 - C 的地址 02H
WAIT3:  JBC     TI,L3                ;发送是否完毕?
        JMP     WAIT3
L3:     CLR     TB8                  ;清楚 TB8 = 0
        MOV     SBUF,31H             ;把 P2 指拨开关值发送给 89C51 - C
WAIT4:  JBC     TI,LOOP              ;发送完毕否?
        JMP     WAIT4
UARTI:  PUSH    ACC                  ;压入堆栈
        PUSH    PSW
        JBC     RI,L5                ;是否为接收中断? RI = 1?
        JMP     RETURN
L5:     JB      SM2,L6               ;SM2 = 1接收地址,SM2 = 0接收数据
        MOV     A,SBUF               ;接收数据载入累加器
        MOV     33H,A                ;暂存入(33H)RAM
        MOV     A,32H                ;判断接收到 89C51 - B 或 89C51 - C 的数据?
        CJNE    A, # 01H,L8          ;接收到 89C51 - B 的数据?
        MOV     A,33H                ;是则输出至 P0 显示(低 4 位)
        MOV     P0,A
        SETB    SM2                  ;设 SM2 = 1,准备接收下一个地址
        MOV     32H, # 0FFH          ;清除地址(32H)RAM
        JMP     RETURN
L8:     CJNE    A, # 02H,RETURN      ;接收到 89C51 - C 的数据?
        MOV     A,33H                ;是则输出至 P0 显示(高 4 位)
        SWAP    A
        MOV     P0,A
        SETB    SM2                  ;设 SM2 = 1,准备接收下一个地址
        MOV     32H, # 0FFH
```

```
        JMP     RETURN
L6:     MOV     A,SBUF              ;是 89C51 - B 的地址?
        CJNE    A, # 01H,L7         ;是则此将 89C51 - B 的地址存入(32H)RAM
        MOV     32H,A
        CLR     SM2                 ;设 SM2 = 0,准备接收数据
        JMP     RETURN
L7:     CJNE    A, # 02H,RETURN     ;是 89C51 - C 的地址?
        MOV     32H,A               ;是则将此 89C51 - C 的地址存入(32H)RAM
        CLR     SM2                 ;设 SM2 = 0,准备接收数据
RENTURN:POP     PSW                 ;取回 PSW
        POP     ACC
        RET
        END
```

(4)89C51 - B 程序:A7 - 5 - 4 - 11A.ASM

```
        ORG     00H
        JMP     START
        ORG     23H                 ;UART 中断起始地址
        JMP     UARTI
START:  MOV     TMOD, # 00100000B   ;TIMER1 工作在 MODE2
        ANL     PCON, # 01111111B   ;SMOD = 0
        MOV     TH1, # 0F3H         ;波特率为 2400
        SETB    TR1                 ;启动 TIMER1
        MOV     SCON, # 11010000B   ;UART 工作在 MODE3
        MOV     IE, # 10010000B     ;UART 中断使能
        SETB    SM2                 ;设 SM2 = 1
        MOV     30H, # 0FFH         ;P1 指拨开关的初值
LOOP:   MOV     A,P1                ;读入 P1 指拨开关
        CJNE    A,30H,UART1         ;判断是否有变化?
        JMP     LOOP
UART1:  ORL     A, # 0F0H           ;有变化则取低 4 位
        MOV     30H,A               ;存入 P1 指拨开关的新值
        SETB    TB8                 ;设 TB8 = 1
        MOV     SBUF, # 01          ;发送本身地址(01H),给 89C51 - A
WAIT1:  JBC     TI,L1               ;发送完毕否?
        JMP     WAIT1
L1:     CLR     TB8                 ;是则清除 TB8 = 0
        MOV     SBUF,30H            ;将指拨开关的值,送给 89C51 - A
WAIT2:  JBC     TI,LOOP             ;发送完毕否?
        JMP     WAIT2
UARTI:  PUSH    ACC                 ;压入堆栈
```

```
          PUSH PSW
          JBC     RI,L5                ;是否为接收中断?
          JMP     RETURN
L5:       JB      SM2,L6               ;SM2 = 1接收地址,SM2 = 0接收数据
          MOV     A,SBUF               ;SM = 0,则接收数据并输出至 P2
          MOV     P2,A
          SETB    SM2                  ;SM2 = 1,准备接收下一个地址
          JMP     RETURN
L6:       MOV     A,SBUF               ;SM2 = 1,载入地址
          CJNE    A, # 01H,RETURN      ;是否(01H)地址?
          CLR     SM2                  ;是则清除 SM2 = 0,准备接收数据
RETURN:   POP     PSW
          POP     ACC
          RETI
          END
```

(5)89C51 – C 程序

```
          ORG     00H
          JMP     START
          ORG     23H                  ;UART 中断起始地址
          JMP     UARTI
START:    MOV     TMOD, # 00100000B    ;TIMER1 工作在 MODE2
          ANL     PCON, # 01111111B    ;SMOD = 0
          MOV     TH1, # 0F3H          ;波特率为 2400
          SETB    TR1                  ;启动 TIMER1
          MOV     SCON, # 11010000B    ;UART 工作在 MODE3
          MOV     IE, # 10010000B      ;UART 中断使能
          SETB    SM2                  ;设 SM2 = 1
          MOV     30H, # 0FFH          ;P1 指拨开关的初值
LOOP:     MOV     A,P1                 ;读入 P1 指拨开关
          CJNE    A,30H,UART1          ;判断是否有变化?
          MP      LOOP
UART1:    ORL     A, # 0FH             ;有变化则取低 4 位
          SWAP    A                    ;高低 4 位互换
          MOV     30H,A                ;存入 P1 指拨开关的新值
          S       ETB   TB6            ;设 TB8 = 1
          MOV     SBUF, # 02           ;发送本身地址(02H),给 89C51 – A
WAIT1:    JBC     TI,L1                ;发送是否完毕?
          JMP     WAIT1
L1:       CLR     TB8                  ;是则清除 TB8 = 0
          MOV     SUBF,30H             ;将指拨开关的值,送给 89C51 – A
```

```
WAIT2:   JBC    TI,LOOP              ;发送是否完毕?
         JMP    WAIT2
UARTI:   PUSH   ACC                  ;压入堆栈
         PUSH   PSW
         JBC    RI,L5                ;是否为接收中断?
         JMP    RETURN
L5:      JB     SM2,L6               ;SM2 = 1接收地址,SM2 = 0接收数据
         MOV    A,SBUF               ;SM = 0,则接收数据并输出至 P2
         MOV    P2,A
         SETB   SM2                  ;设 SM2 = 1,准备接收下一个地址
         JMP    RETURN
L6:      MOV    A,SBUF               ;SM2 = 1,载入地址
         CJNE   A,#02H,RETURN        ;是否(02H)地址?
         CLR    SM2                  ;是否清除 SM2 = 0,准备接收数据
RENTURN:POP     PSW
         POP    ACC
         RETI
         END
```

## 习题与思考题

7-1 简述8051单片机内部串行接口的4种工作方式。

7-2 串行数据传送的主要优点和用途是什么?

7-3 简述串行口接收和发送数据的过程。

7-4 串行口有几种帧格式,各种工作方式的波特率如何确定?

7-5 假定串行口串行发送的字符格式为1个起始位,8个数据位,1个奇校验位,1个停止位,请画出传送字符"A"的帧格式。

7-6 使用8031的串行口按工作方式3进行串行数据通信,假定波特率为1 200 B/s,第9数据位作奇偶校验位,以中断方式传送数据,请编写通信程序。

7-7 若晶体振荡器为11.059 2 MHz,串行口工作方式1,波特率为4 800 B/s,写出用T1作为波特率发生器的方式控制字和计数初值。

7-8 简述利用串行口进行多机通信的原理。

7-9 使用8031的串行口按工作方式1进行串行数据通信,假定波特率为2 400 B/s,以中断方式传送数据,请编写全双工通信程序。

# 第 8 章　MCS－51 单片机存储器扩展技术

MCS－51 系列单片机的特点之一是系统结构紧凑、硬件设计简单灵活，对于简单的应用场合，MCS－51 的最小系统(一片 8051 或一片 8751 或一片 8031 外接一片 EPROM)就能满足功能上的要求；对于复杂的应用场合，如需较大存储器容量和较多 I/O 接口的情况下，MCS－51 系列单片机有很强的扩展功能，可以直接外接标准的存储器电路和 I/O 接口电路，以构成功能很强、规模较大的系统。所谓系统扩展一般来说有如下两项主要任务：第一项是把系统所需的外设与单片机连起来，使单片机系统能与外界进行信息交换。如通过按键、A/D 转换器、开关等外部设备向单片机送入数据、命令等有关信息，去控制单片机运行，通过显示器、发光二极管、打印机、继电器等把单片机处理的结果送出去，向人们提供信息或对外界设备提供控制信号，这项任务实际上就是单片机接口设计。另一项是扩大单片机的容量。由于芯片结构、引脚等的关系，单片机内 ROM，RAM 等功能部件的数量不可能很多，在使用中有时会感到不够。因此需要在片外进行扩展，以满足实际系统的需要。本章重点讨论 8031 的存储器扩展方法，以及相应的程序设计。

## 8.1　程序存储器的扩展设计

MCS－51 应用系统通常为特定功能的专用计算机系统。在系统调试完后，其软件基本上定型，因此 MCS－51 的程序存储器通常由 ROM，EPROM，$E^2$PROM 电路构成。其特点是掉电以后，内部的程序信息不会丢失，因而提高了系统的可靠性。

### 8.1.1　访问外部程序存储器的时序

MCS－51 单片机扩展外部程序存储器的硬件电路如图 8.1 所示。

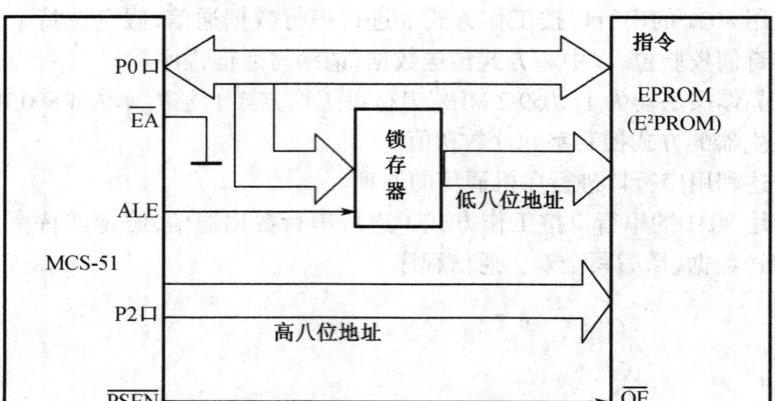


**图 8.1　MCS－51 单片机外部程序存储器扩展**

在 CPU 访问外部程序存储器时，P2 口输出地址的高 8 位(PCH)，P0 口分时输出地址的低 8 位(PCL)和送指令字节，其定时波形如图 8.2 所示。

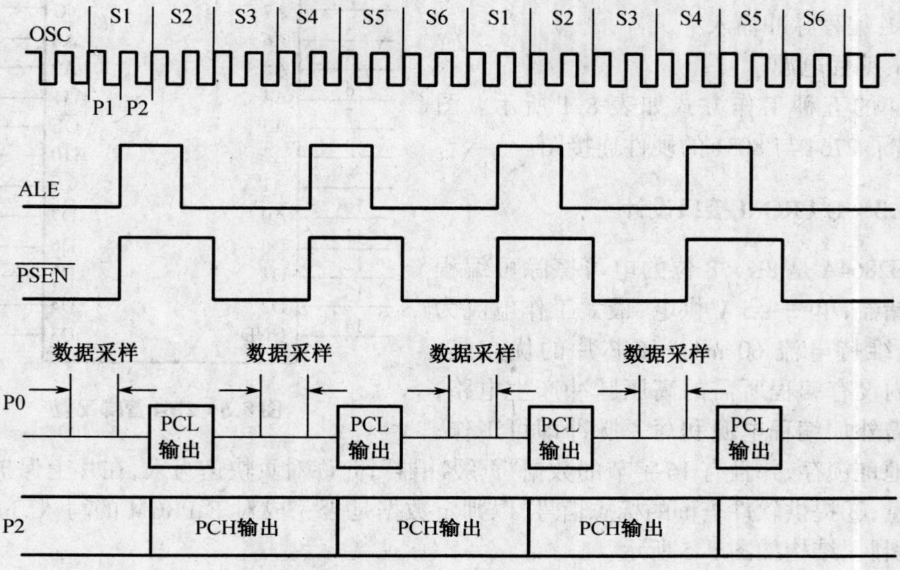


图 8.2 波形图

控制信号 ALE 上升为高电平后，P0 口输出地址的低 8 位(PCL)，P2 口输出地址的高 8 位(PCH)，由 ALE 的下降沿将 P0 口输出的低 8 位地址锁存到外部地址锁存器中。接着 P0 口由输出方式变为输入方式(即浮空状态)，等待从程序存储器读出指令，而 P2 口输出的高 8 位地址信息不变，紧接着程序存储器选通信号$\overline{PSEN}$变为低电平有效，由 P2 口和地址锁存器输出的地址对应单元指令字节传送到 P0 口上供 CPU 读取。从图 8.2 中还可以看到 MCS－51 的 CPU 在访问外部程序存储器的机器周期内，控制线 ALE 上出现两个正脉冲，程序存储器选通线$\overline{PSEN}$上出现两个负脉冲，说明在一个机器周期内 CPU 访问两次外部程序存储器。在选 EPROM 芯片时，除了考虑容量之外，还必须使 EPROM 的读取时间与主机的时钟匹配。

外部程序存储器可选用 EPROM 或 $E^2$PROM。下面分别介绍这两种形式的存储器与 MCS－51 系列芯片的连接。

### 8.1.2 EPROM 接口设计

紫外线擦除电可编程只读存储器 EPROM 可作为 MCS－51 系列芯片的外部程序存储器，其典型的产品有 2716(2K×8)，2732(4K×8)，2764(8K×8)，27128(16K×8)和 27256(32K×8)等。这些芯片上均有一个玻璃窗口，在紫外光下照射 5～20 分钟左右，存储器中的各位信息均变为**1**，此时，可以通过相应的编程器将工作程序固化到这些芯片中。

下面介绍 2764EPROM 存储器。2764 是一种 8K×8 位的紫外线擦除电可编程只读存储器，单一＋5 V 供电，工作电流为 100 mA，维持电流为 50 mA，读出时间最长为 250 ns。

2764 为 28 脚双列直插式封装，其管脚配置如图 8.3 所示。

A0～A12：地址线

D0 ~ D7:数据输出线

$\overline{CE}$:片选线

$\overline{OE}$:数据输出选通线

$\overline{PGM}$:编程脉冲输入

Vpp:编程电源

2764 的五种工作方式如表 8.1 所示。图 8.4 给出了 2764 与 8031 的硬件连接图。

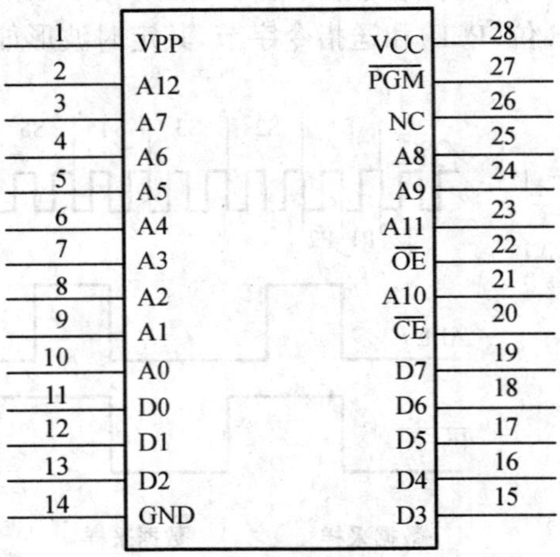


图 8.3 2764 管脚配置

### 8.1.3 $E^2$PROM 接口设计

Intel2864A 是 8K×8 位的电可擦除可编程只读存储器,单一 +5 V 供电,最大工作电流为 140 mA,维持电流 60 mA。该芯片的优点是:①其片内设有编程所需的高压脉冲产生电路,因而无需外加编程电源和写入脉冲即可工作;②内部地址锁存,并且有 16 字节的数据"页缓冲器",允许对页快速写入,在片上保护和锁存数据信息;③提供软件查询的标志信号,以判定数据是否完成对 $E^2$PROM 的写入,Intel2864A 芯片的引脚、结构如图 8.5 所示。

表 8.1 2764 工作方式选择

| 方 式 | 引 脚 | | | | | |
|---|---|---|---|---|---|---|
| | $\overline{CE}$ (20 脚) | $\overline{OE}$ (22 脚) | $\overline{PGM}$ (22 脚) | Vpp (1 脚) | Vcc (28 脚) | 输出 (11 ~ 13 脚), (15 ~ 19 脚) |
| 读 | $V_{IL}$ | $V_{IL}$ | $V_{IH}$ | Vcc | Vcc | $D_{OUT}$ |
| 维 持 | $V_{IH}$ | 任意 | 任意 | Vcc | Vcc | 高阻 |
| 编 程 | $V_{IL}$ | $V_{IL}$ | $V_{IL}$ | Vpp* | Vcc | $V_{IN}$ |
| 编程检验 | $V_{IL}$ | $V_{IL}$ | $V_{IH}$ | Vpp* | Vcc | $D_{OUT}$ |
| 编程禁止 | $V_{IH}$ | 任意 | 任意 | Vpp* | Vcc | 高阻 |

A0 ~ A12:地址线

D0 ~ D7:数据线

$\overline{CE}$:片选线

$\overline{OE}$:输出使能端

$\overline{WE}$:写使能端

1.2864A 的工作方式

2864A 有五种工作方式,如表 8.2 所示。

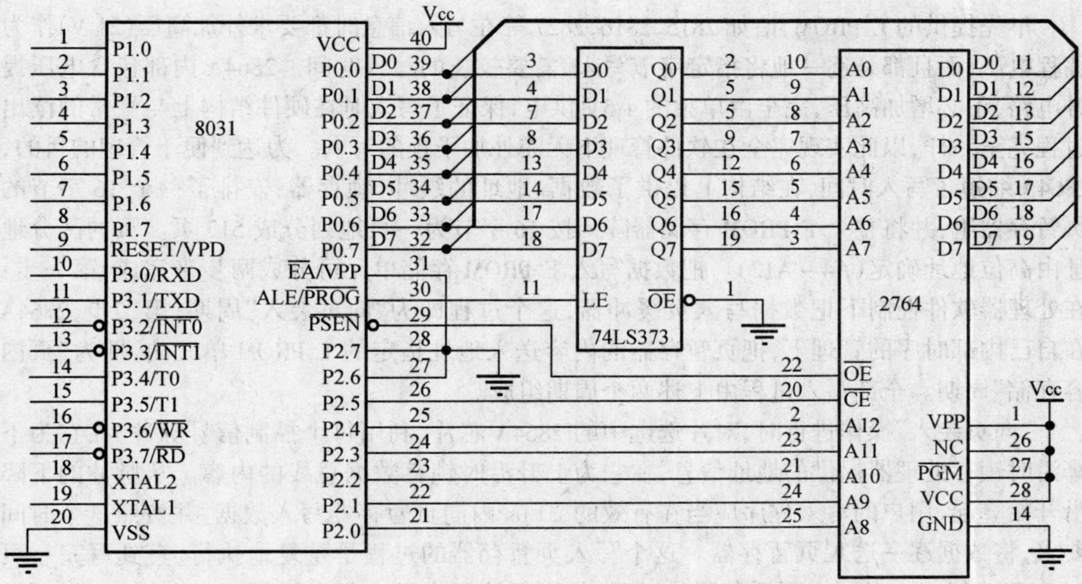


图 8.4 扩展 2764EPROM

表 8.2 2864A 工作方式选择

| 方 式 | 控 | 制 | 脚 | |
|---|---|---|---|---|
| | $\overline{CE}$ | $\overline{OE}$ | $\overline{WE}$ | I/O0~I/O7 |
| 读 出 | L | L | H | 输出信息 |
| 写 入 | L | H | L | 数据写入 |
| 禁止写、不工作 | H | X | X | 高阻 |
| 禁 止 写 | X | L | X | — |
| 禁 止 写 | X | X | H | — |

(1)读出方式

2864A 的读出类似于 EPROM 和 SRAM(静态 RAM)的读出操作。2864A 采用两线控制方式,为了能从数据总线上获得 2864A 的数据输出,必须同时满足 $\overline{OE}$为低电平和$\overline{CE}$为低电平。当 2864A 在系统中占用的地址空间被确定后,在系统硬件结构上应确保地址译码线$\overline{CE}$为低电平,当芯片被选中后,由输出使能端$\overline{OE}$来控制。

$\overline{OE}$端一般与系统中处理机给出的$\overline{RD}$脚相连接。这样当执行指向该芯片的读指令时,即可将所指定单元内容送到数据总线上。

2864A 芯片内容在正确使用下可以允许无限次地读出。读出延时时间在 200 ns~350 ns 范围内就可以满足一般处理机的时序要求。

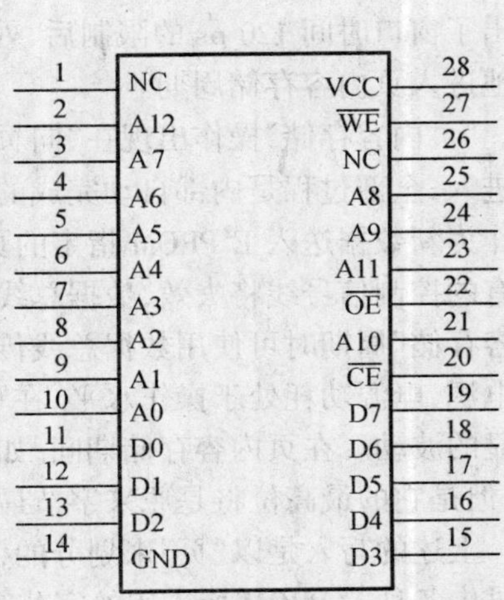


图 8.5 2864A 管脚分配图

(2)写入方式

早先提供的$E^2PROM$,诸如2815,2816,2827等在写入信息时都要求外加高压(21 V)作为编程电压,而且都是逐一地将指定字节写入,需要较长的写入时间。2864A内部包含电压提升电路,不必增加高压,完全由单独的+5V供电,保证了写入时在硬件结构上与平常的读出过程完全一样,以此实现完全在软件管理下无需外加干预的写入。为达到便于管理的目的,2864A缩短了写入时间,在结构上提供了数据、地址的缓冲、锁存器;安排了一个16字节的页暂存器组,并将整个$E^2PROM$存储器阵列按16字节为一页地划分成512页。页的区分地址由高位地址确定(A4~A12)。把数据写入$E^2PROM$存储单元可分成两步来完成:第一步:在处理器软件控制下把数据写入页缓冲器,这个过程即为"向页装入"周期;第二步,2864A在自己内部时序的管理下,把页暂存器的内容送入地址指定的$E^2PROM$单元内,即为"页内容存储"周期。全部写入过程由上述两个周期组成。

"向页装入"操作进行时,对片选选中的2864A芯片,利用每个控制信号脉冲,在它为下降沿时锁存处理器提供的地址信息,在它为上升沿时锁存数据总线的内容。从脉冲的下降沿开始算起,用户的写入程序应当在有效的20 μs内向页暂存器写入数据,并按照这个时间要求,将数据逐一送入页暂存器。这个写入页暂存器的过程是重复地执行,直到写完一页16字节才停止。对写入页暂存器的过程,相当于给用户写入程序提供了一个打开20 μs宽度的窗口时间,写入程序应当保证在这个窗口时间的允许宽度内将一个字节写入。由于内部$E^2PROM$按"页"安排,在对页暂存器的每一个完全的装入过程中,地址的高8位(A4~A12)必须保持不变,以保证在本次的页装入过程是对同一页装入。

这个内部规定的20 μs时序,被定义为完成一个字节数据的写入操作的上限时间(TBLW)。当要求将连续8个数据送入某一页时,从开始写入,它内部时序就将连续地启动,并用上述的窗口时间来判断是否已有数据写入页暂存器。用户写入程序时,应当按这一特性来操作2864A,将指定的数据块向某一页传送时,送入第一字节后,应当保证连续送入的下一字节在不超过20 μs的时间窗口内向页写入。这就是"向页装入"的关键要求。如果对页暂存器某一单元中写入多于一个字节时,而这些多写的内容在同一次的页装入过程中出现,那么最后写入的数据才被作为有效数据处理,先前的不保留。在2864A内部定时器判定超出了窗口时间120 μs的限制后,处理器仍未写入下一数据时,2864A将完成本次页装入自动地进入页内容存储周期。

"页内容存储"操作出现在"向页装入"周期完成后,即20 μs的窗口定时时间超出后自动进入,全部过程是内部自动完成的。它首先将选中的页的内容抹去,然后将页暂存器的内容作为新数据送入$E^2PROM$指定的页中。在"页内容存储"操作进行时,该片2864A所用的所有的控制信号线将失效,数据总线接口处于高阻态。这样,处理器能够在2864A进入"页内容存储"周期时可使用数据总线传送其他信息。在页内容存储期间并不要求有额外的高压电源,电源功耗处于操作水平,在写入周期内电源应当保持在特性要求的范围内,不应有明显的波动。在页内容存储期间,如对该2864A执行读出操作可这时读出是最后写入的字节,但是它的最高位将是原来字节最高位的反码。

上述的写入是以"页"来划分的,但2814A也可以独立地将任一字节写入$E^2PROM$,这就是早先各种$E^2PROM$所采用的字节写入方式。其实按字节写入操作可以仅将一字节写入到页暂存器内,然后进入页内容存储周期。其内部仍是按"页"操作,但有效的新数据仅有一字节。其他15字节内容处于无效的重复操作。

2864A 每字节重复写入寿命大于10 000次，如果每天写 10 次时，起码能正常工作三年。

(3)未选中方式

类似地一般 EPROM，2864A 也提供同样的未选中方式。进入这种方式时，所需的功耗大大降低，从正常工作的 700 mV 降低到 300 mV。当 2864A 的片选端$\overline{CE}$未被选中(处于 TTL 的逻辑高电平)，这时 2864A 的数据总线接口处于高阻状态，并与允许输出端($\overline{OE}$)的给定状态无关。

(4)禁止写方式

最后的两种工作方式均属禁止写方式，这时不会出现写入操作。控制信号中只要出现$\overline{OE}$端输入低电平，或$\overline{WE}$端输入高电平都必然禁止写入操作。

2.编程的考虑因素

2864A 接入系统中，加电后的工作状态总是处于上述五种工作方式中的某一种。对它的管理关键是写入管理。按上述讨论，对 2864A 的写入程序必须考虑到它工作的特点，对它的写入过程中"向页装入"及"页内容存储"的两个周期的详细时序要求必须仔细分析，所设计的系统结构及软件必须与之相匹配，满足 2864A 的时序要求才能实现正确的操作。

2864A 由它的内部时序给出范围 $3\ \mu s < t_{BLW} < 20\ \mu s$ 的字节装入页暂存器的窗口时间。它包括了时序图所示的$\overline{WE}$信号出现的整个周期时间，即$\overline{WE}$为低电平时的 $t_{WPL}$ 与高电平 $t_{WPH}$ 的时间总和。当这一周期时间在 3 μs 和 20 μs 范围内时，字节装入时间符合窗口时间要求，能在内部时序控制下自动进入下一个窗口时间。

从外部 RAM 把一页数据送入 2864A 的页暂存器的功能可以通过编写一段"向页装入"子程序来实现。在子程序中装入一字节的执行时间应当在窗口时间的允许范围内。例如，具有 12 MHz 的 8051 系统，当外部数据存储器向外部数据存储器传送时(2864A 占用了外部数据存储空间地址)，一般仅需 8 条指令，其中一机器周期的 3 条，二机器周期的 5 条，所以总共要求传送一字节的时间为：XFFR RATE = $t_{BLW} = (5\times2+3\times1)\times1(\mu s) = 13\mu s$/byte。它在 13 个机器周期内完成一次传送，符合 2864A 的时序要求。假如数据在 8051 的两组不同空间中传送，如从程序存储空间向数据存储空间传送时，由于指针的保存(DPTR)，往往要求必须执行 13 条指令才能完成一字节的传送，这些指令均要求二机器周期时，数据传送率将为：

$$\text{XFFR RATE} = t_{BLW} = 13\times2\times1/12\ \text{MHz} = 26\ \mu s/\text{byte}$$

由于它大于 20 μs，2864A 在写入命令出现后的 20 μs 将自动进入"页内容存储"周期。这时它将不再响应外部对它写入的新数据，外加控制信号无效。所以尽管程序的执行过程中完成了向 2864A 写入 16 字节的操作，但实际上仅对 2864A 正确地写入了第一字节。因为第二字节写入时，已超出了窗口时间，无法写入。为此，上述的写入过程可以分成两步：先将原数据送入 8051 的内部数据存储器，然后再从内部数据存储器按小于 20 μs 一字节的速率向页暂存器传送。内部数据存储器向外部数据存储器的传送过程，用 8051 的指令仅需 5 条指令，8 μs 就足够了。

写入程序还应当满足 2864A 将页内容存入 $E^2$PROM 阵列的时间要求，在这段时间内 2864A 不接受新数据送入页暂存器内。为保证每一数据的正确送入，在写入程序中可用软件查询方法来获得最快速的写入操作。这种操作是基于 2864A 进入"页内容存储"阶段时，如果执行一条读出指令，在数据总线上的最高位(D7)将会读到最后送入页暂存器字节最高位的反码。这个反码一直保留到存储周期的完成为止。所以在写入程序时可以通过不断查询数据最高位状态来判明"页内容存储"是否已经完成。这样可以优化写入特性。

以 8051 为例，在完成向页暂存器写入后，处理器将不断地把最后写入地址的数据与读出的内容相比较，当它们的最高位不同时，将重复检测，直到结果一致，表示写入周期完成，才进入下一写入周期。程序中设原数据存放在外部数据存储器中,首地址存入 DPTR 中,2864A 地址也在外部数据存储器,由 R0 间址寻址。

```
DAGELOAD: MOV    Rn, #10H        ;计数
          MOV    DPTR,2000H      ;源地址指针
          MOV    R0,DL           ;目的低位地址
          MOV    P2,DH           ;目的高位地址
STAT:     MOVX   A,@DPTR         ;取数据
          MOV    40H,A           ;暂存 40H 单元
          MOVX   @R0,A           ;写入 2864A
          INC    DPTR            ;指针加 1
          INC    R0
          CJNE   R0,#00H,L1      ;判低位地址
          INC    P2              ;高位地址加 1
L1:       DJNZ   Rn,STAT         ;计数,判满否?
L2:       MOVX   A,@R0           ;读 2864A
          XRL    A,40H           ;与原写入数据异或
          JB     ACC.7,L2        ;不等时重测
          RET                    ;存入 E²PROM 结束
```

上述写入程序中“向页装入”的循环部分使用 13 个机器周期,使用 12 MHz 时满足窗口时间的要求。在等待内容存储周期完成部分应用了上述查询读出的最高位与写入状态是否一致的原理。在完成后,最多延长 10 μs 即可转到下一处理过程。

3.2864A 与 8031 的连接

2864A 与 8031 的硬件连接如图 8.6 所示。图中,采用了将外部数据存储器空间和程序

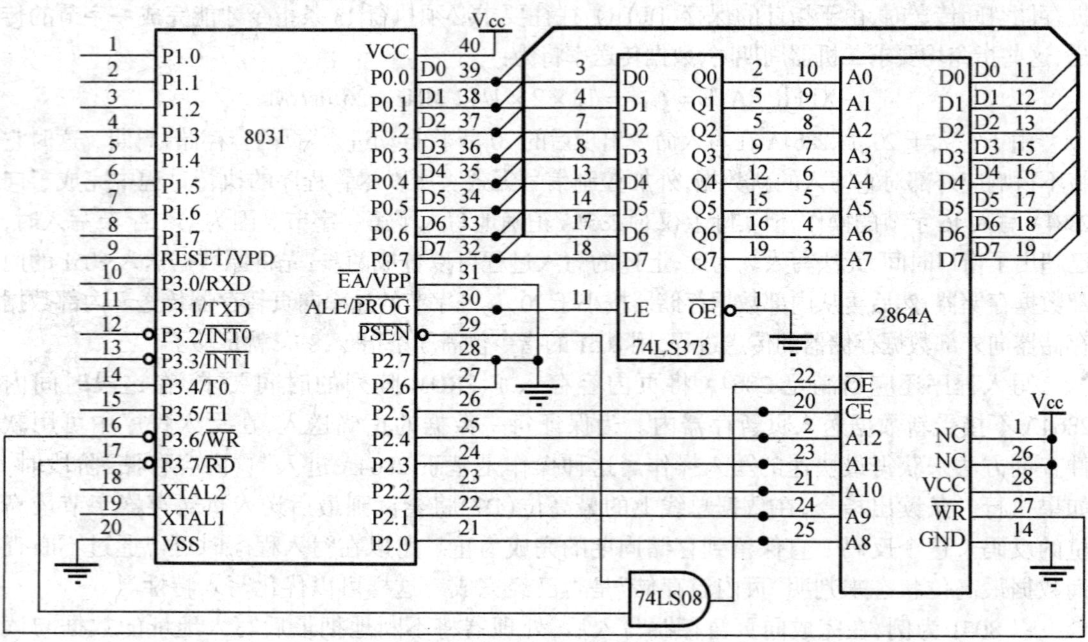


图 8.6 扩展 2864AE²PROM

存储器空间合并的方法，即将$\overline{PSEN}$信号与$\overline{RD}$信号相或，其输出作为单一的公共存储器读选通信号。这样，8031 即可对 2864A 进行读/写操作了。此外，为了简单起见，图中 2864A 的片选信号端$\overline{CE}$直接接地，在实际应用中应通过 74LS138 译码器输出片选信号。

## 8.2 数据存储器的扩展设计

MCS－51 芯片内部具有 128 个字节的 RAM 存储器，它们可以作为工作寄存器、堆栈、软件标志和数据缓冲器。CPU 对其内容 RAM 有丰富的操作指令，因此这个 RAM 是十分珍贵的资源，我们应合理充分地使用片内 RAM 存储器，发挥它的作用。在诸如数据采集处理的应用系统中，仅仅片内的 RAM 存储器往往是不够的，在这种情况下可利用 MCS－51 系列的三个产品扩展外部 RAM 存储器的方法是相同的，本节我们以 8031 为例讨论外部数据存储器的扩展方法。

### 8.2.1 MCS－51 访问外部 RAM 的时序

图 8.7 给出了单片机扩展 RAM 的电路结构。图中 P0 口为分时传送的 RAM 低 8 位地址/数据线，P2 口的高 8 位地址线用于对 RAM 进行页寻址。在外部 RAM 读/写周期，CPU 产生$\overline{RD}$/$\overline{WR}$信号。

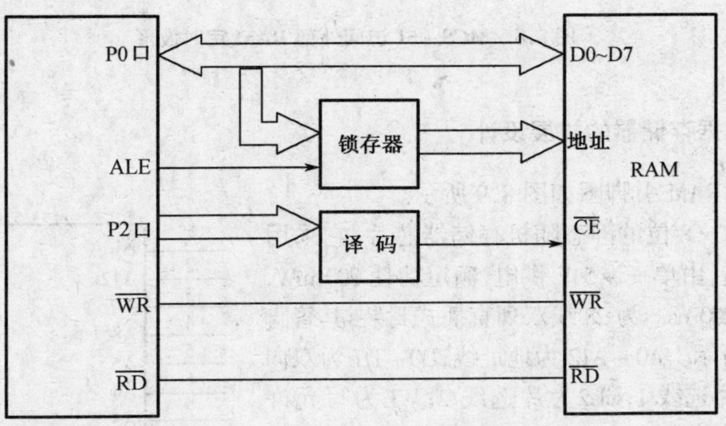


图 8.7 MCS－51 单片机外部数据存储器扩展

MCS－51 单片机与外部 RAM 单元之间数据传送的时序如图 8.8 所示。

在图 8.8(a)的外部数据存储器读周期中，P2 口输出外部 RAM 单元的高 8 位地址（页面地址），P0 口分时传送低 8 位地址及数据。当地址锁存允许信号 ALE 为高电平时，P0 口输出的地址信息有效，ALE 的下降沿将此地址打入外部地址锁存器，接着 P0 口变为输入方式，读信号$\overline{RD}$有效，选通外部 RAM，相应存储单元的内容出现在 P0 口上，由 CPU 读入累加器。

外部数据存储器写周期波形如图 8.8(b)所示，其操作过程与读周期类似。写操作时，在 ALE 下降为低电平以后，$\overline{WR}$信号才有效，P0 口上出现的数据写入相应的 RAM 单元。常用的数据存储器有静态 RAM 和动态 RAM 两种，由于静态 RAM 无需考虑刷新问题，所以接口常用简单的。下面就以静态 RAM 为例详细说明。

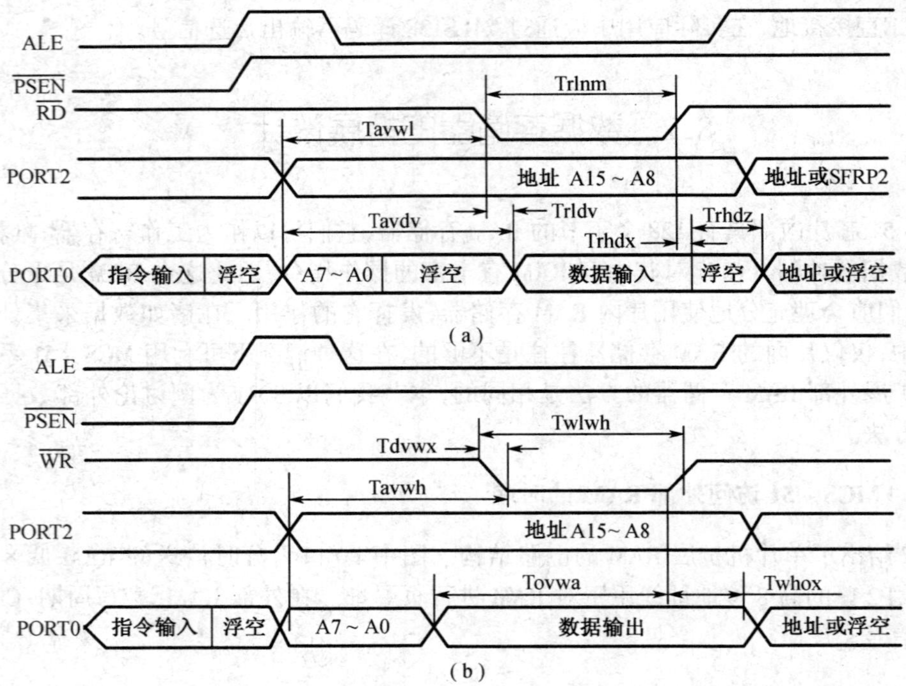


图 8.8 MCS-51 访问外部 RAM 定时波形

### 8.2.2 数据存储器的扩展设计

6264 静态 RAM 引脚图如图 8.9 所示。

6264 是 8K×8 位的静态随机存储器芯片，它采用 CMOS 工艺制造，由单一 +5 V 供电，额定功耗 200 mW，典型存取时间 200 ns。为 28 线双列直插式封装，其管脚配置如图 8.9 所示。A0 ~ A12 为地址线；D0 ~ D7 为双向数据线；$\overline{CE1}$为片选线 1；CE2为片选线 2；WE为写允许线；OE为读允许线；NC 为空脚。6264 真值表如表 8.3 所示。

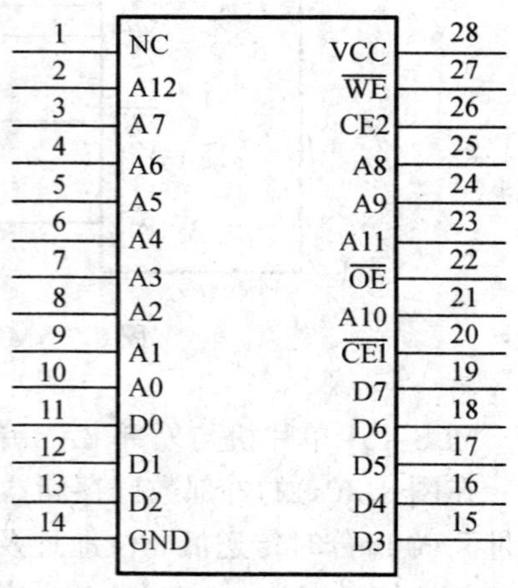


图 8.9 6264 引脚图

由表 8.3 可知，当片选 2(CE2)为低电平时，6264 芯片处于未选中状态，在一般情况下需将此引脚拉至高电平。当把该引脚拉至小于或等于 0.2 V 时，RAM 就进入数据保持状态。片选 1($\overline{CE1}$)为高电平时芯片未选中，为低电平时芯片被选中。从逻辑上看符合 74LS138 要求，所以一般将$\overline{CE1}$作为片选信号，接于译码器，CE2在不需保持状态时必须接高电平，图 8.10 给出了 8031 与 6264 的硬件连接图。

表 8.3　6264 真值表

| $\overline{WE}$ | $\overline{CE1}$ | CE2 | OE | 方式 | D0 ~ D7 |
|---|---|---|---|---|---|
| X | H | X | X | 未选中(掉电) | 高阻 |
| X | X | L | X | 未选中(掉电) | 高阻 |
| H | L | H | H | 输出禁止 | 高阻 |
| H | L | H | L | 读 | $D_{OUT}$ |
| L | L | H | H | 写 | $D_{IN}$ |
| L | L | H | L | 写 | $D_{IN}$ |

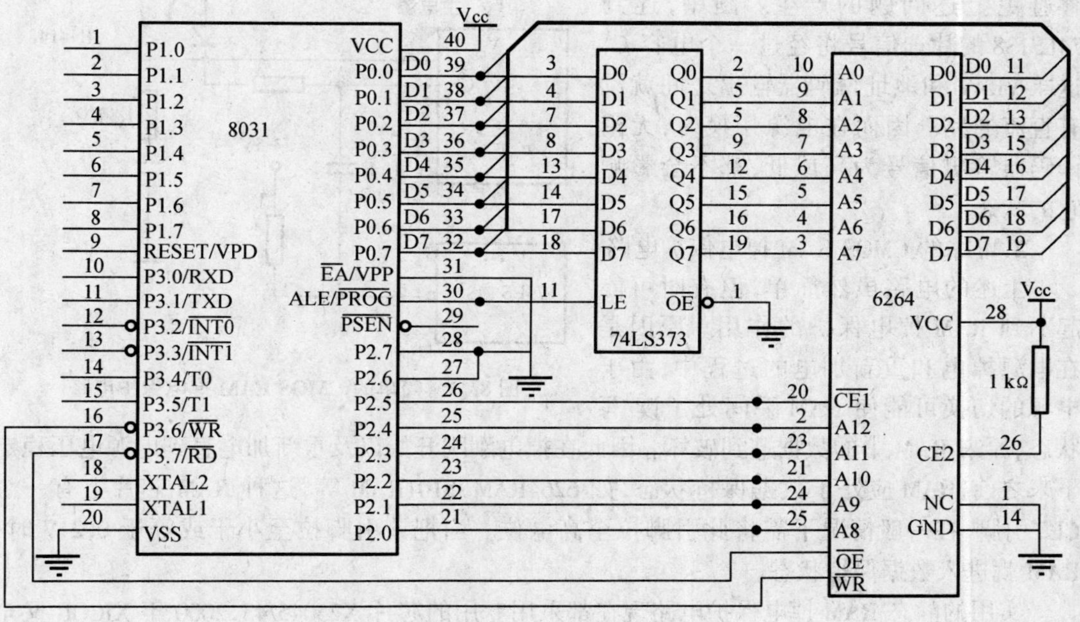


图 8.10　6264 扩展图

由于数据存储器的地址空间和程序存储器占有的地址空间是相同的,所以在某些应用中要执行的程序的地址与存放数据的地址相同。在 8051 中可以用$\overline{PSEN}$信号和$\overline{RD}$信号相或,使外部程序存储器与外部数据存储器的存储空间重叠而又能分别访问。

### 8.2.3　RAM 的掉电保护

单片机在某些测量、控制等领域的应用中,常要求单片机内部和外部 RAM 中的数据在电源掉电时不丢失,重新加电时 RAM 中的数据能够保存完好。这就要求对单片机系统接掉电保护电路。

掉电保护通常可采用以下两种方法:其一,加装不间断的电源,让整个系统在掉电时继续工作;其二,采用备份电源,掉电后保护系统中全部或部分数据存储单元的内容。由于第一种方法使系统体积大、成本高,对单片机系统来说不宜采用。第二种方法是根据实际需要,在掉电时保存一些必要的数据,使单片机在电源电压恢复后能够继续执行程序,因而经济实用。

在具有掉电保护功能的单片机系统中,一般采用 CHMOS 单片机和 CMOSRAM 单片机。这里仅讨论两种常用的 CMOS RAM 掉电保护电路。

1.简单的 CMOS RAM 掉电保护电路

我们知道,当 CMOS RAM 从正常电源($V_{cc}=5$ V)切换到备份电源($V_{BAT}$)时,为了防止丢失 RAM 中的数据,必须保证整个切换过程中 CS 引脚的信号一直保持接近 Vcc。通常,都是采用在 RAM 的$\overline{CS}$和 Vcc 引脚之间接一个电阻来实现 CMOS RAM 的电源切换,然而如果在掉电时译码器的输出出现低电平,就可能出现问题。

图 8.11 提供了一简单的电路,它能够避免上述问题的产生。图中,连到 74LS138 的片选信号将经过一个电容 C,这样 VBAT 和地址译码器输出之间就没有直流通路。因而在电源切换时,无论译码器输出信号为高或低,都不会影响它的状态。

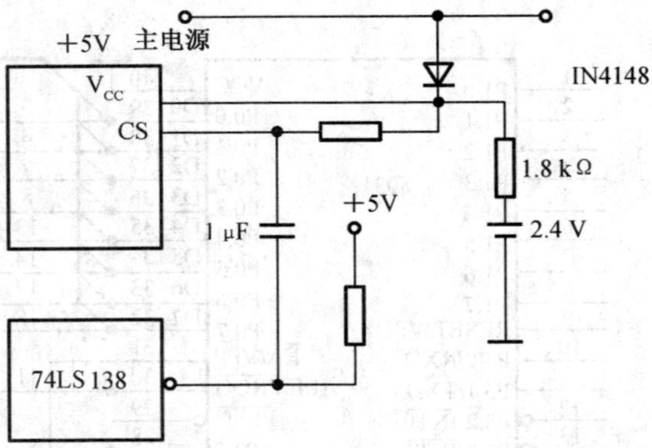

图 8.11 简单的 CMOS RAM 掉电保护电路

2.可靠的 CMOS RAM 掉电保护电路

上述的电路虽然简单,但有时可能起不到 RAM 掉电保护的作用。原因是在电源掉电和重新加电的过程中,由于电源的切换可能使 RAM 瞬间处于读/写状态,原来 RAM 中的数据遭到破坏。因此在掉电刚刚开始以及重新加电直到电源电压稳定下来之前,RAM 应处于数据保持状态,如 6264RAM,5101RAM 等,这种 RAM 芯片上有一个 CE2 引脚,在一般情况下需将此引脚拉至高电位。当把该引脚拉至小于或等于 0.2 V 时,RAM 就进入数据保持状态。

实用的静态 RAM 掉电保护电路现在都采用专用的芯片 X25045/43,2000 年 XICOR 又全面升级所有电源管理芯片,新面世的 X5045/43 在原 X25045/43 的基础上增加了多种复位门限,并且在一定范围内可通过编程设定。与此同时,又推出 $I^2C$ 总线的 X4045/43,所有 X4043/54,X5043/45 系列根据功能和存储容量不同还有多种型号,自带可编程的看门狗定时器,低 Vcc 检测和复位。五种标准复位门限电压直至 $V_{cc}=1$ V 复位信号有效。

### 8.2.4 串行($I^2C$ 总线)数据存储器的扩展设计

1.概述

$I^2C$(Inter - IC)总线是英文或 IC TO IC BUS 的简称,十多年前由 Philips 公司推出,是近年来在微电子通信控制领域广泛采用的一种新型总线标准。它是同步通信的一种特殊形式,具有接口线少,控制方式简单,器件封装形式小,通信速率较高等优点。在主从通信中,可以有多个 $I^2C$ 总线器件同时接到 $I^2C$ 总线上,所有 $I^2C$ 兼容的器件都有标准的接口,通过地址来识别通信对象,使它们可以经由 $I^2C$ 总线互相直接通信。此总线设计对系统设计及仪器制造都有利,因为可增加硬件的效率及简化电路,同时可提高仪器设备的可靠性,以及解决很多在设计数字控制电路上所遇到的接口问题。

$I^2C$ 总线是由数据线 SDA 和时钟 SCL 构成的串行总线,可发送和接收数据。在 CPU 与被控 IC 之间、IC 与 IC 之间进行双向传送，最高传送速率为 400 Kb/s。各种被控制电路均并联在这条总线上，就像电话机一样只有拨通各自的号码才能工作，所以每个电路和模块都有唯一的地址。在信息的传输过程中，$I^2C$ 总线上并接的每一模块电路既可以是主控器(或被控器)，又可以是发送器(或接收器)，这取决于它所要完成的功能。CPU 发出的控制信号分为地址码和数据码两部分：地址码用来选址，即接通需要控制的电路，确定总线通信的器件；数据码是通信的内容。这样，各控制电路虽然挂在同一条总线上，却彼此独立，互不干扰。

$I^2C$ 总线始终和先进技术保持同步，但仍然保持其向下兼容性。并且最近还增加了高速模式，其速度可达 3.4 Mbits/s。它使得 $I^2C$ 总线能够支持现有以及将来的高速串行传输应用，例如 EEPROM 和 Flash 存储器。

随着 $I^2C$ 总线技术的推出，Philips 及其他一些电子、电气厂家相继推出了许多带 $I^2C$ 接口的器件。除大量用于视频、音像、通信领域的器件外，有一批 $I^2C$ 接口的通用器件可广泛用于单片机应用系统之中，如 RAM，$E^2PROM$，I/O 接口，LED/LCD 驱动控制，A/D，D/A 以及日历时钟等。表 8.4 给出了常用的通用 $I^2C$ 接口器件的种类、型号及寻址字节等。

**表 8.4　常用 $I^2C$ 接口通用器件的种类、型号及寻址字节**

| 种类 | 型号 | 器件地址及寻址字节 | 备　注 |
|---|---|---|---|
| 256×8/128×8 静态 RAM | PCF8570/71 | **1010**　A2 A1 A0 R/W | 三位数字引脚地址 A2 A1 A0 |
| 256×8 静态 RAM | PCF8570C | **1011**　A2 A1 A0 R/W | 三位数字引脚地址 A2 A1 A0 |
| 256B $E^2PROM$ | PCF8582 | **1010**　A2 A1 A0 R/W | 三位数字引脚地址 A2 A1 A0 |
| 256B $E^2PROM$ | AT24C02 | **1010**　A2 A1 A0 R/W | 三位数字引脚地址 A2 A1 A0 |
| 512B $E^2PROM$ | AT24C04 | **1010**　A2 A1 P0 R/W | 二位数字引脚地址 A2 A1 A0 |
| 1024B $E^2PROM$ | AT24C08 | **1010**　A2 P1 P0 R/W | 一位数字引脚地址 A1 |
| 2048B $E^2PROM$ | AT24C16 | **1010**　P2 P1 P0 R/W | 无引脚地址，A2 A1 A0 悬空处理 |
| 8 位 I/O 口 | PCF8574 | **0100**　A2 A1 A0 R/W | 三位数字引脚地址 A2 A1 A0 |
| | PCF8574A | **0111**　A2 A1 A0 R/W | 三位数字引脚地址 A2 A1 A0 |
| 4 位 LED 驱动控制器 | SAA1064 | **0111**　0 A1 A0 R/W | 二位模拟引脚地址 A1 A0 |
| 160 段 LCD 驱动控制器 | PCF8576 | **0111**　0 0 A0 R/W | 一位数字引脚地址 A0 |
| 点阵式 LCD 驱动控制器 | PCF8578/79 | **0111**　1 0 A0 R/W | 一位数字引脚地址 A0 |
| 4 通道 8 位 A/D、1 路 D/A 转换器 | PCF8591 | **1001**　A2 A1 A0 R/W | 三位数字引脚地址 A2 A1 A0 |
| 日历时钟(内含 256×8RAM) | PCF8583 | **1010**　0 0 A0 R/W | 一位数字引脚地址 A0 |

在 $I^2C$ 总线器件中 $E^2PRIM$ 拥有最多类型的厂家系列，除了 Philips 早期推出的 PCF88582 外，NS 公司的 NM24C02L/C04L，NM24C03L/C05L 和 ATMEL 公司的 AT24C02/04/08/16 都是优异的带 $I^2C$ 接口的 $E^2PROM$ 器件，且结构、工作原理相似。本节重点介绍 AT24C 系列。

2. $I^2C$ 总线的数据传输

在传输数据开始前，主控器件应发送起始位，通知从接收器件作好接收准备；在传输数据结束时，主控器件应发送停止位，通知从接收器件停止接收。这两种信号是启动和关闭

$I^2C$ 器件的信号。以下分别为所需的起始位及停止位的时序条件(如图 8.12 所示)。

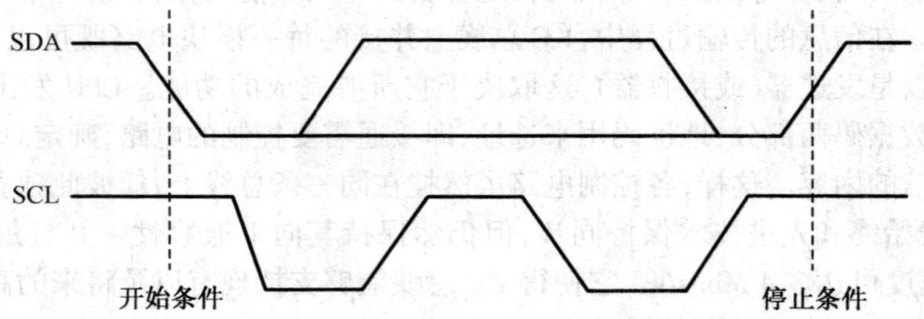


**图 8.12 开始和停止条件**

起始位时序:当 SCL 线在高位时,SDA 线由高转换至低。

停止位时序:当 SCL 线在高位时,SDA 线由低转换至高。

开始和停止条件由主控器产生。使用硬件接口可以很容易地检测开始和停止条件,没有这种接口的单片机必须以每时钟周期至少两次的频率对 SDA 取样,以便检测这种变化。

SDA 线上的数据在时钟高位时必须稳定;数据线上高低状态只有当 SCL 线的时钟信号为低电平时才可变换,如图 8.13 所示。输出到 SDA 线上的每个字节必须是 8 位,每次传输的字节不受限制,每个字节必须有一个确认位(又称应答位 ACK)。如果一接收器件在完成其他功能(如一内部中断)前不能接收另一数据的完整字节,它会保持时钟线 SCL 为低,以促使发送器进入等待状态,当接收器件准备好接收数据的其他字节并释放时钟 SCL 后,数据传输继续进行。

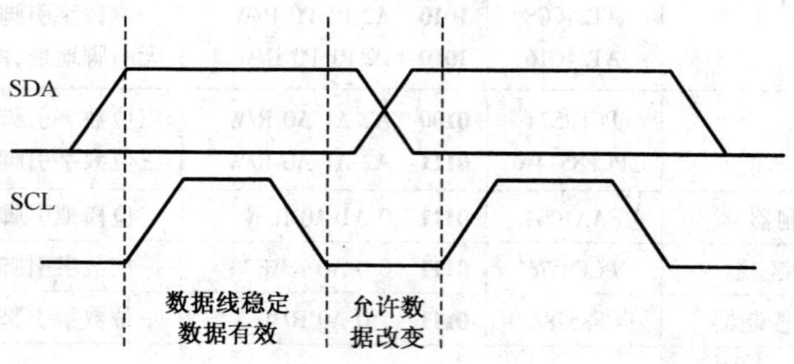


**图 8.13 $I^2C$ 总线中的有效数据位**

数据传送必须有确认位。与确认位对应的时钟脉冲由主控器产生,发送器在应答期间必须下拉 SDA 线,如图 8.14 所示。

当不能确认寻址的被控器件时,数据线保持为高,接着主控器产生停止条件终止传输。在传输结束时,主控接收器必须发出一个数据结束信号给被控发送器,被控发送器必须释放数据线,以允许主控器产生停止条件。合法的数据传输格式如下:

| 起始位 | 被控接收器地址 | R/W | 确认位 | 数据 | 确认位 | … | 停止位 |
|---|---|---|---|---|---|---|---|

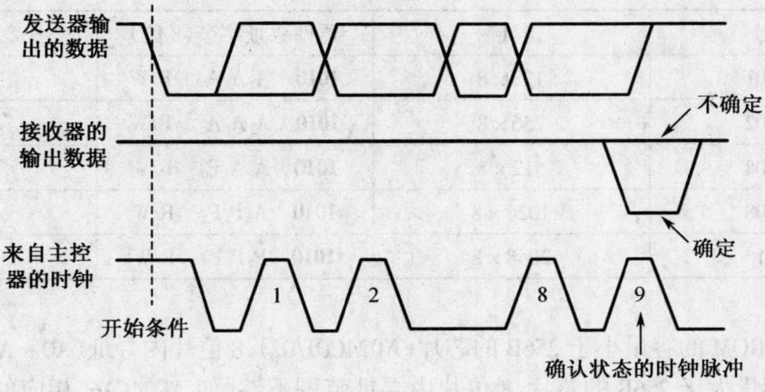


图 8.14 $I^2C$ 总线的确认位

$I^2C$ 总线在起始位(开始条件)后的首字节决定哪个被控器将被主控器选择，例外的是"通用访问"地址，它可以寻址所有器件。当主控器输出一地址时，系统中的每一器件都将起始位后的前七位地址和自己的地址进行比较：如果相同，该器件认为自己被主控器寻址。该器件是作为被控接收器还是被控发送器则取决于第 8 位(R/W 位)。它是一个数据方向位(读/写)——**0**代表发送(写入)，**1**代表需求数据(读入)，数据传送通常以主控器所发出的停止位(停止条件)而终结，时序关系如图 8.15 所示。

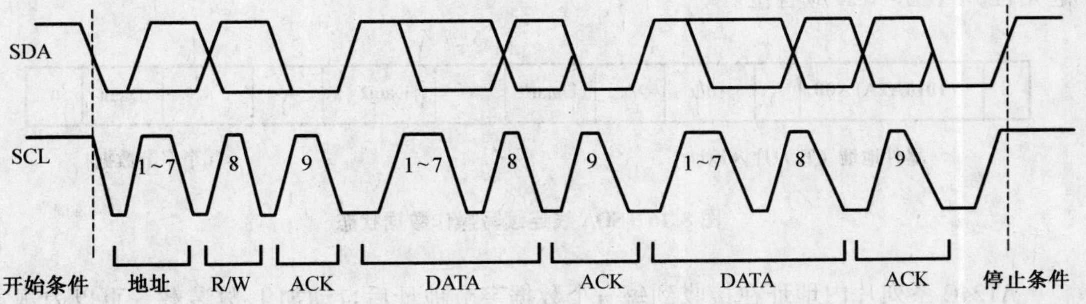


图 8.15 时序图

3. 24C 系列串行 $E^2PROM$ 的应用

(1)AT24C 系列串行 $E^2PROM$ 简介

AT24C 系列串行 $E^2PROM$ 具有 $I^2C$ 总线接口功能，功耗小，电源电压宽(根据不同型号 2.5 ~ 6.0 V)，工作电流约为 3 mA，静态电流随电源电压不同为 30 ~ 110 μA，存储容量见表 8.5。

①AT24C 系列 $E^2PROM$ 接口及地址选择。由于 $I^2C$ 总线可挂接多个串行接口器件，在 $I^2C$ 总线中每个器件应有唯一的器件地址，按 $I^2C$ 总线规则，器件地址为 7 位数据(即一个 $I^2C$ 总线系统理论上可挂接 128 个不同地址的器件)，它和 1 位数据方向位构成一个器件寻址字节，最低位 D0 为方向位(读/写)。器件寻址字节中的最高 4 位(D7 ~ D4)为器件型号地址，不同的 $I^2C$ 总线接口器件的型号地址是厂家给定的，如 AT24C 系列 $E^2PROM$ 的型号地址皆为**1010**，器件地址中的低 3 位为引脚地址 A2A1A0，对应器件寻址字节中的 D3，D2，D1 位，在硬件设计时由连接的引脚电平给定。

表 8.5 AT24C 系列串行 E2PROM 参数

| 型　号 | 容量 | 器件寻址字节(8 位) | 一次装载字节数 |
|---|---|---|---|
| AT24C01 | 128×8 | 1010 $A_2A_1A_0$ R/W | 4 |
| AT24C02 | 256×8 | 1010 $A_2A_1A_0$ R/W | 8 |
| AT24C04 | 512×8 | 1010 $A_2A_1P_0$ R/W | 16 |
| AT24C08 | 1024×8 | 1010 $A_2P_1P_0$ R/W | 16 |
| AT24C16 | 2048×8 | 1010 $P_2P_1P_0$ R/W | 16 |

对于 $E^2$PROM 的容量小于 256B 的芯片(AT24C01/02),8 位片内寻址(A0～A7),即可满足要求。然而对容量大于 256B 的芯片,8 位片内寻址范围不够,如 AT24C16,相应的寻址位数应为 11 位($2^{11}=2048$)。若以 256B 为 1 页,则多于 8 位的寻址视为页面寻址。在 AT24C 系列中,对页面寻址位采取占用器件引脚地址(A2,A1,A0)的办法,如 AT24C16 将 A2,A1,A0 作为页地址。凡将系统中引脚地址用作页地址后,该引脚在电路中不得使用,作悬空处理。AT24C 系列中行 $E^2$PROM 的器件地址寻址字节如表 8.4 所示,表中 $A_0A_1A_2$ 表示页面寻址位。

②AT24C 系列 $E^2$PROM 读写操作。对 AT24C 系列,$E^2$PROM 的读写操作完全遵守 $I^2C$ 总线的主收从发和主发从收的规则。

连续写操作是 $E^2$PROM 连续装载 n 个字节数据的写入操作,n 随型号不同而不同,一次可装载的字节数见表 8.5。SDA 线上连续写操作的数据状态如图 8.16 所示,S 表示 START 起始位,A 表示 ACK 应答位。

| S | 1010A2A1A00 | A | Addr | A | Datal | A | Data2 | A | … | Datat | n |
|---|---|---|---|---|---|---|---|---|---|---|---|

器件地址（写）片内地址　　　　≤n个字节数据

图 8.16 SDA 线连续写操作数据状态

AT24C 系列片内地址在接收到每一个数据字节地址后自动加 1,故装载一页以内规定数据字节时,只需输入首地址,若装载字节多于规定的最多字节数,数据地址将自动翻页,新页中以前的数据被覆盖。

连续读操作是为了指定首地址,需要两个"伪字节写"来给定器件地址和片内地址,重复一次启动信号和器件地址(读)就可读出该地址的数据。由于"伪字节写"中并未执行写操作,因此地址没有加 1。以后每读取一个字节,地址自动加 1。在读操作中,接收器接收到最后一个数据字节后不返回肯定应答(保持 SDA 高电平),随后发停止信号。SDA 上连读操作的数据状态如图 8.17 所示。

| S | 1010A2A1A00 | A | Addr | A | S | 1010A2A1A01 | A | Data | A | P |
|---|---|---|---|---|---|---|---|---|---|---|

器件地址（写）片内地址　　　　器件地址（读）读出地址

图 8.17 SDA 线连续读操作数据状态

(2)51 单片机与 AT24C16 通信的硬件实现及汇编语言程序

①硬件电路。图 8.18 是用 51 单片机 P1 口模拟 $I^2C$ 总线与 $E^2PROM$ 连接的电路图(以 AT24C16 为例)。由于 AT24C16 是漏极开路,图中 R1,R2 为上拉电阻(5.1 kΩ);A0～A2 为地址引脚,TEST 为测试脚,它们均悬空。

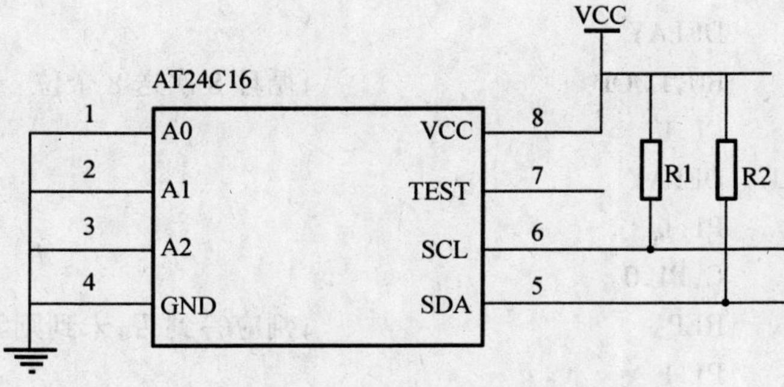


**图 8.18 51 单片机 P1 口与 $E^2PROM$ 连接电路图**

②软件实现。由前述分析和图 8.17 的硬件电路可编制 $E^2PROM$ 的读写子程序。两者的主要区别在于读子程序需发送器件地址(写)和片内地址作为伪字节,之后再发送一次开始信号和器件地址(读命令)。

**例 8.1** 写串行 $E^2PROM$ 子程序 EEPW。

```
;(R3) = 器件地址
;(R4) = 片内字节地址
;(R1) = 欲写数据存放地址指针
;(R7) = 连续写字节数 n
EEPW:   MOV     P1, # 0FFH
        CLR     P1.0                ;发开始信号
        MOV     A,R3                ;送器件地址
        ACALL   SUBS
        MOV     A, R4               ;送片内字节地址
        ACALL   SUBS
AGAIN:  MOV     A, @R1
        ACALL   SUBS                ;调发送单字节子程序
        INC     R1
        DJNZ    R7,AGAIN            ;连续写 n 个字节
        CLR     P1.0                ;SDA 置 0,准备送停止信号
        ACALL   DELAY               ;延时以满足传输速率要求
        SETB    P1.1                ;发停止信号
        ACALL   DELAY
        SETB    P1.0
        RET
SUBS:   MOV     R0, # 08H           ;发送单字节子程序
```

```
LOOP:     CLR     P1.1
          RLC     A
          MOV     P1.0,C
          NOP
          SETB    P1.1
          ACALL   DELAY
          DJNZ    R0,LOOP                ;循环 8 次送 8 个位
          CLR     P1.1
          ACALL   DELAY
          SETB    P1.1
REP:      MOV     C,P1.0
          JC      REP                    ;判应答到否,未到则等待
          CLR     P1.1
          RET
DELAY:    NOP
          NOP
          RET
```

**例 8.2** 读串行 $E^2$PROM 子程序 EEPR。

```
;(R1) = 欲读数据存放地址指针
;(R3) = 器件地址
;(R4) = 片内字节地址
;(R7) = 连续写字节数 n
EEPR:     MOV     P1, # 0FFH
          CLR     P1.0                   ;发开始信号
          MOV     A,R3                   ;送器件地址
          ACALL   SUBS                   ;调发送单字节子程序
          MOV     A,R4                   ;送片内字节地址
          ACALL   SUBS
          MOV     P1, # 0FFH
          CLR     P1.0                   ;再发开始信号
          MOV     A,R3
          SETB    ACC.0                  ;发读命令
          ACALL   SUBS
MORE:     ACALL   SUBS
          MOV     @R1,A
          INC     R1
          DJNZ    R7,MORE
          CLR     P1.0
          ACALL   DELAY
          SETB    P1.1
```

```
        ACALL   DELAY
        SETB    P1.0                ;送停止信号
        RET
SUBR:   MOV     R0, #08H            ;接收单字节子程序
LOOP2:  SETB    P1.1
        ACALL   DELAY
        MOV     C,P1.0
        RLC     A
        CLR     P1.1
        ACALL   DELAY
        DJNZ    R0,LOOP2
        CJNE    R7, #01H,LOW
        SETB    P1.0                ;若是最后一个字节,置 A=1
        AJMP    SETOK
LOW:    CLR     P1.0                ;否则置 A=0
SETOK:  ACALL   DELAY
        SETB    P1.1
        ACALL   DELAY
        SETB    P1.1
        ACALL   DELAY
        CLR     P1.1
        ACALL   DELAY
        SETB    P1.0                ;应答完毕,SDA 置1
        RET
```

在程序中,多处调用了 DELAY 子程序(仅两条 NOP 指令),这是为了满足 $I^2C$ 总线上数据传送速率的要求,即只有当 SDA 数据线上的数据稳定下来之后才能进行读写(即 SCL 线发出正脉冲)。另外,在读最后一个数据字节时,置应答信号为**1**,表示读操作即将完成。

## 习题与思考题

8-1 试编写一个程序(例如将 05H 和 06H 拼为 56H),设原始数据放在片外数据区 2001H 单元和 2002H 单元中,按顺序拼装后的单字节数放入 2002H。

8-2 试编写程序,将外部数据存储器中的 4000H~40FFH 单元全部清零。

8-3 在 MCS-51 单片机系统中,外接程序存储器和数据存储器共 16 位地址线和 8 位数据线为何不会发生冲突?

# 第 9 章 I/O 口扩展设计

在单片机应用系统中，单片机本身所提供的资源，如 I/O 口、定时器/计数器、串行口等往往不能满足要求，因此需要在单片机上扩展其他外围接口芯片。

由于 MCS－51 系列单片机的外部 RAM 和 I/O 口是统一编址的，因此用户可以把单片机外部 64KB RAM 空间的一部分作为扩展 I/O 的地址空间。这样，单片机就可以像访问外部 RAM 存储器那样访问外部接口芯片，对其口进行读写操作。

Intel 公司常用的外围器件如表 9.1 所示，它们可以与 MCS－51 单片机直接接口，下面分别介绍这些常用外围芯片与单片机连接的方法，限于篇幅，仅对最常用的 8255，8155 作逐一介绍。

**表 9.1 MCS－51 单片机常用外围芯片**

| 型 号 | 名 称 |
|---|---|
| 8255 | 可编程外围并行接口 |
| 8259 | 可编程中断控制器 |
| 8279 | 可编程键盘/显示器接口 |
| 8291，8292，8293 | 可编程 GB－1B 系统讲者、听者、控者 |
| 8155/8156 | 具有 I/O 口及定时器的 2048 位静态 RAM |
| 8253 | 可编程通用定时器 |
| 8755 | 具有 I/O 口及定时的 2048 位静态 RAM |
| 8251 | 可编程通信接口 |
| 8243 | MCS－48 输入/输出扩展器 |

## 9.1 8255 可编程并行接口芯片

8255 是一种可编程序的并行 I/O 接口芯片。8255 有 24 条 I/O 引脚，分成 A，B 两大组（每组 12 条），允许分别编程，工作方式可分为方式 0，1 和 2 三种。使用 8255 可实现以下功能：

(1)并行输入或输出多位数据；

(2)实现输入数据锁存和输出数据缓冲；

(3)提供多个通信接口联络控制信号（如中断请求、外设准备好及选通脉冲等）；

(4)通过读取状态字可实现程序对外设的查询。

显而易见，这些功能可满足于很大一部分外设接口的要求，因而并行 I/O 接口芯片几乎已成为微机中（尤其是单片机）应用最为广泛的一种芯片。

### 9.1.1 8255 的结构

8255 由下列几部分组成。

1.数据端口 A,B,C

它有三个输出端口:端口 A、端口 B、端口 C。每个端口都是 8 位,都可以选择作为输入或输出,但功能上有着不同特点。

(1)端口 A0:一个 8 位数据输出锁存和缓冲器;一个 8 位数据输入锁存器。

(2)端口 B0:一个 8 位数据输入/输出、锁存/缓冲器,一个 8 位数据输入缓冲器。

(3)端口 C0:一个 8 位数据输出锁存/缓冲器;一个 8 位数据输入缓冲器(输入没有锁存)

通常端口 A 或 B 可作为输入输出的数据端口,而端口 C 可作为控制或状态信息的端口,它在"方式"字控制下,可以分成两个 4 位的端口。每个端口包含一个 4 位锁存器。它们分别与端口 A 和 B 配合使用,可作控制信号输出或状态信号输入。

2.A 组和 B 组控制电路

这是两组根据 CPU 的命令控制 8255A 工作方式的电路。它们控制寄存器,接受 CPU 输出的命令字,然后分别决定两组的工作方式,也可以根据 CPU 的命令字对端口 C 的每一位实现按拉"复位"或"置位"。

A 组控制电路控制端口 A 和端口 C 的上半部(PC7 ~ PC4),B 组控制电路控制端口 B 和端口 C 的下半部(PC3 ~ PC0)。

3.数据总线缓冲器

这是一个三态双向 8 位缓冲器,它是 8255 与系统数据总线的接口。输入输出数据、输出指令以及 CPU 发出的控制字和外设的状态信息,也都是通过这个缓冲器传送的,通常与 CPU 的双向数据总线相接。

4.读/写和控制逻辑

它与 CPU 的地址总线中的 A0,A1 以及有关的控制信号$\overline{RD}$,$\overline{WR}$,RESET,$\overline{CS}$相连,由它控制把 CPU 的控制命令或输出数据送至相应的端口;也由它控制把外设的状态信息或输入数据通过相应的端口送至 CPU。

$\overline{CS}$——选片信号,当$\overline{CS}$为低电平时,8255 被选中。

$\overline{RD}$——读信号,低电平有效。它控制 8255 送出数据或状态信息至 CPU。

$\overline{WR}$——写信号,低电平有效。它控制把 CPU 输出的数据或命令信息写到 8255。

RESET——复位信号,高电平有效,它清除控制寄存器和置所有端口(A,B,C)到输入方式。

⑤端口地址

8255 中有三个输入输出端口,另外,内部还有一个控制寄存器,四个端口由 A1,A0 来加以选择。A1,A0 和$\overline{RD}$,$\overline{WR}$及$\overline{CS}$组合所实现的各种功能见表 9.2。

### 9.1.2 8255 的引脚功能

8255 采用 40 线双列直插式封装(见图 9.1)。40 条引脚信号可分为 CPU 控制信号和并行端口信号两组。

1.CPU 控制信号

(1)RESET(输入)。当 CPU 向 8255 的 RESET 端发一高电平后,8255 将复位到初始状态。

(2)D0 ~ D7(双向、三态)数据总线。D7 ~ D0 是 8255 与 CPU 之间交换数据、控制字/状态字的总线,通常与系统的数据总线相连。

表 9.2

| $\overline{CS}$ | A1 | A0 | $\overline{RD}$ | $\overline{WR}$ | D7 ~ D0 数据传输方向 |
|---|---|---|---|---|---|
| 0 | 0 | 0 | 0 | 1 | 端口 A→数据总线 |
| 0 | 0 | 0 | 1 | 0 | 端口 A←数据总线 |
| 0 | 0 | 1 | 0 | 1 | 端口 B→数据总线 |
| 0 | 0 | 1 | 1 | 0 | 端口 B←数据总线 |
| 0 | 1 | 0 | 0 | 1 | 端口 C→数据总线 |
| 0 | 1 | 0 | 1 | 0 | 端口 C←数据总线 |
| 0 | 1 | 1 | 0 | 1 | 无效 |
| 0 | 1 | 1 | 1 | 0 | 数据总线→8255 控制寄存器 |
| 0 | × | × | 1 | 1 | 数据总线为三态 |
| 1 | × | × | × | × | 数据总线为三态 |

(3) $\overline{CS}$输入芯片选中输入端。当为低电平时,该8255 被选中。

(4) $\overline{RD}$输入。$\overline{RD}$为主机发来的读数脉冲输入端。

(5) $\overline{WR}$输入。$\overline{WR}$为主机发来的写数脉冲输入端。

(6) A1,A0(输入)。A1,A0 为端口选择信号。A1,A0 输入不同时,数据总线 D0 ~ D7 将与不同的转接口或控制字寄存器相连(见表 9.2)。

使用时一般将 A1,A0 接入地址总线的最低两位,因而一块 8255 芯片占用四个设备地址,分别对应于端口 A、端口 B、端口 C 和控制寄存器。

2. 并行端口信号

(1) PA7 ~ PA0(双向)。A 端口的并行 I/O 数据线。

(2) PB7 ~ PB0(双向)。B 端口的并行 I/O 数据线。

(3) PC7 ~ PC0(双向)。当 8255 工作于方式 0 时,PC7 ~ PC0 为两组并行 I/O 数据线。当 8255 工作于方式 1 或方式 2 时 PC7 ~ PC0 将分别供给 A,B 两组转接口的联络控制线,此时每根线赋予新的含义。

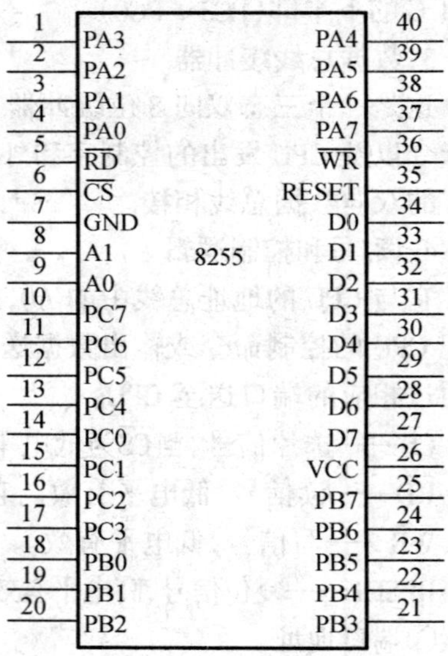


图 9.1 8255 引脚配置

### 9.1.3 三种工作方式及控制字/状态字

8255 有两个控制字和一个状态字。两个控制字均在 A1,A0 为**11**的情况下发送,共用一个设备地址。如果控制字的最高位为**1**,表示是工作方式控制字,最高位为**0**,则表示是按位置数控制字(见图 9.2)。工作方式控制字用于规定端口的工作方式,分别由 3 位及 4 位对 B,A 两组进行设定,按位置数控制字用于对端口 C 的 I/O 引脚的输出进行控制。其中 D3 ~

D1 指示输出的位数;D0 指示输出的值;0输出低电平,1输出高电平。显然,利用按位置数来控制字可使端口 C 中每一位分别产生输出,而对其他各位不造成影响。

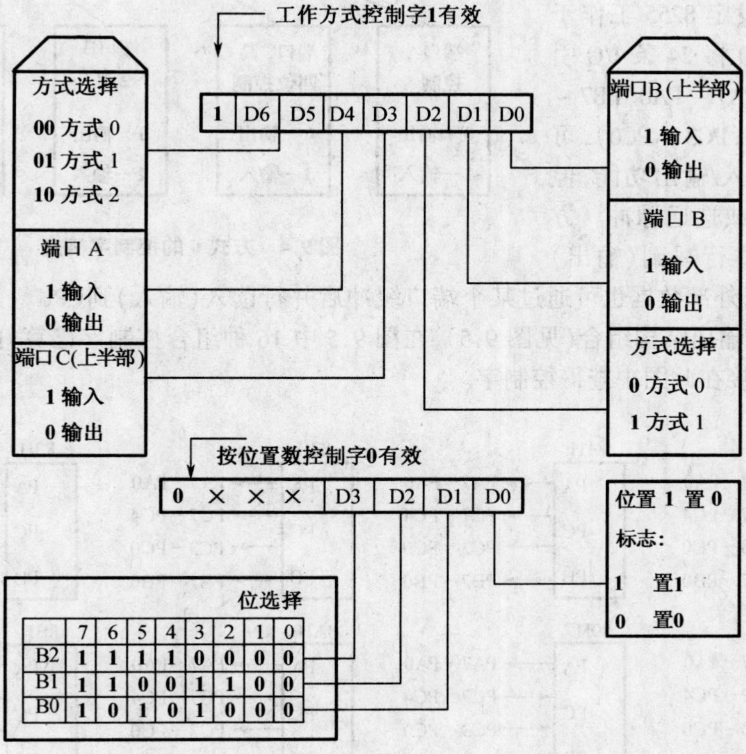


图 9.2 8255 控制字

8255 没有专门的状态字,而是当工作于方式 1 和方式 2 时,读取端口 C 的数据,即得状态字(见图 9.3)。当状态字中有效信息位不满 8 位时,所缺的即为对应端口 C 引脚的输入电平。

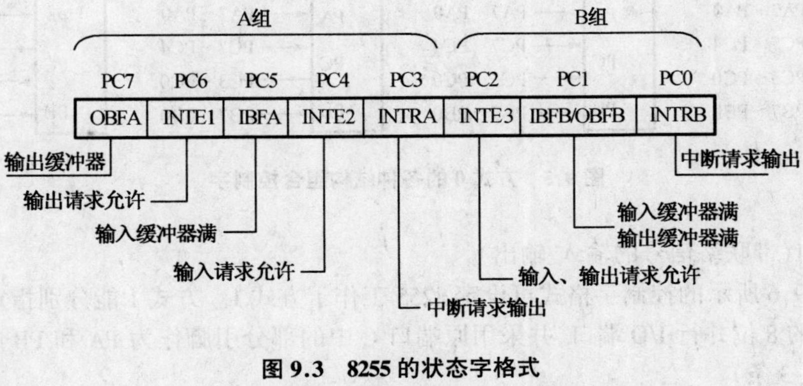


图 9.3 8255 的状态字格式

下面根据 8255 的不同工作方式,对控制字和状态字进行叙述。

1. 方式 0(基本输入/输出)。

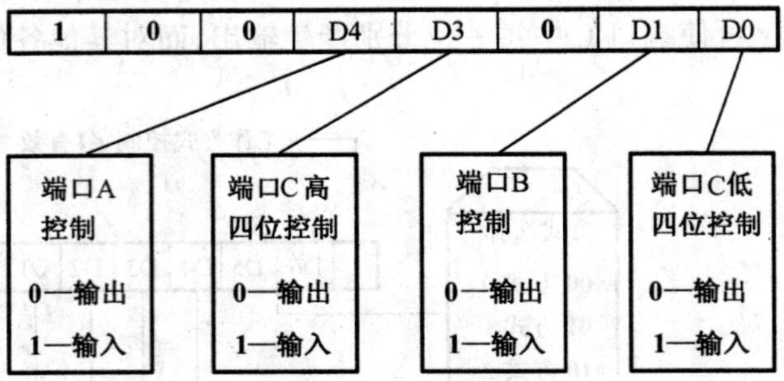

图 9.4 方式 0 的控制字格式

采用图 9.4 格式的工作方式控制字,可设定 8255 工作于方式 0。方式 0 将 24 条 I/O 引脚分成 4 组(PA7 ~ PA0,PB7 ~ PB0,PC7 ~ PC4,PC3 ~ PC0),可提供基本的输入/输出功能,但不带联络信号或选通脉冲。方式0可将数据并行写到(输出)某个端口锁存,外部数据也可通过某个端口缓冲后并行读入(输入)到CPU。方式 0 共有 16 种不同的输入/输出结构组合(见图 9.5),在图 9.5 中 16 种组合控制字已算好,应用时根据设计情况可直接在此图中查得控制字。

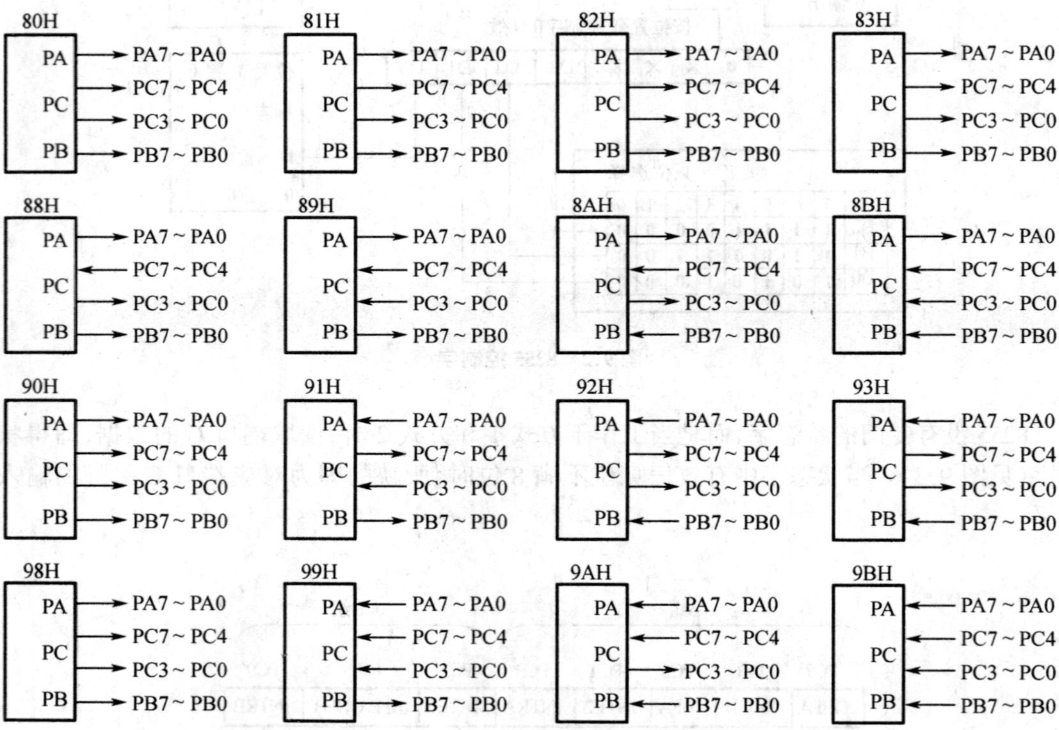

图 9.5 方式 0 的各种结构组合控制字

2.方式 1(带联络信号的输入/输出)。

根据图 9.6 所示的控制字格式可设定 8255 工作于方式 1。方式 1 能分别指定 PA,PB 作为两个独立的 8 位并行 I/O 端口,并采用原端口 C 中的部分引脚作为 PA 和 PB 的控制联络信号线(每组 3 条)。

图 9.7 显示了方式 1 的四种输入/输出结构组合,以及设置该种结构的工作方式控制字。当采用方式 1 工作方式时,PA 和 PB 的功能是完全相同的,但端口作为数据输入口或数

据输出口时具有不同的联络信号线和不同的工作波形图。

(1)端口 A(或 B)被定义为方式 1 并行输入时，内部控制电路便自动提供两个状态触发器，中断允许触发器 INTE 和“输入数据缓冲器满”触发器 IBF，同时还借用原端口 C 引脚作为 IBF 的输出端、选通信号 $\overline{STB}$ 的输入端和中断请求 INTR 信号的输出端(见图 9.8)。

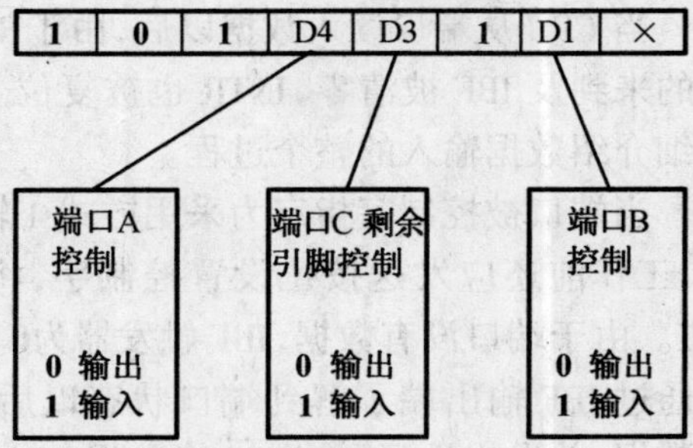


**图 9.6　方式 1 的控制字格式**

INTE 触发器用于控制本端口是否允许请求中断，也即只有当 INTE 为1时才能允许该端

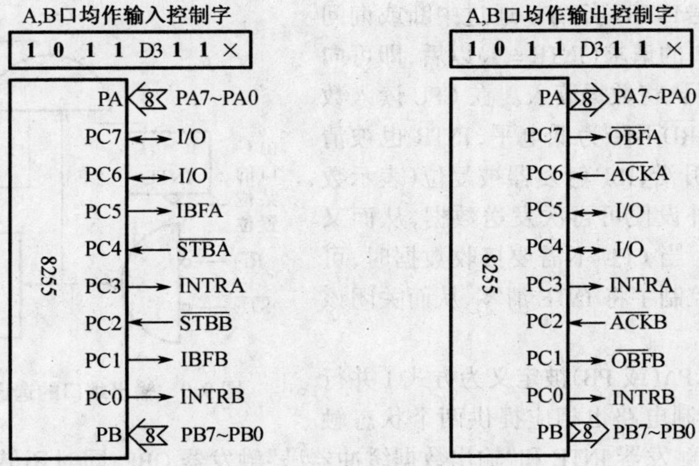


**图 9.7　方式 1 各种输入输出组合**

口发出中断请求信号(INTR)。INTE 的取值与原端口 C 的某一位相连，因此在启用端口前应通过按位置数控制字将 INTE 置位，结束前又可将之清零(见表 9.3)。INTE 对外没有输出端，只能通过读状态字了解它的状态。

**表 9.3　中断允许触发器 INTE 的控制**

| | 置位控制字 | 复位控制字 |
|---|---|---|
| PA 口输入允许触发器 INTE 与 PC4 相连 | 09H | 08H |
| 输出允许触发器 INTE 与 PC6 相连 | 0DH | 0CH |
| PB 口允许触发器 INTE 与 PC2 相连 | 05H | 04H |

IBF 触发器用于表征转接口数据缓冲器的状态。当外界将数据发送给端口并由选通脉冲($\overline{STB}$)将它锁存以后，IBF 自动置**1**，表示端口已有数；当 CPU 将数据从端口取走以后，IBF 又会自动复零。IBF 可通过状态字读得，同时还以反码形式从芯片的 IBF 引脚输出。

INTR 引脚为端口中断请求信号的输出端，一般接至系统的中断处理部件。INTR 输出高电平的条件是INTR = INTE·IBF·$\overline{RD}$·$\overline{STB}$。

当CPU从端口读入数据以后,由于$\overline{RD}$低电平的来到及IBF被清零,INTR也被复位。下面详细介绍数据输入的整个过程。

当端口被控制字指定为采用方式1输入以后,工作前还应发送按位设置控制字,将INTE置**1**。由于端口没有数据,IBF触发器为**0**。当外设通过IBF输出端了解到端口状态以后,便送出数据,并发出选通脉冲$\overline{STB}$将数据打入端口。IBF触发器在$\overline{STB}$的下降沿被置**1**。当$\overline{STB}$恢复到高电平以后,由于IBF为**1**,INTR也为**1**,故发出中断请求信号INTR。当CPU通过中断或询问方式接收到端口的请求(INTR = **1**)以后,即可向端口发出$\overline{RD}$信号,将数据读入。在CPU读入数据的同时,由于$\overline{RD}$下降为低电平,INTR也被清零。在$\overline{RD}$的上升沿,IBF触发器被复位(表示数据已被输入),外设便可再次发送数据,从而又重复上述过程。当CPU不需要接收数据时,可通过按位设置控制字将INTE清零,从而关闭该端口的请求。

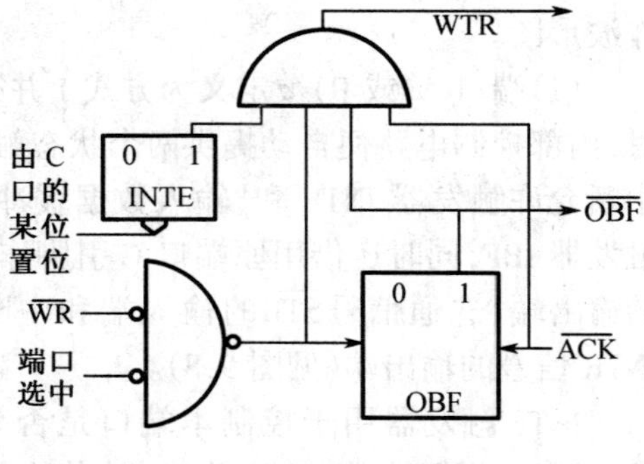


**图9.8 输入端口的选通控制示意图**

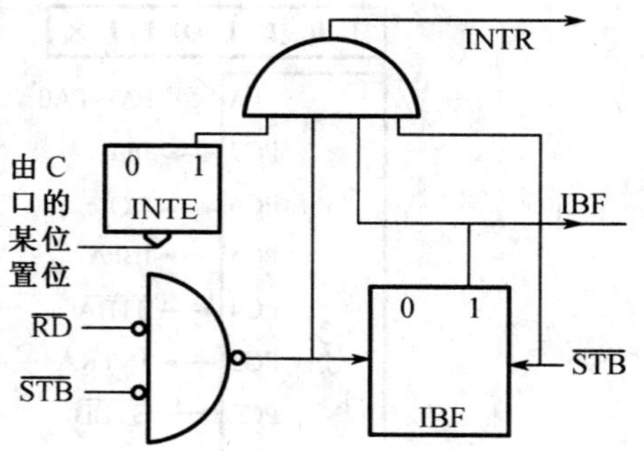


**图9.9 输出端口的选通控制示意图**

(2)当端口PA(或PB)被定义为方式1并行输出时,内部控制电路也相应提供两个状态触发器;中断允许触发器INTE和“输出数据缓冲器满”触发器OBF,同时还借用端口C的三条引脚分别作为$\overline{OBF}$的输出端、回答信号$\overline{ACK}$的输入端和中断请求信号INTR的输入端(图9.9)。INTE触发器的意义与输入时相同,用以控制该端口输入数据的中断请求信号INTR。启用端口前,也应通过按位设置控制字将它置位(见图9.9)。

OBF触发器用于表征输出数据缓冲器的状态。当CPU将数据输出到端口以后,OBF自动置**1**,当外设将数据取走发出回答信号$\overline{ACK}$时,OBF又被$\overline{ACK}$的下降沿清零。OBF可通过状态字读得,同时它还以反码形式从芯片的OBF引脚输出。

INTR引脚为端口中断请求信号输出端,可接至系统的中断处理部件。INTR输出高电平的条件是INTR = INTE·$\overline{OBF}$·$\overline{WR}$·$\overline{ACK}$。

当CPU向端口发出数据以后,由于$\overline{WR}$低电平的来到及OBF位置位,INTR即被清零。

此外,当8255以方式1工作时,由于只利用了端口C的6个引脚作应答联络线,剩余的两个引脚可用于一般的I/O。即通过按位设置控制字可从其中某一位输出数据,通过读取状态字又可从I/O引脚读入数据。

3.方式2(带联络信号的双向I/O端口)。

通过图9.10所示的控制字格式,可设定8255的端口A工作于方式2,即成为一个8位的双向I/O转接口,并借用端口C的五条引脚作为联络信号线;该控制字中后三位(D2 ~ D0)可设定端口B的工作方式(方式0或方式1)及剩余三条端口C引脚的作用。

由于端口B的工作方式不同,当端口A工作于方式2双向I/O时,8255芯片可有四种组合(见图 9.11)。

当端口 A 被定义为双向 I/O 工作方式以后,内部控制电路便自动提供四个状态触发器 INTE1,INTE2,OBFA 和 IBFA,同时还借用端口 C 的五条引脚作为$\overline{OBFA}$,INFA,$\overline{STBA}$,$\overline{ACKA}$和 INTRA 的输入/输出。

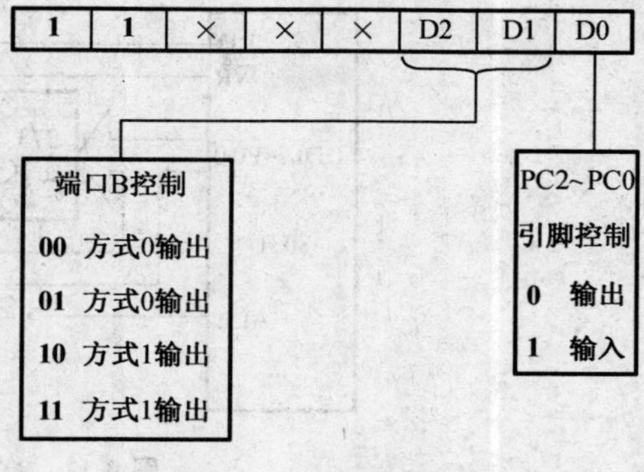


图 9.10 方式 2 的控制字格式

触发器 OBFA 和 IBFA 与方式 1 工作时的作用完全相同,即为输出数据缓冲器满和输入数据缓冲器满两个标志触发器,其状态可通过读状态字得到,也可通过引脚$IBF_A$和$IBF_A$输出至外设。

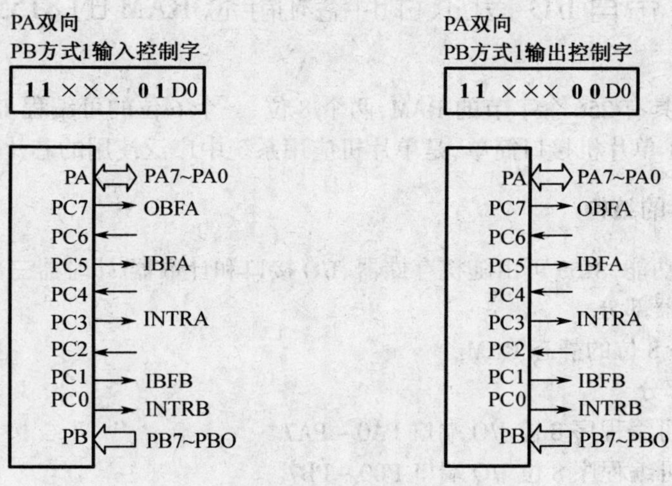


图 9.11 方式 2 的各种输入/输出结构组合

INTE1 为输出请求允许触发器,其作用和功能与方式 1 输出时的 INTE 相同;INTE2 为输入请求允许触发器,其作用和功能与方式 1 输入时的 INTE 相同。INTE1 和 INTE2 对外没有输出,只能通过读状态字了解其当前取值。

$INTR_A$ 为端口 A 发出的中断请求信号。INTRA 为高电平的条件是

$$INTR_A = INTE1 \cdot \overline{OBFA} \cdot \overline{WR} \cdot \overline{ACKA} + INTE2 \cdot IBFA \cdot \overline{RD} \cdot \overline{STBA}$$

不难看出,当端口 A 被设定为双向 I/O 时,INTRA 能对数据的输入和输出都提供中断请求信号。

### 9.1.4 8031 和 8255 的接口方式

MCS-51 可以和 8255 直接接口,图 9.12 给出了 8031 和 8255 的一种接口原理图。8255 的数据总线D0~D7和 8031 的 P0 口相连,8255 的片选信号 A0,A1 分别和 8031 的 A7,A0,A1 相连,所以 8255 的 A 口、B 口、C 口、控制口地址可分别选为 FF7CH,FF7DH,FF7EH,FF7FH。8255 的读写线$\overline{WR}$,$\overline{RD}$分别和 8031 的读/写选通线$\overline{WR}$,$\overline{RD}$相连。8255 的复位端 RESET 与 8031 的 ESET 端相连(也可单独接成加电复位方式)。

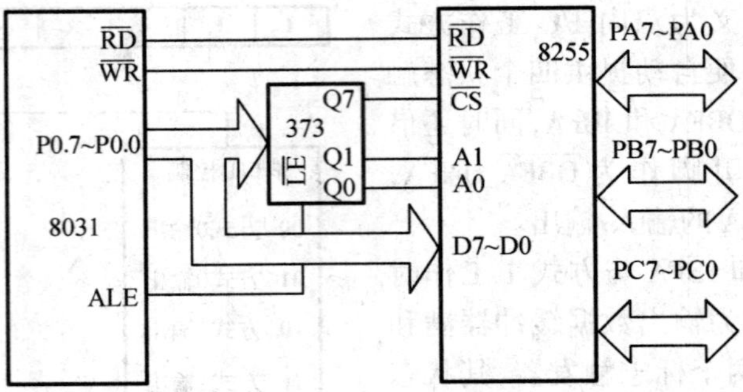


**图 9.12 8031 与 8255 的连接**

## 9.2 带有 I/O 接口、计时器和静态 RAM 的 8155 芯片

8155 芯片内具有 256 个字节的 RAM，两个 8 位、一个 6 位的可编程 I/O 和一个 14 位计数器，与 MCS－51 单片机接口简单，是单片机应用系统中广泛使用的芯片。

### 9.2.1 8155 的结构

按照器件的功能，8155 可由随机存储器、I/O 接口和计数器/计时器三部分组成。

1. 随机存储器部分

容量为 256×8 位的静态 RAM。

2. I/O 接口部分

(1) 端口 A：可编程序 8 位 I/O 端口 PA0～PA7。

(2) 端口 B：可编程序 8 位 I/O 端口 PB0～PB7。

(3) 端口 C：可编程序 6 位 I/O 端口 PC0～PC5。

(4) 命令寄存器：8 位寄存器，只允许写入。

(5) 状态寄存器：8 位寄存器，只允许读出。

3. 计数器/计时器部分

是一个 14 位的二进制减法计数器/计时器。

### 9.2.2 8155 的引脚功能

8155 具有 40 个引脚，采用双列直插式封装，引脚分布图如图 9.13 所示。

(1) AD0～7(三态)：数据总线，可以直接与 8051 的 P0 口相连接。在允许地址锁存信号 ALE 的后沿(即下降沿)，将 8 位地址锁存在内部地址寄存器中。该地址可作为存储器部分的低 8 位地址，也可以是I/O接口的通道地址，这将由输入的 $IO/\overline{M}$ 信号的状态来决定。

在 AD0～7 引脚上出现的数据信息是读出还是写入 8155，由系统控制信号 $\overline{WR}$ 或 $\overline{RD}$ 来决定。

(2) RESET：这是由 8031 提供的复位信号，作为总清器件时使用，RESET 信号的脉冲宽度一般为 600 ns。当器件被总清后，各转接口被置成输入工作方式。

(3) ALE：允许地址锁存信号。该控制信号由 8031 发出，在该信号的后沿将 AD0～7 上的低 8 位地址、片选信号 $\overline{CE}$ 以及 IO/M 信号锁存在片内的锁存器内。

(4)$\overline{CE}$:这是低电平有效的片选信号。当 8155 的引脚$\overline{CE}$=**0**时,器件才允许被启用,否则为禁止使用。

(5)IO/$\overline{M}$:为上一个 I/O 转接口或存储器的选择信号。当 IO/M=**1**时,选择 I/O 电路,当 IO/$\overline{M}$=**0**时,选择存储器件。

(6)$\overline{WR}$(写):在片选信号有效的情况下(即$\overline{CE}$=**0**),该引脚上输入一个低电平信号($\overline{WE}$=**0**)时,将 AD0~7 线上的数据写入 RAM 某一单元内(当 IO/$\overline{M}$=**0**时),或写入某一 I/O 端口电路(当 IO/$\overline{M}$=**1**时)。

(7)$\overline{RD}$(读):在片选信号有效的情况下(即$\overline{CE}$=**0**),如果该引脚上输入一个低电平信号($\overline{RD}$=**0**)时,将 8155RAM 某单元的内容读至数据总线。若输入一个高电平($\overline{RD}$=**1**),则将某一 I/O 转接口电路的内容读至数据总线。

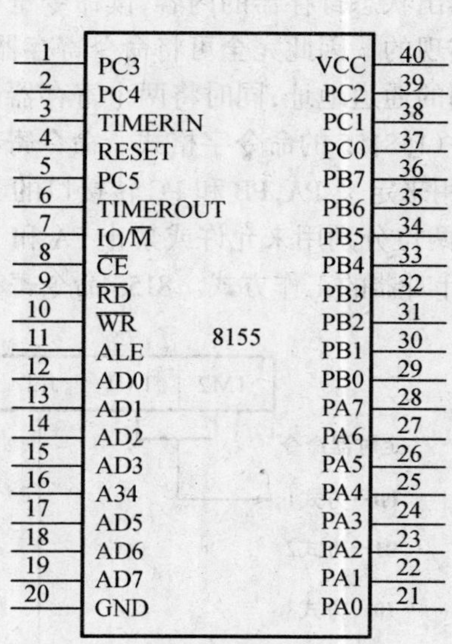


**图 9.13 8155 的引脚图**

由于系统控制的作用,$\overline{WR}$(写)和$\overline{RD}$(读)信号不会同时有效。根据上面分析可得如下结论:

①写 RAM 的必要条件是(IO/$\overline{M}$=**0**)·($\overline{WR}$=**0**)·($\overline{CE}$=**0**);

②写 I/O 端口电路的必要条件是(IO/$\overline{M}$=**0**)·($\overline{WR}$=**0**)·($\overline{CE}$=**0**);

③读 RAM 的必要条件是(IO/=**0**)·($\overline{RD}$=**0**)·($\overline{CE}$=**0**);

④读 I/O 端口电路的必要条件是(IO/=**1**)·($\overline{RD}$=**0**)·($\overline{CE}$=**0**)。

(8)PA0~7:这是一组 8 根通用的 I/O 端口线,其数据输入或输出的方向由可编程的命令寄存器的内容决定。

(9)PB0~7:这是一组 8 位的通用 I/O 端口,其数据输入或输出的方向由可编程的命令寄存器的内容所决定。

(10)PC0~5:这是一组 6 位的既具有通用 I/O 端口功能,又具有对 PA 和 PB 起某种控制作用的 I/O 电路。各种功能的实现均由可编程序的命令寄存器的内容所决定。

PA,PB 和 PC 各 I/O 端口的状态可由读出状态寄存器的内容得到。

(11)TIMER IN:这是 14 位二进制减法计数器的输入端。

(12)TIMER OUT:这是一个计时器的输出引脚,可由计量器的工作方式决定该输出信号的波形。

(13)Vcc 为 +5 V 电源引脚。

(14)Vss 为地线。

### 9.2.3 8155 的工作原理

8155 的内部结构较复杂。这里主要介绍它的三组 I/O 端口电路及 14 位二进制减法器的工作原理。

1. 8155 I/O 端口工作原理

8155 的三组 I/O 端口电路的工作方式,均由可编程序的命令寄存器的内容所规定,而其状态可由读出状态寄存器的内容而获得。上面已经叙述,8155 的命令寄存器和状态寄存器分别为各自独立的 8 位寄存器。从逻辑上来说,在 8155 的器件内部只允许写入命令寄存器和读出状态寄存器的内容,读命令寄存器内容及写入状态寄存器的操作是既不允许,也不可能实现的。因此完全可将命令寄存器和状态寄存器的地址合用一个通道地址,以减少器件占用的通道地址;同时将两个寄存器简称为命令/状态寄存器,有时以 C/S 寄存器来表示。

(1)8155 的命令字格式。命令寄存器由 8 位组成,每一位都能锁存。其中低 4 位(0 ~ 3 位)用来定义 PA,PB 和 PC 转接口的工作方式;当 PC 用作控制 PA 或 PB 的端口工作时,第 4,5 两位分别用来允许或禁止 PA 和 PB 的中断,而最高两位(第 6,7 两位)则用来定义计数器/计时器的工作方式。8155 命令寄存器各位的定义见图 9.14。

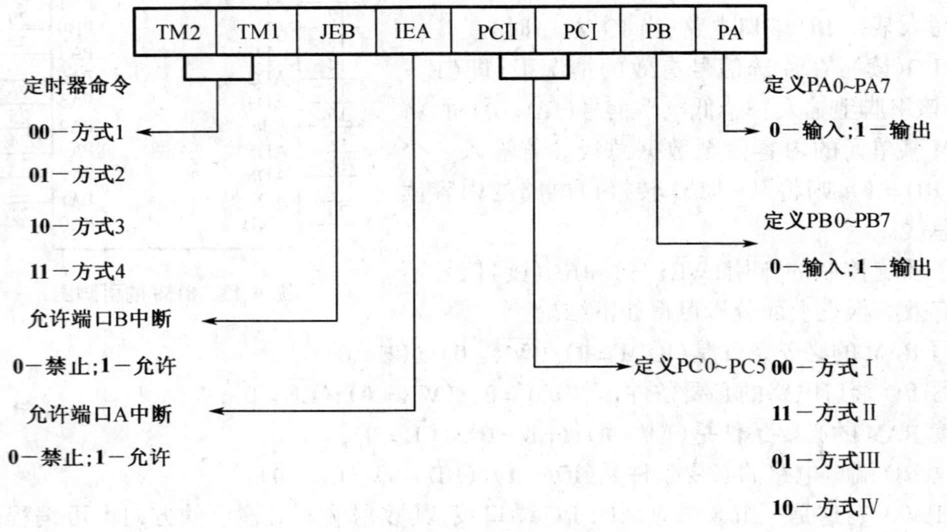


**图 9.14 8155 命令寄存器定义**

①第 0 位(PA),定义 PA0 ~ PA7 数据信息传送的方向。

**0**——输入方式;**1**——输出方式。

②第 1 位(PB)。定义 PB0 ~ PB7 数据信息传送方向。

**0**——输入方式;**1**——输出方式。

③第 3,2 位(PC2,PC1)。定义 PC0 ~ PC5 的工作方式。

**00**——方式Ⅰ,**11**——方式Ⅱ;**01**——方式Ⅲ,**10**——方式Ⅳ,方式Ⅰ ~ Ⅳ时 PC0 ~ PC5 的各位功能见表 9.4。

**表 9.4 端口 C 控制分配表**

| PCⅡ PCⅠ | **01** | **11** | **01** | **10** |
|---|---|---|---|---|
| 方式 | Ⅰ | Ⅱ | Ⅲ | Ⅳ |
| PC0 | 输入 | 输出 | A INTR | A INTR |
| PC1 | 输入 | 输出 | A BF | A BF |
| PC2 | 输入 | 输出 | A $\overline{STB}$ | A $\overline{STB}$ |
| PC3 | 输入 | 输出 | 输出 | B INTR |
| PC4 | 输入 | 输出 | 输出 | B BF |
| PC5 | 输入 | 输出 | 输出 | B $\overline{STB}$ |

④第 4 位(IEA)。在端口 C 对 PA0 ~ PA7 起控制作用的工作方式时,IEA 位用来定义允许端口 A 的中断。**0**——禁止;**1**——允许。

⑤第 5 位(IEB)。当端口 C 工作在对 PB0 ~ PB7 起控制作用的工作方式时,IEB 位用来定义允许端口 B 的中断。**0**——禁止;**1**——允许。

⑥第 7,6 位(TM2,TM1)。用来定义计时器/计数器工作的命令。有四种情况,分别列于表 9.5。

**表 9.5 定时器/计数器工作方式定义表**

| | 方 式 |
|---|---|
| **00** | 不影响定时器工作 |
| **01** | 若计数器未启动,则无法操作;若计数器已运行,则停止计数 |
| **10** | 达到当前计数 TC 后,立即停止,如未启动定时器则无法操作 |
| **11** | 装入方式和计数值后,立即启动定时器,如定时器已在运行,则达到当计数值后,按新的方式和长度予以启动 |

(2)8155 的状态字格式。状态寄存器为 8 位,各位均可锁存,其中最高位为任意位,低 6 位用于指定转接口的状态,另一位用作指示定时器/计数器的状态之用。

通过读 C/S 寄存器的操作(即用指令系统的输入指令),可读出状态寄存器的内容,8155 的状态字格式如图 9.15 所示。

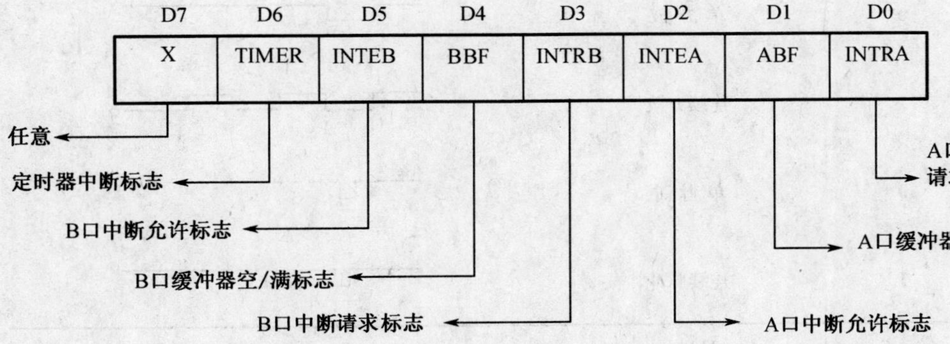


**图 9.15 8155 状态字格式**

(3)8155 的端口电路。8155 器件的 I/O 部件由五个寄存器组成。其中两个是命令/状态寄存器(C/S),地址为 × × × × × **000**。如前所述,当写操作期间选中 C/S 寄存器时,就把一个命令(按图 9.14 的定义)写入命令寄存器中,并且命令寄存器的状态信息不能通过其引脚来读取;当读操作期间选中 C/S 寄存器时,将 I/O 端口和定时器的状态信息(按图 9.14 格式)读出。

另外两个寄存器为 PA 和 PB。根据 C/S 寄存器的内容,分别对 PA0 ~ PA7 和 PB0 ~ PB7 编程,使相应的 I/O 电路处于基本的输入或输出方式,或选通方式。PA 和 PB 寄存器的地址分别为 × × × × × **001**和 × × × × × **010**。

最后一个寄存器是 PC,其地址为×××××**011**。该寄存器仅 6 位,可以对 I/O 端口电路 PC0～PC5 进行编程,或对命令寄存器命令字的第 2,3 位(PC1 和 PC2)进行适当编程,使其成为 PA 和 PB 的控制信号,详见表 9.5。

2.8155 定时器/计数器工作原理

8155 的定时器是一个 14 位的减法计数器,它能对输入定时器的脉冲进行计数,在达到最后计数值时,有一矩形波或脉冲输出。

为了对定时器进行程序控制,首先需装入计数长度。由于计数长度为 14 位(第 0～13 位),因每次装入的长度只能是8位,所以必须分两次装入。装入计数长度寄存器的值为 2H～3FFFH。而第 14～15 位用来规定定时器的输出方式。定时器格式见图 9.16。

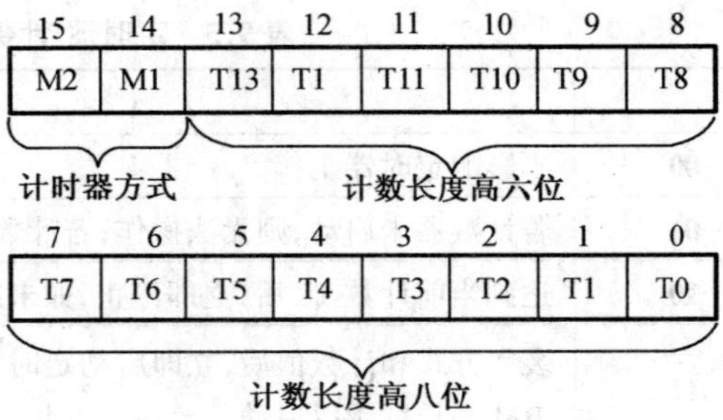


**图 9.16 定时器格式**

图 9.16 中最高两位(M2,M1)定义的定时器方式如表 9.6 所示。

应该注意,硬件复位信号的到达会使 8155 计数器停止计数,直至由 C/S 寄存器发出启动定时器命令为止。

**表 9.6 定时器方式定义表**

| M2 | M1 | 方　式 | 定时器输出波形 |
|---|---|---|---|
| 0 | 0 | 单方波 |  |
| 0 | 1 | 连续方波 | 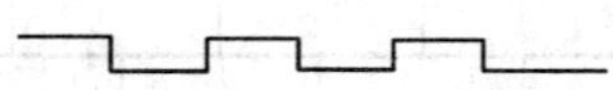 |
| 1 | 0 | 单脉冲 | 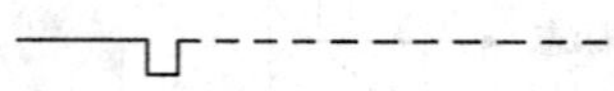 |
| 1 | 1 | 连续脉冲 |  |

### 9.2.4 MCS－51 和 8155 的接口方法和应用

MCS－51 单片机可以和 8155 直接连接,不需要任何外加电路,对系统增加 256 个字节的 RAM、22 位 I/O 线及一个计数器。8031 和 8155 的接口方法如图 9.17 所示。8155 中 RAM 的地址因 8031 中 P2.0＝**0**,即 As＝0,P2.7＝0,所以可选为 **0111,1110,0000,0000**B(7E00H)～**0111,1110,1111,1111**B(7EFFH);由表 9.7 I/O 口地址表得 7F00H～7F05H。

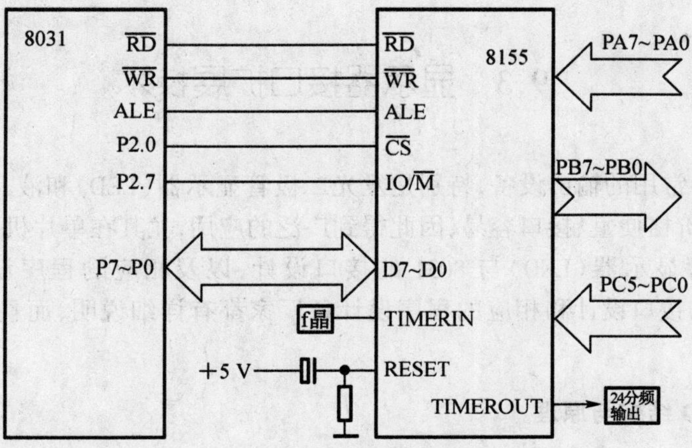


**图 9.17 8155 与 8031 连接**

**表 9.7 I/O 口编址表**

| A15 | A14 | A13 | A12 | A11 | A10 | A9 | A8 | A7 | A6 | A5 | A4 | A3 | A2 | A1 | A0 | I/O 口 |
|---|---|---|---|---|---|---|---|---|---|---|---|---|---|---|---|---|
| 0 | × | × | × | × | × | × | 1 | × | × | × | × | × | 0 | 0 | 0 | 命令状态口 |
| 0 | × | × | × | × | × | × | 1 | × | × | × | × | × | 0 | 0 | 1 | PA 口 |
| 0 | × | × | × | × | × | × | 1 | × | × | × | × | × | 0 | 1 | 0 | PB 口 |
| 0 | × | × | × | × | × | × | 1 | × | × | × | × | × | 0 | 1 | 1 | PC 口 |
| 0 | × | × | × | × | × | × | 1 | × | × | × | × | × | 1 | 0 | 0 | 定时器低八位口 |
| 0 | × | × | × | × | × | × | 1 | × | × | × | × | × | 1 | 0 | 1 | 定时器高八位口 |

若 A 口定义为基本输入方式，B 口定义为基本输出方式，定时器作为方波发生器，对 8031 的晶振频率进行二十四分频(但需注意 8155 的最高计数频率约 4MHz)，则 8155 I/O 口初始化程序如下：

```
STAT:   MOV     DPTR, # 7F04H      ;定时器低 8 位送 # 18H(24D)
        MOV     A, # 18H
        MOVX    @DPTR, A
        INC     DPTR               ;DPTR + 1→DPTR = # 7F05H
        MOV     A, # 40H           ;定时高 6 位送 000000B 工作方式为连续方波
                                   ;对 f 晶振 24 分频
        MOVX    @DPTR, A
        MOV     DPTR, # 7FOOH      ;命令状态口
        MOV     A, # OC2H
        MOVX    @DPTR, A
        ⋮
```

在同时需要扩展 RAM 和 I/O 口及计数器的 MCS－51 应用系统中选用 8155 是特别经济的。8155 的 RAM 可以作为数据缓冲器，8155 的 I/O 口可以外接打印机、A/D、D/A、键盘等控

制信号的输入输出。8155 的定时器可以作为分频器或定时器。

## 9.3 显示器接口扩展技术

显示器是最常用的输出设备,特别是发光二极管显示器(LED)和液晶显示器(LCD),由于其结构简单、价格便宜、接口容易,因此得到广泛的应用,尤其在单片机系统中。下面分别介绍发光二极管显示器(LED)与 8031 的接口设计,以及相应的程序设计。液晶显示器(LCD)与 8031 的接口设计和相应的程序设计各厂家都有详细说明,而且种类很多,这里不多叙述。

### 9.3.1 LED 结构与原理

发光显示器是单片机应用产品中常用的廉价输出设备。它是由若干个发光二极管组成的,当发光二极管导通时,相应的一个点或一个笔画发光,控制不同组合的二极管导通,就能显示出各种字符,常用的七段显示器结构如图 9.18 所示。

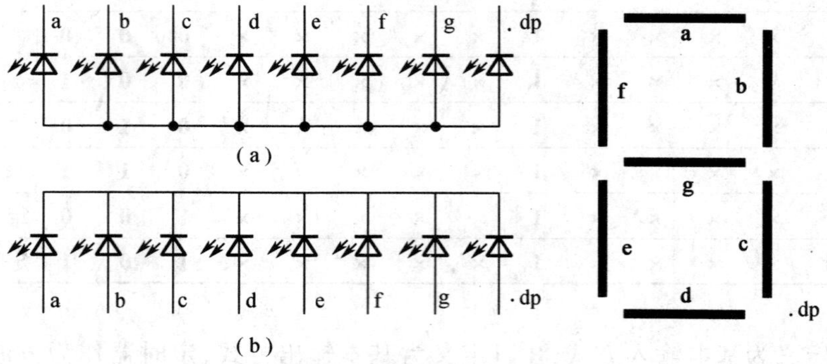


**图 9.18 发光管结构**

(a)共阳极;(b)共阴极

点亮显示器有静态和动态两种方法。所谓静态显示,就是当显示器显示某一个字符时,相应的发光二极管恒定地导通或截止。例如,七段显示器的 a,b,c,d,e,f 导通,g 截止,则显示 0。这种显示器方式,每一位都需要有一个 8 位输出口控制,所以占用硬件多,一般用于显示器位数很少的场合。当位数较多时,由于用静态显示所需的 I/O 口太多,一般采用动态显示方法。

所谓动态显示就是一位一位地轮流点亮各位显示器(扫描),对于每一位显示器来说,每隔一段时间点亮一次。显示器的点亮既与点亮时的导通电流有关,也与点亮时间和间隔时间的比例有关。调整电流和时间的参数,可实现亮度较高较稳定的显示。若显示器的位数不大于 8 位,则控制显示器公共极电位只需一个 I/O 口(称为扫描口),控制各位显示器所显示的字形也需一个 8 位口(称为段数据口)。8 位共阴极显示器和 8255 的接口逻辑如图 9.19 所示。8255 的 A 口作为扫描口,经同相驱动器 7545N 接显示器公共极,B 口作为段数据口,经同相驱动器 7407 接显示器的各个级。

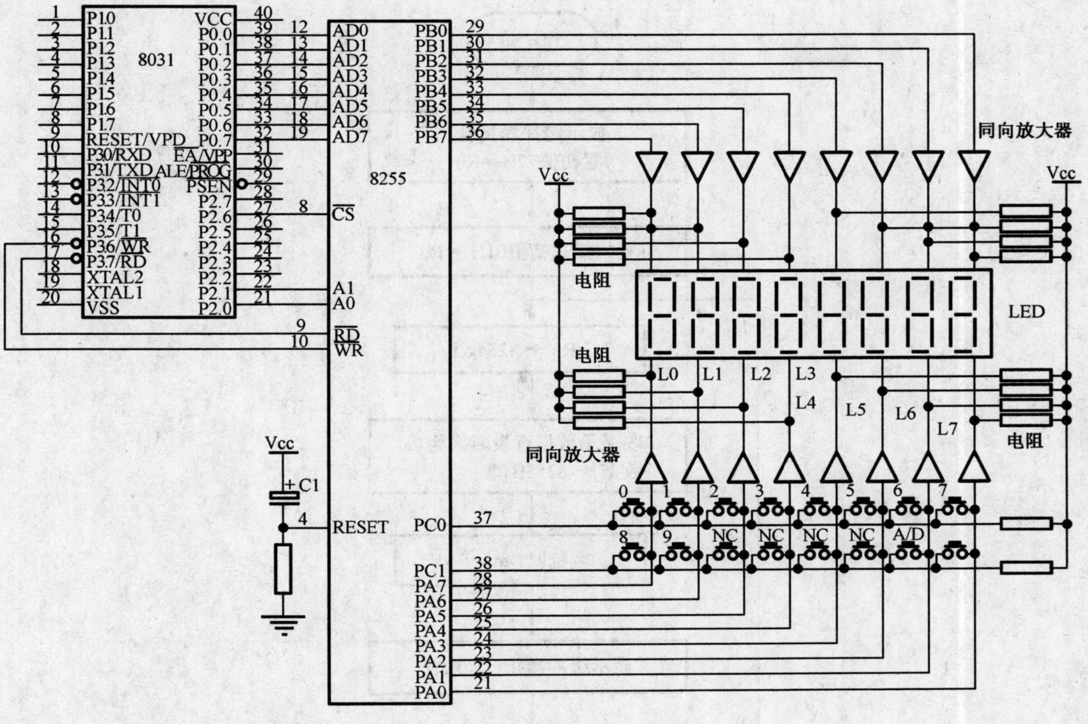


图 9.19 8 位动态显示接口

### 9.3.2 动态显示程序设计

对于图 9.19 中的 8 位显示器，在 8031 RAM 存储器中设置 8 个显示缓冲单元 77H ~ 7EH，分别存放 8 位显示器的显示数据，8255 的 A 口扫描输出总是有一位为高电平，8255 的 B 口输出相应位（共阴极）的显示数据的段数据使某一位显示出一个字符，其他位为暗，依次地改变 A 口输出为高电平的位，B 口输出对应的段数据，8 位显示器就显示出缓冲器中显示数据所确定的字符，显示子程序流程图如图 9.20 所示。在编此显示子程序之前，必需明确以下三个问题。

(1)初始化 8255。任何接口芯片不经初始化是不能工作的，也就是说不由你控制，初始化就是根据怎样使用它而设定控制字，此题我们是将 A 口、B 口作为输出口，C 口用作输入口（下节讲键盘时用），在图 9.4 中可查得在方式 0 下的控制字为 89H。

(2)各口的地址计算。由图可见我们是将片选信号线 $\overline{CS}$ 接 P2.6，A0 接 P2.0，A1 接 P2.1，可算得控制口地址为 BFFFH，A 口地址为 BCFFH，B 口地址为 BDFFH，C 口地址为 BEFFH。

(3)显示过程是先让第一块点亮（向 A 口送 FEH），然后根据第一个显示缓冲区中的数字，到表中取得对应的驱动码送到数据输出口（B 口）去显示。

根据以上三点可编出显示子程序。程序清单如下：

```
DIR:    MOV     DPTR, # 0BFFFH
        MOV     A, # 89H
```

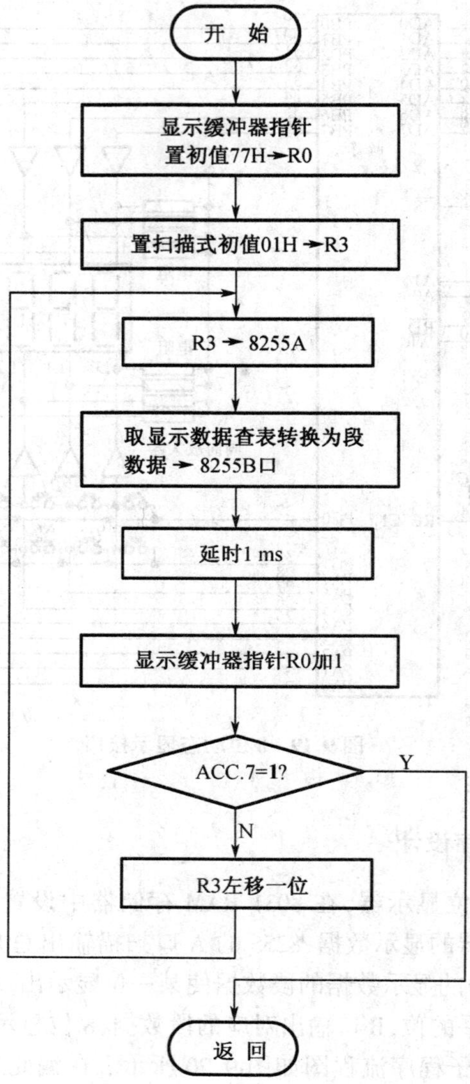


图 9.20　显示子程序流程图

```
        MOVX    @DPTR,A             ;8255 初始化
        MOV     R0, # 77H           ;显示数据缓冲区首址送 R0
        MOV     R3, # 0FEH          ;使显示器最右边位亮
        MOV     A,R3
LDO:    MOV     DPTR, # 0101H       ;扫描值送 PA 口(0101H 为 PA 口地址)
        MOVX    @DPTR,A
        INC     DPTR                ;数据指针指向 PB 口
        MOV     A, @R0              ;取显示数据
        ADD     A, # 12H            ;加上偏移量
```

```
        MOVC    A,@A+PC             ;取出字形
        MOVX    @DPTR,A             ;送出显示
        ACALL   DL1                 ;调用延时子程序
        INC     R0                  ;数据缓冲区地址加 1
        MOV     A,R3
        JB      ACC.7,LD1           ;扫描到第八个显示器了吗?
        RL      A                   ;没有
        MOV     R3,A                ;R3 左移一位,扫描下一个显示器
        AJMP    LD0
LD1:    RET
DSEG:   DB      3FH,06H,5BH,4FH,66H,6DH
DSEG1:  DB      7DH,07H,FH,67H,77H,7CH
DSEG2:  DB      39H,5EH,79H,71H,73H,3EH
DSEG3:  DB      31H,6EH,1CH,23H,40H,0311
DSEG4:  DB      18H,00H,00H,00H
DL1:    MOV     R7,#02H             ;延时子程序
DL:     MOV     R6,#OFFH
DL6:    DJNZ    R6,DL6
        DJNZ    R7,DL
        RET
```

根据硬件的变化修改,有了此子程序时可编出如下显示 1,2,3,4,5,6,7,8 的完整程序:

```
        ORG     0000H
        MOV     77H,#01H
        MOV     78H,#02H
        MOV     79H,#03H
        MOV     7AH,#04H
        MOV     7BH,#05H
        MOV     7CH,#06H
        MOV     7DH,#07H
        MOV     7EH,#08H
LOOP:   ACALL   DIR
        AJMP    LOOP
        END
```

## 9.4 键盘接口设计

键盘是由若干个按键组成的开关矩阵,它是一种廉价的输入设备。一个键盘,通常包括数字键(0~9),字母键(A~Z),以及一些功能键。操作人员可以通过键盘向计算机输入数据、地址、指令或其他的控制命令,实现简单的人机对话。

用于计算机系统的键盘有两类:一类是编码键盘,即键盘上闭合键的识别是由专用硬件实现的。另一类是非编码键盘,即键盘上键入及闭合键的识别由软件来完成。本节将主要介绍 8031 与非编码键盘的接口技术和键输入程序的设计。

键盘接口应具有如下功能:

(1)键扫描功能,即检测是否有键按下。

(2)键识别功能,确定被按下键所在的行列的位置。

(3)产生相应的键的代码(键值)

(4)消除按键弹跳及对付多键串键(复按)。

8031 与键盘的接口可采用下列三种方式:

(1)8031 通过并行接口与键盘接口(如 8155,8255)。

(2)8031 通过串行口与键盘接口。

(3)8031 的并行口直接与键盘接口。

### 9.4.1 键盘工作原理

3×3 的键盘结构如图 9.21 所示,图中列线通过电阻接 +5 V。当键盘上没有键闭合时,所有的行线和列线断开,列线 Y0 ~ Y2 都呈高电平。当键盘上某一个键闭合时,则该键所对应的列线与行线短路。例如 4 号键按下闭合时,行线 X1 和列线 Y1 短路,此时 Y1 的电平由 X1 行线的电位所决定。如果把列线接到微机的输入口,行线接到微机的输出口,则在微机的控制下,行线 X0 为低电平(0),其余 X1,X2 都为高电平,读列线状态。如果 Y0Y1Y2 都为高电平,则 X0 这一行上没有闭合键,如果读出的列线状态不全为高电平,则为低电平的列线与 X0 相交处的键处于闭合状态;从而判断 X0 这一行上有键闭合。这种逐行逐列地检查键盘状态的过程称为对键,可以采取定时控制方式,每隔一定时间,CPU 对键盘扫描一次,也可以采用中断方式,每当键盘上有键闭合时,向 CPU 请求中断,CPU 响应键盘输入中断,对键盘扫描,以识别哪一个键处于闭合状态,并对键输入信息作出相应处理。CPU 对键盘上闭合键的键号确定,可以根据行线和列线的状态计算求得,也可以根据行线和列线状态查表求得。

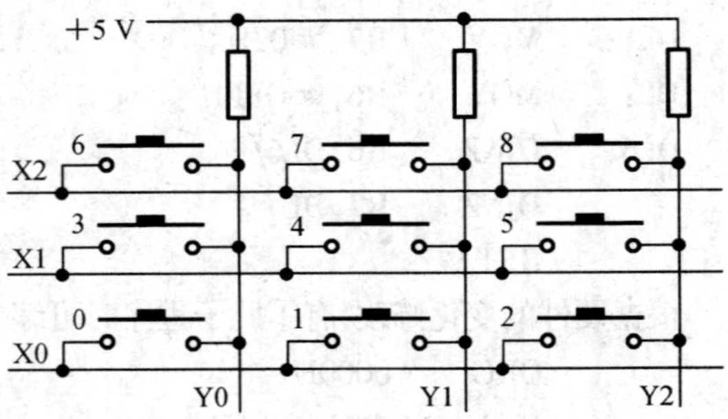


图 9.21 键盘结构

在图 9.21 中,X0 为低电平,1 号键闭合一次,Y1 的电压波形如图 9.22 所示。图中 t1 和 t3 分别为键的闭合和断开过程中的抖动期(呈现一串负脉冲),抖动时间长短与开关的机械特性有关,一般为 5 ~ 10 ms 之间,t2 为稳定闭合期,其时间由操作员的按键动作所确定,一般为十分之几秒 ~ 几秒。t0,t4 为断开期。为了保证 CPU 对键的闭合作一次处理,必须去除抖动,在键的稳定闭合或断开时,读键的状态,以便判别到键由闭合到释放,再作键输入处理。

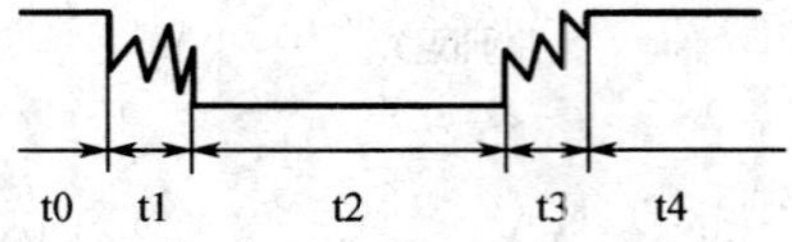


图 9.22 键闭合时列线电压波形

### 9.4.2　键盘接口设计

1.8031 经 8255 与键盘显示器接口方法

图 9.23 为 8×2 键盘,6 位显示器和 8031 的接口逻辑电路图,8031 外接一片 8255。因 8255 的$\overline{CS}$与 P2.6 接(A14=0),A0 与 P2.0 接(A8),A1 与 P2.1 接(A0),所以可选 83E8H 为 8255 控制字地址,84E8H 为 A 口地址,85E8H 为 B 口地址,86E8H 为 C 口地址。8255 的 PB 口为输出口控制显示器字形,PA 口作为输出口控制键扫描,作为键扫描口,同时又是 6 位显示器的扫描输出口,8255 的 C 口作为输入口,PC0~PC1 读入键盘数,称为键输入口。

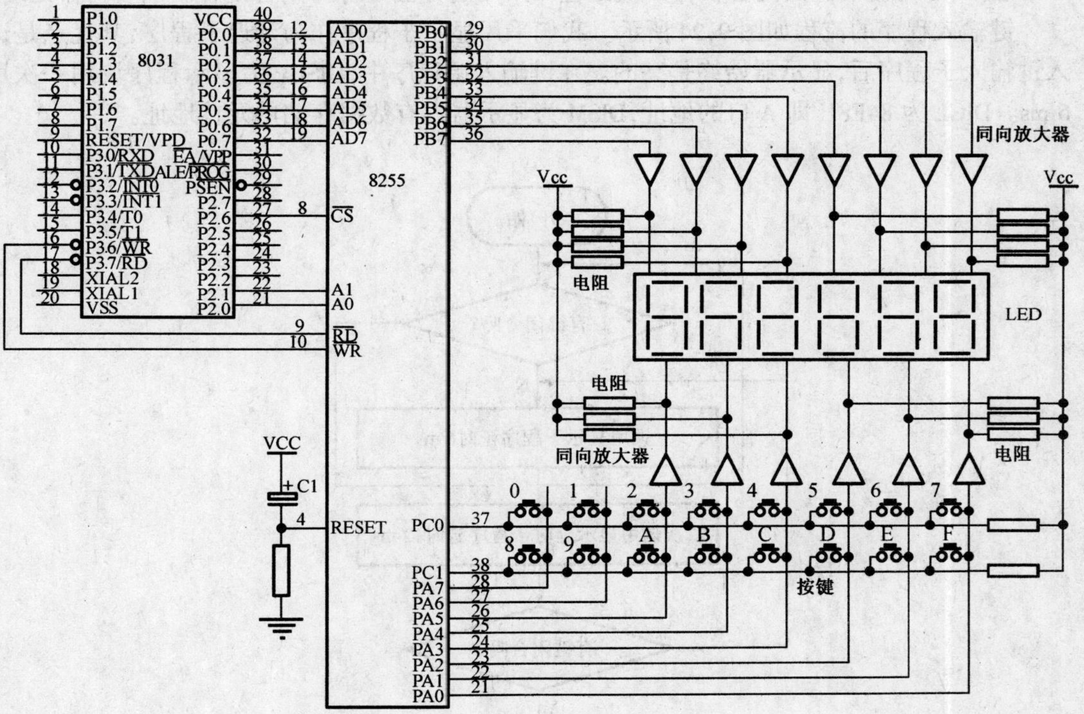


**图 9.23　8031 与 8255A 的键盘显示接口电路**

2.键输入程序

键输入程序的功能具体有以下四个方面。

(1)判别键盘上有无键闭合。其方法为扫描口 PA0~7 输出全**0**,读 PC 口的状态,若 PC0~PC3为全**1**(键盘上行线全为高电平),则键盘上没有闭合键,若 PC0~PC3 不为全**1**,则有键处于闭合状态;

(2)去除键的机械抖动,其方法为判别键盘上有键闭合后,延迟一段时间再判别键盘的状态,若仍有键闭合,则认为键盘上有一个键处于稳定的闭合期,否则认为是键的抖动;

(3)判别闭合键的键号,方法为对键盘的列线进行扫描,扫描口 PA0~7 依次输出如下:

| PA7 | PA6 | PA5 | PA4 | PA3 | PA2 | PA1 | PA0 |
|---|---|---|---|---|---|---|---|
| **1** | **1** | **1** | **1** | **1** | **1** | **1** | **0** |
| **1** | **1** | **1** | **1** | **1** | **1** | **0** | **1** |
| **1** | **1** | **1** | **1** | **1** | **0** | **1** | **1** |

⋮

| 1 | 0 | 1 | 1 | 1 | 1 | 1 | 1 |
|---|---|---|---|---|---|---|---|
| 0 | 1 | 1 | 1 | 1 | 1 | 1 | 1 |

同时相应地顺次读 PC 口的状态，若 PC0～1 不全**1**，则列线为**0**的这一列上没有键闭合，否则这一列上有键闭合，闭合键的键号等于低电平的列号加上为低电平的行的首键号。例如，PA 口输出为**11111011**时，读出 PC0～3 为**1101**，则 1 行 1 列相交的键处于闭合状态。第 1 行的首键号为 8，列号为 1，闭合键的键号为：

$$N = 行首键号 + 列号 = 8 + 1 = 9$$

(4)CPU 对键的一次闭合仅作一次处理。采用的方法是等待闭合键释放以后再作处理。

键输入程序的流程如图 9.24 所示。我们采用显示子程序作为延迟子程序，其优点是进入键输入子程序后，显示器始终是亮的。在键输入源程序中，DISUP 为显示程序调用一次用 6 ms。DIGL 为 84E8H 即 A 口的地址，DISM 为显示器占有数据存储单元首地址。

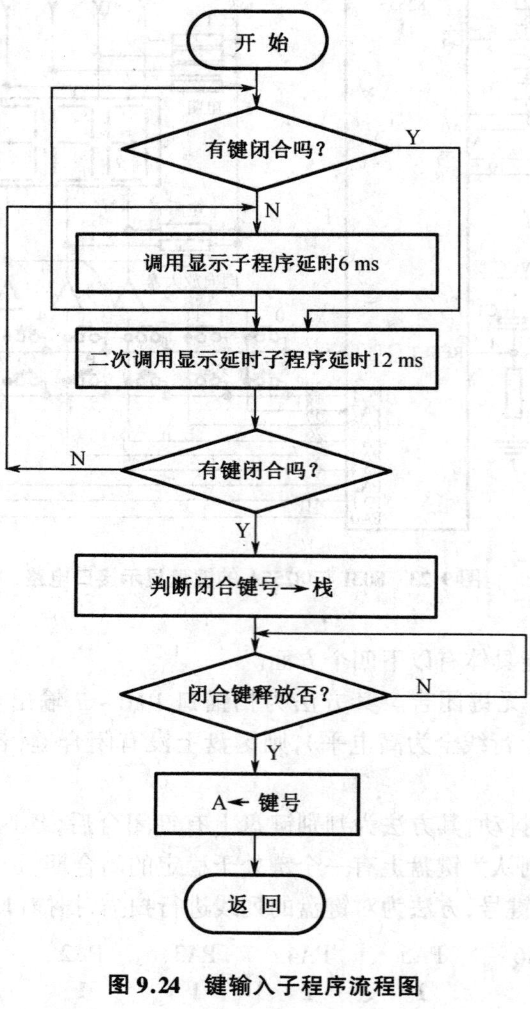


图 9.24 键输入子程序流程图

键输入源程序如下：

```
        ORG     8095H
        MOV     DPTR, # 83E8H       ;8255 初始化,A 口出,B 口出;
        MOV     A, # 81H            ;C 口入
        MOVX    @DPTR,A
KEY:    ACALL   KS1                 ;调用键是否闭合子程序
        JNZ     LK1
NI:     ACALL   DISUP               ;调用显示子程序等 6 ms
        AJMP    KEY                 ;返回
LK1:    ACALL   DISUP               ;等 12 ms
        ACALL   DISUP
        ACALL   KS1                 ;调用键是否闭合子程序
        JNZ     LK2                 ;有键按下转 LK2
        AJMP    NI                  ;无键按下转 NI
LK2:    MOV     R2, # 0FEH          ;扫描模式→R2(从 PA0 开始扫描)
        MOV     R4, # 00H           ;R4 清零
LK4:    MOV     DPTR, # DIGL        ;A 口逐列扫描
        MOV     A,R2
        MOVX    @DPTR,A
        INC     DPH                 ;取 C 口地址
        INC     DPH
        MOVX    A,@DPTR             ;读 C 口内容
        JB      ACC.0,LONE          ;转判 1 行
        MOV     A, # 00H            ;0 行有键闭合,首键号 0→
        AJMP    LKP                 ;转键处理
LONE:   JB      ACC.1,NEXT          ;转判下一行
        MOV     A, # 08H            ;1 列有键闭合,首键号 08→A
LKP:    ADD     A,R4                ;键处理
        PUSH    ACC                 ;键号进栈保护
LK3:    ACALL   DISUP               ;判键释放否
        ACALL   KSi
        JNZ     LK3
        POP     ACC                 ;键号出栈
        RET
NEXT:   INC     R4                  ;列计数器加 1
        MOV     A,R2                ;判是否扫描到最后一列
        JNB     ACC.7,KND
        RL      A                   ;扫描模式左移一位
        MOV     R2,A
        AJMP    LK4
KND:    AJMP    KEY
```

```
KS1:    MOV     DPTR, # DIGL        ;全0→扫描口 A 口
        MOV     A, # 00H
        MOVX    @DPTR,A
        INC     DPH
        INC     DPH
        MOVX    A,@DPTR             ;读键入状态
        CPL     A
        ANL     A, # 03H            ;屏蔽高 6 位(取低 2 位)
        RET     ;返回
```

显示程序:

```
        ORG     8030H
DISUP:  MOV     R0, # DISM          ;显示缓冲器首地→R0
        MOV     r3, # 0DFH          ;(从最高位开始显示)显示位,初值→R3
        MOV     A,R3
DIS0:   MOV     DPTR, # DIGL        ;显示口地址→DPTR
        MOVX    @DPTR,A             ;送 DFH→A 口
        INC     DPH                 ;DPH + 1→DPH,显示口地址(B 口地址)
        MOV     A,@R0
        ADD     A, # 17H            ;显示内容→A
        MOVC    A,@a + PC           ;转换成七段码值
        MOVX    @DPTR,A             ;送 PB 口显示字形
        MOV     R7, # 02H           ;延时
DL1:    MOV     R6, # 0FFH
DL2:    DJNZ    R6,DL2
        DJNZ    R7,DL1
        INC     R0                  ;缓冲器地址加 1
        MOV     A,R3                ;判是否已显示到最低位,是转 DIS2
        JNB     ACC.0,DIS2
        RR      A                   ;否数位模式右移一位(DFH→EFH)
        MOV     R3,A
        AJMP    DISO                ;转 DIS0 再显示
DIS2:   RET
DSEG:   DB      3FH,06H,5BH,4FH     ;七段码表
        DB      66H,6DH,7DH,07H
        DB      7FH,6FH,77H,7CH
        DB      39H,5EH,79H,71H
        DB      00H,09H,02H
```

注:DISM 为显示缓冲存储器 DISM0 ~ DISM5(存放被显示内容),DIGL 为显示器口地址,键输出口地址(PA 口)。

## 习题与思考题

9-1　I/O 接口和 I/O 端口有什么区别？I/O 接口的功能是什么？

9-2　常用的 I/O 端口编址有哪两种方式，它们各有什么特点？MCS-51 的 I/O 端口编址采用的是哪种方式？

9-3　I/O 数据传送由哪几种传送方式，分别在哪些场合下使用？

9-4　编写程序，采用 8255A 的 C 口按位置复位控制字，将 PC7 置**0**，PC4 置**1**，已知 8255A 各端口的地址为 7FFCH～7FFFH。

9-5　8255A 的方式控制字和 C 口按位置复位控制字都可以写入 8255A 的同一控制寄存器，8255A 是如何来区分这两个控制字的？

9-6　现有一片 8031，扩展了一片 8255A，若把 8255A 的 B 口用作输入，B 口的每一位接一个开关，A 口用作输出，每一位接一个发光二极管，请画出电原路原理图，并编写出 B 口某一位开关接高电平时，A 口相应位发光二极管被点亮的程序。

9-7　假设 8155H 的 TIMERIN 引脚输入的频率为 4 MHz，问 8155H 的最大定时时间是多少？

9-8　为什么要消除按键的机械抖动？消除按键机械抖动的方法有哪几种，原理是什么？

9-9　LED 的静态显示方式与动态显示方式有何区别，各有什么优缺点？

# 第 10 章 A/D 及 D/A 转换器接口

计算机输入、输出有多种形式，而对我们存在的世界而言，所涉及到的各种物理量大多数是以连续变化的模拟量形式出现的。我们知道，目前主流计算机都是以离散的数字量形式进行工作。模拟量要与计算机发生联系，就必须要实现模拟量与数字量之间的转换。实现这种转换的电路我们称为数模混合电路。

在数模混合电路中，较常用的是 A/D 转换器和 D/A 转换器。A/D 转换器和 D/A 转换器是沟通模拟电路和数字电路的桥梁，A/D 转换器可以把模拟信号转化为数字信号，D/A 转换器则可以把数字信号转化为模拟信号。通过 A/D 转换器和 D/A 转换器，我们可以方便地把各种计算机需要的物理量进行采集，也可以还原成我们需要的各种物理量。数字电位器和 DDS 芯片也可以看成是一种 D/A 转换器，数字电位器主要用于在数字系统中替代机械电位器对模拟量进行调整，DDS(Direct Digital Synthesizer)芯片主要是用来生成特定波形的波型生成器件，同时降低对 CPU 的资源占用。

计算机交互作用中输出的第二渠道为听觉，是人类生活中使用最广泛、最直接、最有效和最方便的交流形式；而且当诸如声响、音效、音乐和语音等声音同时输出时，还有比视觉显示形式更优越之处。例如，语音信息不需要显示设备，对声音的处理速度快，不受照明条件和物体障碍的限制。声音作为计算机输出的一种常用形式被广泛应用，并经常把视觉和听觉相结合提供更丰富的视听一体化声像信息。本章从实用角度出发，主要介绍语音芯片在电子创新活动中的应用。

## 10.1 常用 A/D 转换器

A/D 转换器能把输入模拟电压或电流变成与它成正比的可供计算机识别的数字量。A/D 转换器种类很多，但从原理上通常可分为以下四种：计数器式 A/D 转换器、双积分式 A/D 转换器、逐次逼近式 A/D 转换器、并行 A/D 转换器；从接口方式上可分为并行接口与串行接口两种。

### 10.1.1 A/D 转换器的原理

计数器式 A/D 转换器结构简单，但转换速度很慢，所以很少采用。双积分式 A/D 转换器抗干扰能力强，转换速度也很高，但速度不够理想，常用于数字式测量仪表中。计算机中广泛采用逐次逼近式 A/D 转换器作为接口电路，它的结构不太复杂，转换速度也很高。并行 A/D 转换器的转换速度最快，但因结构复杂且造价较高，故只用于那些转换速度极高的场合。鉴于篇幅，本书仅对逐次逼近式、双积分式和并行 A/D 式转换器的原理作以简单介绍。

1.逐次逼近式 A/D 转换原理

逐次逼近式 A/D 转换器也称为连续比较式 A/D 转换器。这是一种采用对分搜索原理来实现 A/D 转换的方法，逻辑框图如图 10.1 所示。图中，$V_X$ 为 A/D 转换器被转换的模拟输入电压。$V_S$ 是"N 位 D/A 转换网络"的输出电压,其值由"N 位寄存器"中的内容决定,受控制电路控制。比较器对 $V_X$ 和 $V_S$ 进行比较,并把比较结果送给"控制电路"。整个 A/D 转换在逐次比较的过程中形成,形成的数字量存放在 $N$ 位寄存器中,先形成最高位,然后是次高位,最后形成最低位。

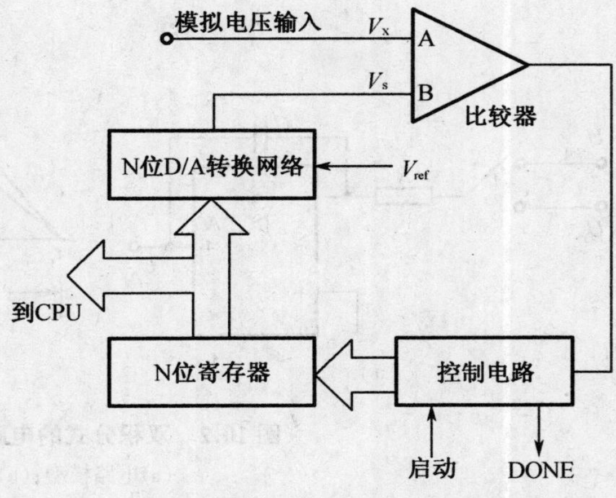


图 10.1 逐次逼近式 A/D 转换器示意图

"控制电路"从"启动"输入端收到 CPU 送来的"启动"脉冲开始工作。"控制电路"工作后便使"$N$ 位寄存器"最高位置1和其余位清零,"$N$ 位 D/A 转换网络"根据"$N$ 位寄存器"内容产生 $V_S$ 电压,其值为满量程 $V_{ref}$的 1/2,并送入比较器进行比较。若 $V_X > V_S$,则比较器输出逻辑1,通过"控制电路"使"$N$ 位寄存器"中最高位的1保留,表示输入模拟电压 $V_X > \frac{V_{ref}}{2}$;若 $V_X < V_S$,则比较器通过控制电器使 N 位寄存器的最高位复位,表示 $V_X > \frac{V_{ref}}{2}$。这样,A/D 转换的最高位数字量就形成了。因此,控制电路依次对 $N-1, N-2, \cdots, [N-(N-1)]$位重复上述过程,就可使"$N$ 位寄存器"得到和模拟电压 $V_X$ 相对应的数字量。"控制电路"在 A/D 转换完成后还自动使 DONE 变为高电平,CPU 查询 DONE 引脚上状态(或作为中断请求)就可从 A/D 转换器提取 A/D 转换后的数字量。

2.双积分型 A/D 转换原理

双积分型 A/D 属于 V－T 变换式,其基本原理是在一个工作周期内,首先对输入电压 $U_i$ 在确定的时间内(采样时间)进行积分,积分时间为 $T_1$,也称定时积分;然后切断 $U_i$,在积分器的输入端加与 $U_i$ 极性相反的标准电压 $U_r$,由于 $U_r$ 一定,所以称为定值积分,但积分方向相反,直到积分输出达到起始电平为止,积分时间为 $T_2$,从而将电压转换成时间间隔。现在对时间间隔的测量技术已很成熟,只要用电子计数器累计此时间间隔的脉冲数,即得 $U_i$ 值。双积分式的电路模型与工作波形如图 10.2 所示。

设 $U_i$ 为负的直流电压,当 $t = t_1$ 时接入 $U_i$,于是开始第一次积分,即对 $U_i$ 定时积分,定时时间为 $t_1 \sim t_2$,记为 $T_1$,积分输出为

$$U_o = -\frac{1}{RC}\int_{t_1}^{t_2}(-U_i)\mathrm{d}t = \frac{T_1}{RC}U_i \tag{10.1}$$

当 $t = t_2$ 时接入 $U_r$,发生第二次积分,对 $U_r$ 定值积分,积分时间为 $t_2 \sim t_3$,记为 $T_2$,积分输出

$$U_o = -\frac{1}{RC}\int_{t_2}^{t_3}U_r\mathrm{d}t = -\frac{T_2}{RC}U_r \tag{10.2}$$

若两次积分后 $U_o = 0$,则

$$\frac{T_1}{RC}U_i = \frac{T_2}{RC}U_r \tag{10.3}$$

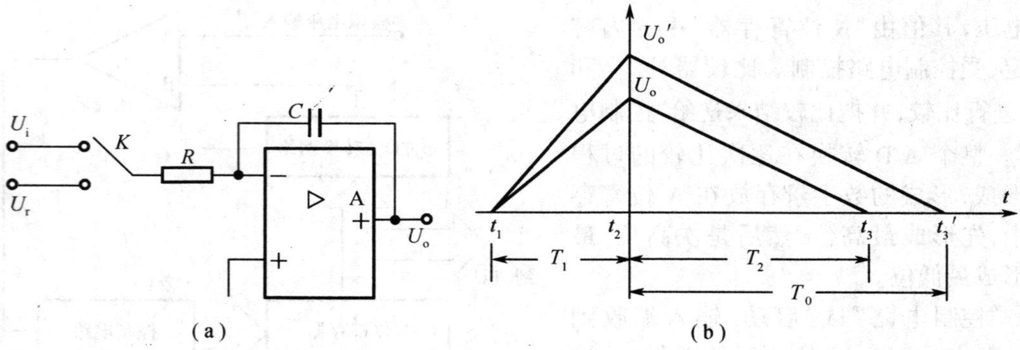

**图 10.2 双积分式的电路模型与工作波形**

(a)电路模型;(b)工作波形

解得

$$U_i = \frac{T_2}{T_1} U_r \tag{10.4}$$

若用计数器在 $T_1$, $T_2$ 时间间隔内计数,计数脉冲周期为 $T_O$,计数值分别为 $N_1$, $N_2$,则

$$U_i = \frac{N_2 T_o}{N_1 T_O} U_r = \frac{N_2}{N_1} U_r \tag{10.5}$$

其中,$N_1$ 为定时时间的计数值,$U_r$ 为基准电压,$N_1$, $U_r$ 均为常数,则 $N_2$ 代表了 $U_i$ 的大小。当 $U_i$ 变化时,例如 $U_i$ 变成 $U'_i$,且 $U'_i$ 的绝对值大于 $U_i$ 的绝对值,则定时积分 $T_1$ 段的输出变为 $U'_o$;在定值积分的 $T_2$ 段,积分起始点从 $U'_o$ 开始反向积分,而基准电压 $U_r$ 不变,积分的斜率不变,所以积分时间由 $T_2$ 变成 $T'_2$。

目前,双积分式 A/D 变换器普遍实现了单片集成化,常见的类型包括 3 位半双积分式 A/D 变换器,如 ICL7106, ICL7107, ICL7116, ICL7126, ICL7136, MCl4433, MAX138, MAX139, MAX140 等;4 位半双积分式 A/D 变换器,如 ICL7135, ICL7129 等。

3.并行 A/D 转换原理

上述 N 位逐次逼近式 A/D 转换器需要进行 N 次比较才能完成输入模拟电压的一次 A/D 转换。为了进一步提高转换速度,可采用并行 A/D 转换器。图 10.3 所示为三位二进制并行 A/D 转换电路。其工作过程具体如下。

(1)参考电压 $V_{ref}$ 经电阻分压网络分压成 $\frac{13}{14}V_{ref}$, $\frac{11}{14}V_{ref}$, $\frac{9}{14}V_{ref}$, …, $\frac{1}{14}V_{ref}$,分别输入到比较器 $C_7 \sim C_1$ 的相应输入端,各比较器另一输入端彼此相连后接到模拟电压输入端 $V_X$。

(2)$C_7 \sim C_1$ 比较器把 $V_X$ 和相应标准分压比较。若 $V_X$ 大于或等于某一标准分压,则比较器使 $Q_7 \sim Q_1$ 中相应的触发器置**1**;若 $V_X$ 小于某一标准分压,则 $Q_7 \sim Q_1$ 中相应位复位成**0**。因此,任一输入模拟电压 $V_X$ 都会在 $Q_7 \sim Q_1$ 中产生状态信息。

(3)$Q_7 \sim Q_1$ 中的状态信息经**异或**门控制编码电路,编码电路由 $M_3$, $M_2$ 和 $M_1$ 组成,数字量从 $A_3$, $A_2$, $A_1$ 端输出。例如,当 $V_X$ 恰好为 $\frac{13}{14}V_{ref}$ 时,$Q_7 \sim Q_1$ 为全**1**,而使得 $A_3$, $A_2$, $A_1$ 输出数字量**111**B。又如,若 $V_X$ 恰好为 $V_{ref}$ 时,$Q_1$ 为**1**,$Q_7 \sim Q_2$ 为全**0**,使得 $A_3$, $A_2$, $A_1$ 输出数字量**001**B。

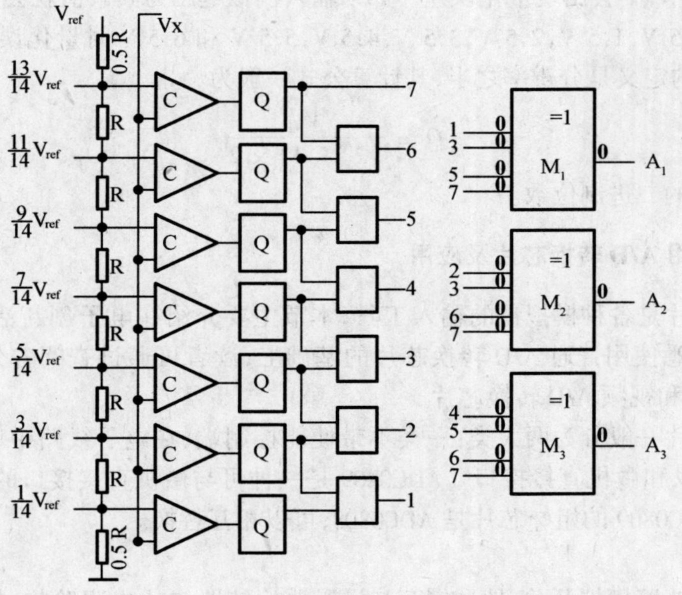


**图 10.3 三位二进制并行 A/D 转换电路**

(4)对于 $N$ 位并行 A/D 转换器,其电阻分压网络需要分压成 $m(m=2^N-1)$个标准电压。$N$ 越大,电阻网络越复杂,制造时越困难,成本也越高。但转换电路中各比较器、触发器和其他电路几乎是同时工作的,故在需要极高转换速度的场合下采用并行 A/D 转换器还是十分必要的。

### 10.1.2 A/D 转换器的性能指标

ADC(Analog-Digital Converter)是 A/D 转换器的简称。ADC 的性能指标是正确选用 AD 芯片的基本依据,也是衡量 AD 质量的关键指标。ADC 性能指标很多,如分辨率、线性度、转换速度、转换精度、偏移误差,温度灵敏度和功耗等,这里主要讲以下两点。

1.转换速度(Conversion Rate)

转换速度是指完成一次 A/D 转换所需时间的倒数,它是一个很更要的指标。ADC 型号不同,转换速度差别很大。通常,8 位逐次比较式 ADC 的转换时间为 100 us 左右。选用的 ADC 型号应视具体使用环境需要定。在控制时间允许情况下,应尽量选用便宜的逐次比较式A/D转换器。

2.转换精度(Conversion Accuracy)

ADC 的转换精度由模拟误差和数字误差组成。模拟误差是比较器、解码网络中电阻阻值,以及基准电压波动等引起的误差。数字误差主要包括丢失码误差和量化误差,前者属于非固定误差,由器件质量决定,后者和 ADC 输出数字量位数有关,位数越多,误差越小。

在 A/D 转换过程中,模拟量是一种连续变化的量,数字量是断续的量。因此,A/D 转换器位数固定以后,并不是所有模拟电压都能用数字量精确表示。例如,假定 3 位二进制 A/D 转换器的满量程值 $V_{ref}$ 为 7 V,即输入模拟电压可以在 0~7 V 之间连续变化,但两位数字量只能有 8 种组合。如果模拟输入电压为 0 V,1 V,2 V,3 V,4 V,5 V,6 V 和 7 V 时,三位数字量恰好能精确表示,不会出现量化误差。如果输入模拟电压为其余值就会产生量化误差,输入模拟电压为 0.5 V,1.5 V,2.5 V,3.5 V,4.5 V,5.5 V 和 6.5 V 时量化误差最大,应为 0.5 V。故量化误差的定义是分辨率之半,其计算公式一般为

$$Q = \frac{V_{ref}}{(2^N - 1) \times 2} \tag{10.6}$$

式中,$N$ 为 ADC 的二进制位数。

### 10.1.3 常用 A/D 转换芯片及应用

A/D 转换芯片是各种模拟量的输入工具,本节主要介绍在电子创新活动中常用的 A/D 转换芯片。在熟悉使用普通 A/D 转换芯片的基础上,读者可通过查阅各公司芯片资料,开发使用高速 A/D 和视频 A/D 转换芯片。

A/D 转换芯片一般分为两大类:一类不带使能控制端,在电子线路中使用;另一类带有使能控制端,可以和微机直接接口。ADC0809 是一种可与微机直接接口的 8 位逐次逼近式 A/D 转换器。ADC0809 的姐妹芯片是 ADC0808,可以相互替换。

1.内部结构

ADC0809 由八路模拟开关、地址锁存与译码器比较器、256 电阻阶梯、树状开关、逐次逼近式寄存器 SAR、控制电路和三态输出锁存器等组成,如图 10.4 所示。

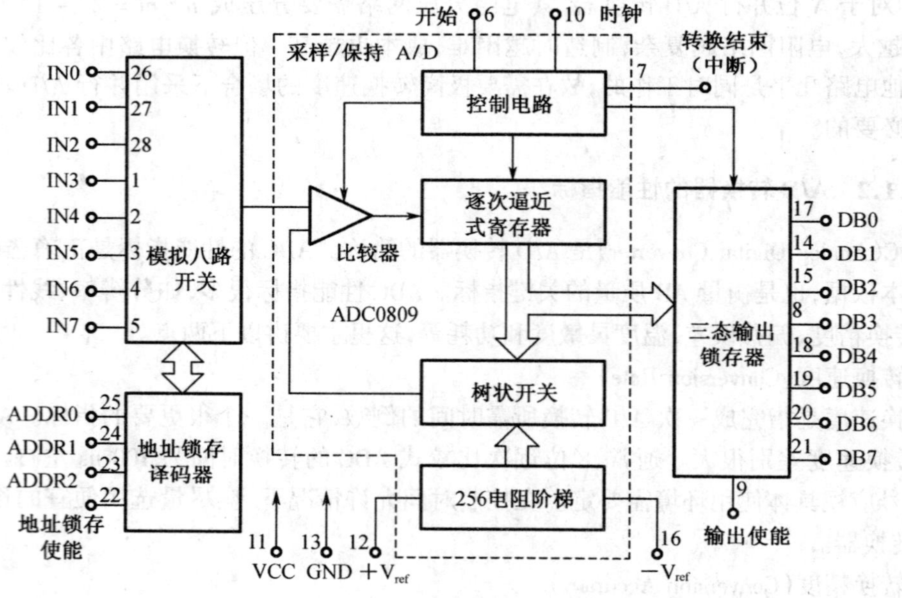


**图 10.4 ADC0809 内部逻辑框图**

(1)八路模拟开关及地址锁存与译码器

八路模拟开关用于输入 IN0 ~ IN7 上八路模拟电压。地址锁存和译码器在 ALE 信号控制下可以锁存 ADDR0,ADDR1 和 ADDR2 上的地址信息,经译码后控制 IN0 ~ IN7 上的模拟电压送入比较器。例如,当 ADDR0、ADDR1 和 ADDR2 上均为低电平以及 ALE 为高电平时,地址锁存和译码器输出使 IN0 上模拟电压送到比较器输入端 $V_{IN}$。

(2)256 电阻阶梯和树状开关

为了简化问题起见,现以二位电阻阶梯和树状开关为例加以说明,如图 10.5 所示。

图中,四个分压电阻使 $A$,$B$,$C$ 和 $D$ 四点分压成 $\frac{5}{8}V_{ref}$,$\frac{3}{8}V_{ref}$,$\frac{1}{8}V_{ref}$ 和 $0\cdot V_{ref}$。SAR 中高位 D1 控制左边两只树状电子开关,低位 D0 控制右边四只树状开关。各开关旁的**0** 和 **1**表示树状开关闭合条件,由 D1D0 状态决定。例如,D1 = **1**,则上面开关闭合而下面开关断开,D1 = **0**时的情况正好与此相反。树状开关和输出电压 $V_{ST}$ 的关系列出于表 10.1。

**表 10.1　$V_{ST}$ 和 D1D0 的关系表**

| D1 | D0 | $V_{ST}$ |
|---|---|---|
| **0** | **0** | $0\cdot V_{ref}$ |
| **0** | **1** | $\frac{1}{8}V_{ref}$ |
| **1** | **0** | $\frac{3}{8}V_{ref}$ |
| **1** | **1** | $\frac{5}{8}V_{ref}$ |

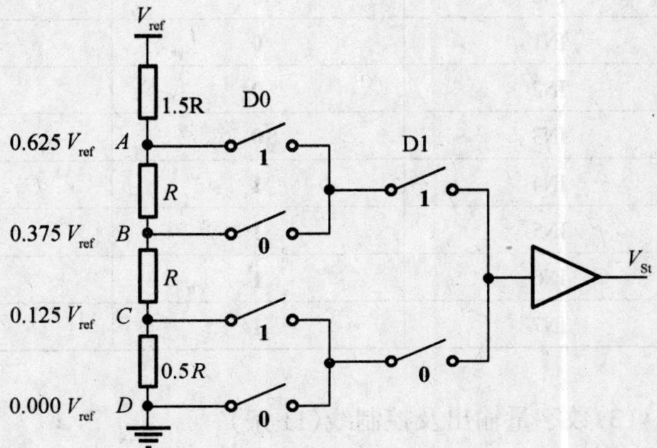


**图 10.5　二位电阻阶梯和树状开关**

对于 8 位 A/D 转换器,SAR 为八位,电阻阶梯、树状开关和上述情况类似。只是要有 $2^8 = 256$ 个分压电阻,形成 256 个标准电压供给树状开关使用。$V_{ST}$ 送给比较器输入端。

(3)逐次逼近寄存器和比较器

SAR 在 A/D 转换过程中存放暂态数字量,在 A/D 转换完成后存放数字量,并可送到"三态输出锁存器"。

A/D 转换前,SAR 为全**0**。A/D 转换开始时,控制电路使 SAR 最高位为**1**,并控制树状开关的闭合和断开,由此产生 $V_{ST}$ 送给比较器。比较器对输入模拟电压 $V_{IN}$ 和 $V_{ST}$ 进行比较。若 $V_{IN} < V_{ST}$,则比较器输出逻辑**0**,而使 SAR 最高位由**1**变为**0**;若 $V_{IN} > V_{ST}$,则比较器输出使 SAR 最高位保留**1**。此后,控制电路在保持最高位不变条件下,依次对次高位、次次高位……最低位重复上述过程,就可在 SAR 中得到 A/D 转换完成后的数字量。

(4)三态输出锁存器和控制电路

三态输出锁存器用于锁存 A/D 转换完成后的数字量。CPU 使 OE 引脚变为高电平就可以从"三态输出锁存器"取走 A/D 转换后的数字量。

控制电路用于控制 ADC0809 的操作过程。

2.引脚功能

ADC0809 采用双列直插封装,共 28 条引脚(注意其引脚排列不规则),现分四组对引脚功能简述如下。

(1)IN0 ~ IN7(8 条)

IN0 ~ IN7 为八路模拟电压输入线,用于输入被转换的模拟电压。

(2)地址输入和控制(4 条)

ALE(22＃)为地址锁存允许输入线,高电平有效。当 ALE 为高电平时,ADDR0,ADDR1 和 ADDR2 三条地址线上的地址信号被锁存,经译码后控制八路模拟开关工作,地址输入线用于选择 IN0～IN7 上哪一路模拟电压送给比较器进行 A/D 转换,它对 IN0～IN7 的选择如表 10.2 所示。

**表 10.2　被选模拟量路数和地址的关系**

| 模拟输入 | ADDR2 | ADDR1 | ADDR2 |
|---|---|---|---|
| IN0 | 0 | 0 | 0 |
| IN1 | 0 | 0 | 1 |
| IN2 | 0 | 1 | 0 |
| IN3 | 0 | 1 | 1 |
| IN4 | 1 | 0 | 0 |
| IN5 | 1 | 0 | 1 |
| IN6 | 1 | 1 | 0 |
| IN7 | 1 | 1 | 1 |

(3)数字量输出及控制线(11 条)

START(6＃)为"启动脉冲"输入线,由 CPU 送来正脉冲,宽度应大于 100 ns,上升沿清零 SAR,下降沿启动 ADC 工作。EOC(7＃)为转换结束输出线,该线上高电平表示 A/D 转换已结束,数字量已锁入"三态输出锁存器"。$2^{-1}$～$2^{-8}$为数字量输出线,$2^{-1}$为最高位。OE(9＃)为"输出允许"线,高电平时有效,$2^{-1}$～$2^{-8}$引脚输出转换后的数字量。

③电源线及其他(5 条)

CLOCK(10＃)为时钟输入线,用于为 ADC0809 提供逐次比较所需的 640 kHz 时钟脉冲序列。Vcc(11＃)为＋5 V 电源输入线,GND(13＃)为地线。$+V_{ref}$(12＃)和$-V_{ref}$(16＃)为参考电压输入引脚,用于供给电阻阶梯网络用标准电压。

ADC0809 通用接口电路如图 10.6 所示。AD 转换时钟建议频率值为 640 kHz,其输入频率范围为 10 kHz～1 280 kHz,采用 51 单片机为控制CPU时,常用 51 单片机的 ALE 管脚信号的二份频信号作为 AD 转换时钟信号。片选信号可由 GPIO 产生,也可由地址线统一编址后译码产生。

在简单的学习、实验电路中,参考电源正极($+V_{ref}$)通常和 $Vcc$ 相连,参考电源地($-V_{ref}$)通常接地。

3.ADC0809 与 MCS－51 的接口电路

在实际使用中既要考虑价位又要考虑产品体积,还要考虑布线的方便合理,为了达到上述效果,常用电路如图 10.7 所示。

图 10.8 所示为 8031 与 ADC0809 的接口电路图。ADC0809 是带有多路模拟开关的 8 位 A/D 转换芯片,所以它可有 8 个模拟量的输入端,由芯片的 A,B,C 三个引脚来选择模拟输入通道中的一个。A,B,C 三端分别与 8031 的地址总线 A0,A1,A2 相接。ADC0809 的 8 位数据输出是带有三态缓冲器的,由输出允许信号(OE)控制,所以 8 根数据线可直接与 8031 的 P0.0～P0.7 相接。地址锁存信号(ALE)和启动转换信号(START)由软件产生(执行一条

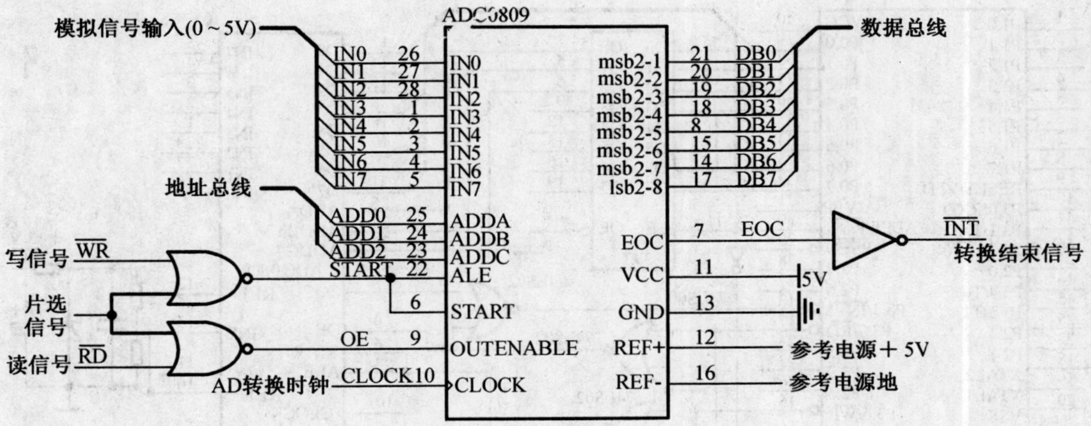


图 10.6　ADC0809 常用接口电路

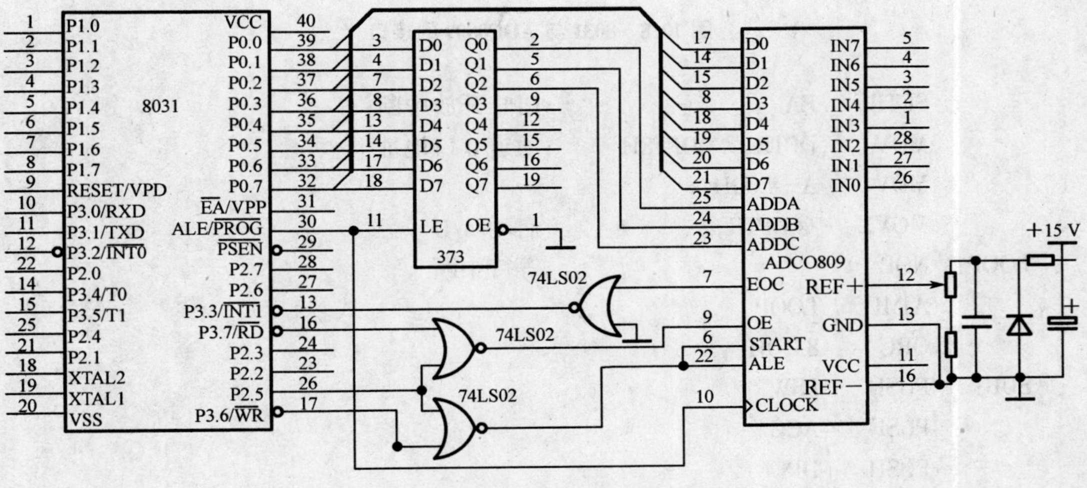


图 10.7　8031 与 ADC0809 的接口

MOVX @DPTR,A 指令),输出允许信号(OE)也由软件产生(执行一条 MOVXA,@DPTR 指令)。ADC0809 的时钟信号 CLK 决定了芯片的转换速度,该芯片要求 CLK 频率＜640 Hz,故可同 8031ALE 信号相接。转换完成信号 EOC 送到 INT1 输入端,8031 在相应的中断服务程序里读入经 ADC0809 转换后的数据,送到以 30H 为首址的内部 RAM 中。以模拟通道 0 为例,操作程序具体如下:

```
        ORG     8013H
        8013H   AJMP            SUB
        ORG     8130H
MAIN:   MOV     R0, # 30H
        SETB    IT1             ;INT1 边沿触发
        SETB    EX1             ;开放 INT1 中断
```

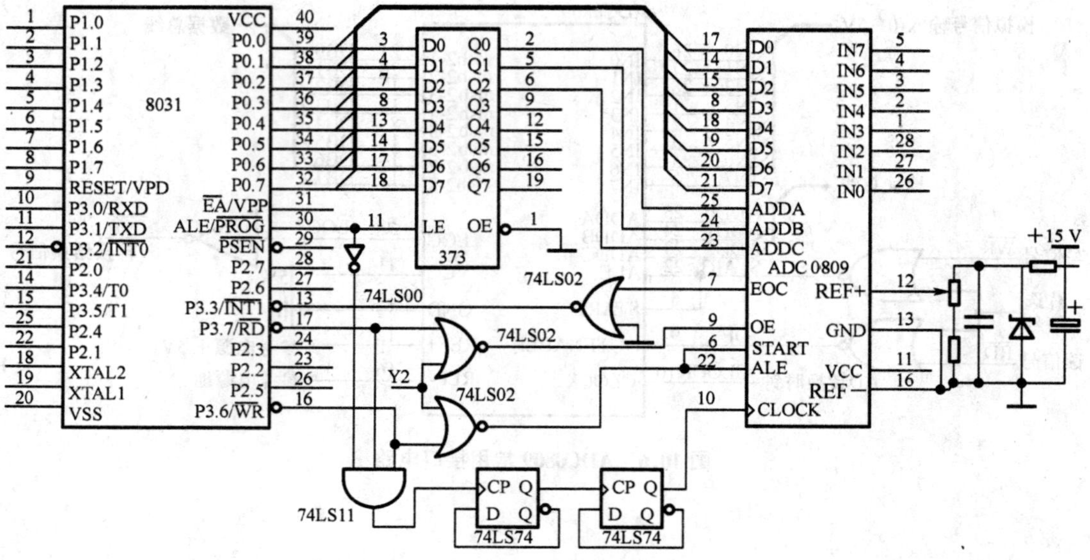

**图 10.8 8031 与 ADC0809 的接口**

```
        SETB    EA              ;CPU 开放中断
        MOV     DPTR, # 0DFF8H  ;通道 0 口地址
        MOV     A, # 00H
        MOVX    @DPTR, A        ;启动 A/D
LOOP:   NOP                     ;等待中断
        AJMP    LOOP
        ORG     8310H
SUB:    PUSH    PSW
        PUSH    ACC
        PUSH    DPL
        PUSH    DPH
        MOV     DPTR, # 0DFF8H
        MOVX    A, @DPTR        ;读数据
        MOV     @R0, A          ;数存入以 30H 为首址的内部 RAM
        INC     R0
        MOV     DPTR, # 0DFF8H
        MOVX    @DPTR, A        ;再次启动 A/D
        DOP     DPH
        POP     DPL
        POP     ACC
        POP     PSW
        RETI
```

## 10.2 常用D/A转换器

通常,D/A转换器可以直接从单片机输入数字量,转换成模拟量,推动执行机构动作,控制被控对象工作。这就要求D/A转换器的输出模拟量能随输入数字量成正比地变化,以便使输出模拟量 $V_{out}$ 反映数字量B的大小,即有如下关系式:

$$V_{out} = B \times V_R \tag{10.7}$$

式中,$V_R$ 为常量,由参考电压 $V_{ref}$ 决定;B为二进制数。

数字量B的位数通常为8位和12位,B为 $n$ 位时的通式为

$$B = b_{n-1} b_{n-1} \cdots b_1 b_0 = b_{n-1} \times 2^{n-1} + b_{n-2} \times 2^{n-2} + \cdots + b_1 \times 2^1 + b_0 \times 2^0 \tag{10.8}$$

式中,$b_{n-1}$ 为B的最高位;$b_0$ 为最低位。

D/A转换器可分成四类:并行输入/电压输出型、并行输入/电流输出型、串行输入/电压输出型、串行输入/电流输出型。

### 10.2.1 D/A转换原理

D/A转换器的原理很简单,可以总结为"按权展开,然后相加"。换句话说,D/A转换器要把输入数字量中每位都按其权值分别转换成模拟量,并通过运算放大器求和相加。因此,D/A转换器内部必须要有一个解码网络,以实现按权值分别进行D/A转换的功能。

解码网络通常有两种:二进制加权电阻网络和T型电阻网络。在二进制加权电阻网络中,每位二进制位的D/A转换是通过相应位加权电阻实现的,这必然造成加权电阻阻值差别极大,尤其在D/A转换器位数较大时更不能允许。例如,若某D/A转换器有12位,则最高位加权电阻为10 kΩ时,最低位加权电阻应当是 $10\ \text{k}\Omega \times 2^{11} = 20\ \text{M}\Omega$。这么大的电阻值在VLSI技术中是很难制造出来的,即便制造出来,其精度也很难符合要求。因此,现代D/A转换器几乎毫无例外地采用T型电阻网络进行解码。

为了说明T型电阻网络的原理,现以四位D/A转换器为例加以讨论。图10.9为它的原理框图,框内为T型电阻网络(桥上电阻均为 $R$,桥臂电阻为 $2R$);OA为运算放大器,也可以外接;$A$ 点为虚拟地;$V_{ref}$ 为参考电压;$S_0 \sim S_3$ 为电子开关,受四位DAC寄存器中 $b_3, b_2, b_1, b_0$ 控制。为了分析问题的方便,设 $b_3, b_2, b_1, b_0$ 全为**1**,故 $S_3, S_2, S_1, S_0$ 全部和**1**端相连。根据克希荷夫定律,如下关系成立:

$$\left.\begin{aligned} I_3 &= \frac{V_{ref}}{2R} = 2^3 \cdot \frac{V_{ref}}{2^4 \cdot R} \\ I_2 &= \frac{I_3}{2R} = 2^2 \cdot \frac{V_{ref}}{2^4 \cdot R} \\ I_1 &= \frac{I_2}{2R} = 2^1 \cdot \frac{V_{ref}}{2^4 \cdot R} \\ I_0 &= \frac{I_1}{2R} = 2^0 \cdot \frac{V_{ref}}{2^4 \cdot R} \end{aligned}\right\} \tag{10.9}$$

事实上,$S_3 \sim S_0$ 的状态是受 $b_3, b_2, b_1, b_0$ 控制的,若它们中有些位为**0**,$S_3 \sim S_1$ 中相应开关会因和**0**端相接而无电流流过。为此,可以得到通式

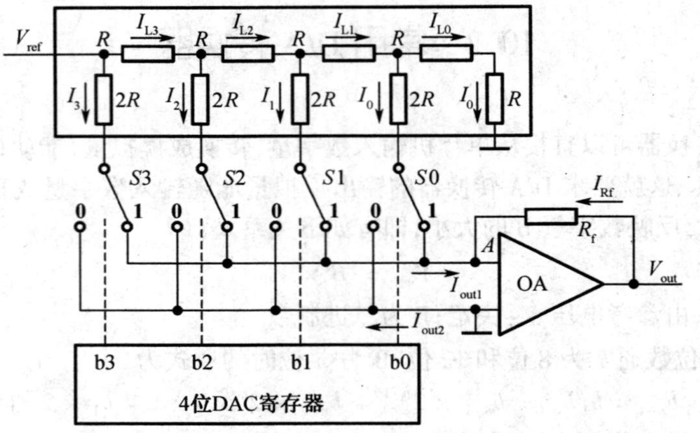


**图 10.9 T 型电阻网络型 D/A 转换器**

$$I_{out1} = b_3 \cdot I_3 + b_2 \cdot I_2 + b_1 \cdot I_1 + b_0 \cdot I_0 =$$

$$(b_3 \cdot 2^3 + b_2 \cdot 2^2 + b_1 \cdot 2^1 + b_0 \cdot 2^0) \cdot \frac{V_{ref}}{2^4 R} \tag{10.10}$$

选取 $R_f = R$,并考虑 $A$ 点为虚地,故

$$I_{Rf} = - I_{out1} \tag{10.11}$$

因此,可以得到

$$V_{out} = I_{Rf} \cdot R_f = -(b_3 \cdot 2^3 + b_2 \cdot 2^2 + b_1 \cdot 2^1 + b_0 \cdot 2^0) \cdot \frac{V_{ref}}{2^4 R} \cdot R_f = -B \cdot \frac{V_{ref}}{256} \tag{10.12}$$

对于 $n$ 位 T 型电阻网络,上式可变为

$$V_{out} = -(b_{n-1} \cdot 2^{n-1} + b_{n-2} \cdot 2^{n-2} + \cdots + b_1 \cdot 2^1 + b_0 \cdot 2^0) \cdot \frac{V_{ref}}{2^n R} \cdot R_f = -B \cdot \frac{V_{ref}}{2^n} \tag{10.13}$$

上述讨论表明,D/A 转换过程主要是由解码网络实现,而且是并行工作的。换句话说,D/A 转换器是并行输入数字量的,每位代码也同时被转换成模拟量。这种转换方式的速度快,一般为微秒级,有的可达几十纳秒。

### 10.2.2 D/A 转换器的性能指标

DAC(Digital Analog Converter)性能指标是选用 DAC 芯片型号的依据,也是衡量芯片质量的重要参数。DAC 性能指标,主要有以下四个。

(1)分辨率(Resolution)

分辨率是指 D/A 转换器能分辨的最小输出模拟增量,取决于输入数字量的二进制位数。一个 $n$ 位的 DAC 所能分辨的最小电压增量定义为满量程值的 $2^{-n}$ 倍。例如,满量程为 10 V 的 8 位 DAC 芯片的分辨率为 10 V×$2^{-8}$ = 39 mV;一个同样量程的 16 位 DAC 的分辨率高达 10 V×$2^{-16}$ = 153 μV。

(2)转换精度(Conversion Accuracy)

转换精度和分辨率是两个不同的概念。转换精度是指满量程时DAC的实际模拟输出值和理论值的接近程度。对T型电阻网络的DAC,其转换精度与参考电压 $V_{ref}$、电阻值和电子开关的误差有关。通常,DAC的转换精度为LSB/2。LSB是指最低一位数字量变化引起输出幅度的变化量。例如,满量程时理论输出值为10 V,实际输出值是在9.99 V~10.01 V之间,其转换精度为±10 mV。

(3)偏移量误差(Offset Error)

偏移量误差是指输入数字量为零时,输出模拟量对零的偏移值。这种误差通常可以通过DAC的外接 $V_{ref}$和电位计加以调整。

(4)线性度(Linearity)

线性度是指DAC的实际转换特性曲线和理想直线之间的最大偏差。通常,线性度不应超出±1/2 LSB。

除上述指标外,转换速度(Conversion Rate)和温度灵敏度(Temperature Sensitivity)也是DAC的重要技术参数。因为它们都比较小,通常情况下可以不予考虑。

### 10.2.3 并行输入/电流输出D/A转换器DAC0832

目前,市场上销售的D/A转换器有两大类:一类在电子电路中使用,不带使能端和控制端,只有数字量输入和模拟量输出线;另一类是专为微型计算机设计的,带有位能端和控制端,可以直接和微型计算机接口。

能和微机接口的DAC芯片有很多种,有内部带数据锁存器和不带数据锁存器的,也有8位、10位和12位之分。DAC0832是这类DAC芯片中的一种,由美国国家半导体公司(National Semiconductor Corporation)研制,其姐妹芯片还有DAC0830和DAC0831,都是8位芯片,可以相互代换。现对DAC0832的内部结构和引脚功能分述如下。

1.DAC0832内部结构

DAC0832内部有三部分电路组成,如图10.10所示。8位输入寄存器用于存放CPU送来的数字量,使输入数字量得到缓冲和锁存,由$\overline{LE1}$加以控制。8位DAC寄存器用于存放待转换的数字量,由$\overline{LE2}$控制。8位D/A转换电路由8位T型电阻网络和电子开关组成,电子开关受“8位DAC寄存器”输出控制,T型电阻网络能输出和数字量成正比的模拟电流。因此,DAC0832通常需要外接运算放大器才能得到模拟输出电压。

2.引脚功能

DAC0832共有20条引脚,双列直插式封装,引脚连接和命名如图10.10所示。

(1)数字量输入线DI0~DI7(8条):DI7~DI0常和CPU数据总线相连,用于输入CPU送来的待转换数字量,DI7为最高位。

(2)控制线(5条):$\overline{CS}$为片选线,当其为低电平时,表示本片被选中工作。ILE为允许数字量输入线,当ILE为高电平时,“8位输入寄存器”允许数字量输入。$\overline{XFER}$为传送控制输入线,低电平有效。$\overline{WR1}$和$\overline{WR2}$为两条写命令输入线,$\overline{WR1}$用于控制数字量输入到输入寄存器,若ILE为**1**,$\overline{CS}$为**0**和$\overline{WR_1}$为**0**同时满足,则**与**门M1输出高电平,8位输入寄存器接收信号;若上述条件中有一个不满足,则M1输出由高变低,8位输入寄存器锁存数据;$\overline{WR2}$用于控制D/A转换的时间,若$\overline{XFER}$和$\overline{WR2}$同时为低电平,则M3输出高电平,8位DAC寄存器输出跟随输入,否则M3输出由高电平变为低电平时,8位DAC寄存器锁存数据。而$\overline{WR1}$和$\overline{WR2}$的

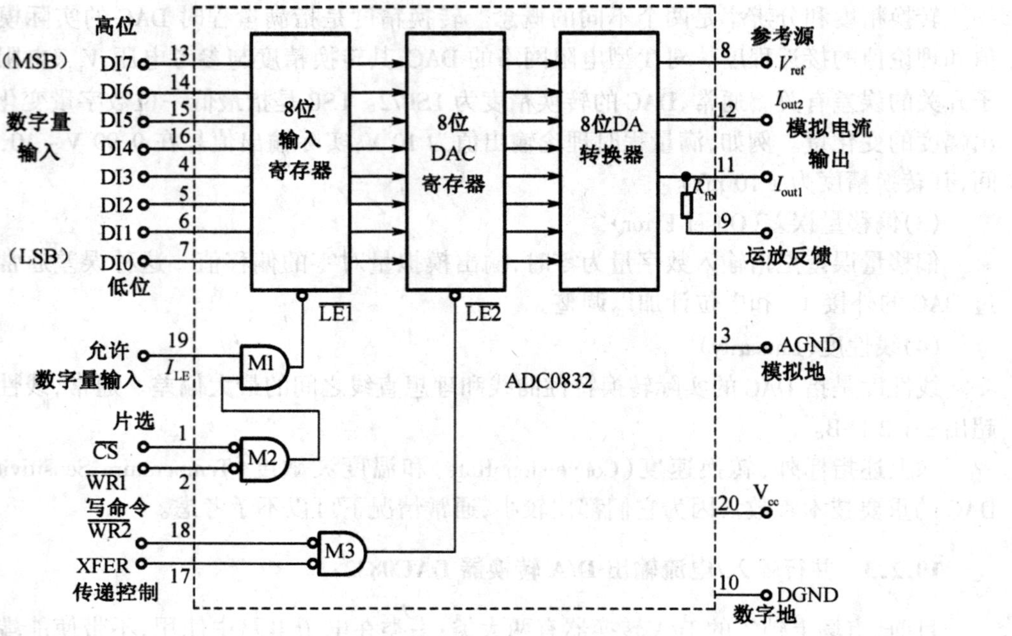


**图 10.10 DAC0832 原理框图**

脉冲宽度要求不小于500 ns,即便 $V$cc 提高到 15 V,其脉宽也不应小于 100 ns。

(3)输出线(3 条):$R_{fb}$为运算放大器反馈线,常常接到运算放大器输出端,$I_{out1}$ 和 $I_{out2}$ 为两条模拟电流输出线。$I_{out1}+I_{out2}$ 为一常数。若输入数字量为全**1**,则 $I_{out1}$ 最大,$I_{out2}$ 最小;若输入数字量为全**0**,则 $I_{out1}$ 最小,$I_{out2}$ 最大。为了保证额定负载下输出电流的线性度,$I_{out1}$ 和 $I_{out2}$引脚线上电位必须尽量接近地电平。为此,$I_{out1}$ 和 $I_{out2}$ 通常接运算放大器输入端。

(4)电源线(4 条):$V$cc 为电源输入线,可在 +5 V ~ +15 V 范围内;$V_{ref}$ 为参考电压,一般在 -10 V ~ +10 V 范围内;DGND 为数字量地线;AGND 为模拟量地线。数字量与模拟量分别就近接地,最后两条地线接在一起。常用电路如图 10.11 所示。

注意:DAC0832 转换速度一般,后端选用 OP07 作为运算放大器即可,换成 OP37 等宽带运放反而可能工作不正常,其原因是 OP37 带宽过宽,各种消噪措施不足,导致噪声被放大。

在简单的学习、实验电路中,参考电压可和数字电源(DVCC)相连,同时模拟地(AGND)和数字地(DGNA)也连在一起。

3.DAC0832 和 MCS-51 的接口

DAC0832 可工作在单、双缓冲器方式下。单缓冲器方式即输入寄存器的信号和 DAC 寄存器的信号同时控制,使一个数据直接写入 DAC 寄存器。这种方式适用于只有一路模拟量输出或几路模拟量不需要同步输出的系统。双缓冲器方式,即输入寄存器的信号和 DAC 寄存器信号分开控制,这种方式适用于几个模拟量需同时输出的系统。下面我们分别讨论上述两种方式时的接口方法。

(1)单缓冲器方式

图 10.12 为具有单极性一路模拟量的 8031 系统。图中 ILE 接 +5V,Iout2 接地,Iout1 输出电流

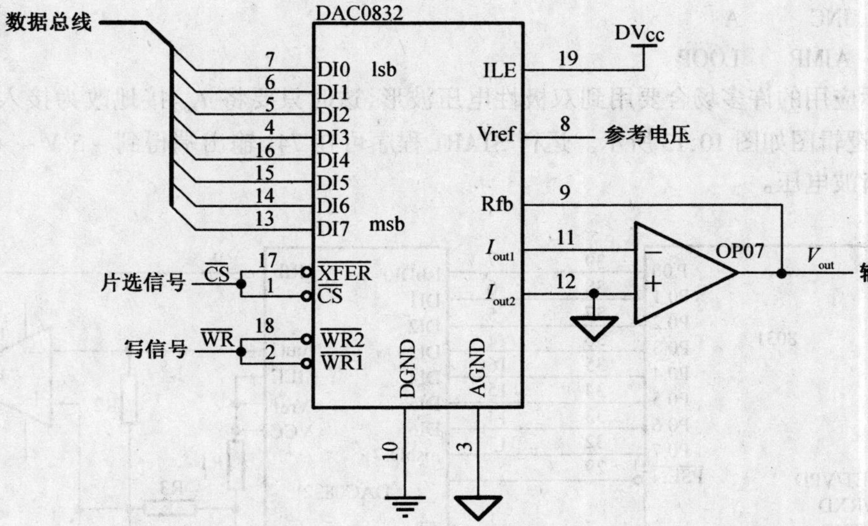


图 10.11 DAC0832 常用接口电路

经运放器741输出一个单极性电压,范围为0~5V。片选信号和传送信号都连到地址线A15,输入寄存器和DAC寄存器地址都可选为7FFFH,写选通输入线都和8031的写信号连接,CPU对0832执行一次写操作,则把一个数据直接写入DAC寄存器,0832的模拟量随之变化。

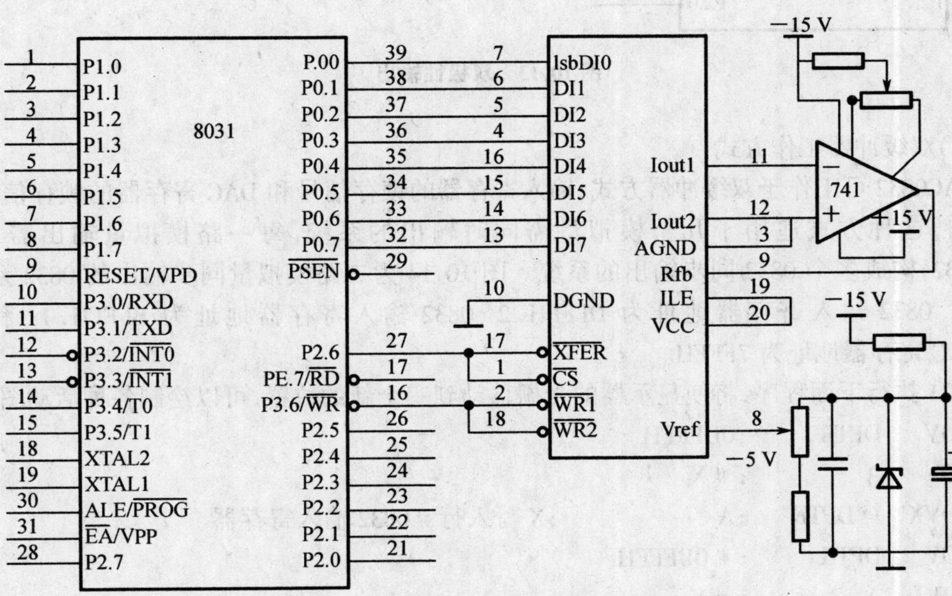


图 10.12 单极性单缓冲器电路接口图

8031执行下面的程序,将在运放输出端得到一个锯齿波电压。

```
START:MOV     DPTR, #7FFFH        ;0832 口地址
      MOV     A, #00H
```

```
LOOP: MOVX   @DPTR,A          ;送数据
      INC    A
      AJMP   LOOP
```

在实际应用的许多场合要用到双极性电压波形，这时只要将 $I_{out2}$ 接地改为接入一个运放，其接口逻辑图如图 10.13 所示。运行 START 程序可在 741 输出端得到 -5 V～+5 V 的双极性锯齿波电压。

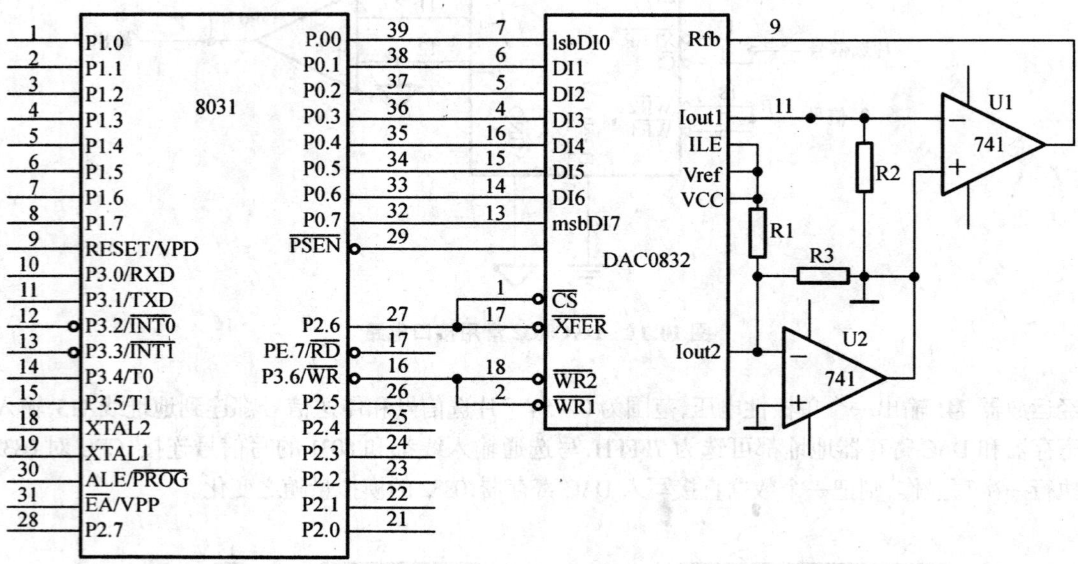

图 10.13 双极性输出

(2)双缓冲器工作方式

DAC0832 可工作于双缓冲器方式，输入寄存器的锁存信号和 DAC 寄存器的锁存信号分开控制，这种方式适用于几个模拟量需同时输出的系统，每一路模拟量输出需一个 DAC0832，构成多个 0832 同步输出的系统。图 10.14 为二路模拟量同步输出的 0832 系统。图中，1# 0832 输入寄存器地址为 DFFFH，2# 0832 输入寄存器地址为 BFFFH，1# 和 2# 0832DAC 寄存器地址为 7FFFH。

8031 执行下面程序，将使显示器的光栅移动到一个新的位置，可以绘制各种活动图形。

```
MOV    DPTR,    ;0DFFFH
MOV    A        ;#X
MOVX   @DPTR    ;A          ;X写入行#0832输入寄存器
MOV    DPTR     ;#0BFFFH
MOV    A        ;#Y
MOVX   @DPTR    ;A          ;Y写入场#0832输入寄存器
MOV    DPTR     ;#7FFFH
MOVX   @DPTR    ;A          ;1#,2#输入寄存器内容同时传送到DAC寄存器
```

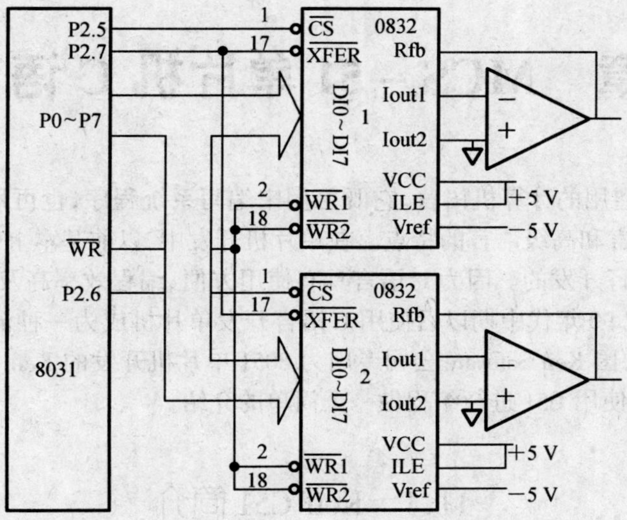


**图 10.14　二路模拟量同步输出系统**

## 习题与思考题

10－1　本章提及的 D/A，A/D 转换器各有哪几种工作方式，请分别叙述其工作原理。

10－2　请为 8031 单片机设计一个两路 D/A 接口，使该接口能在示波器上显示一个字母“Y”的图像。试画出该接口的硬件连接图，并进行程序设计。

10－3　D/A 转换器的主要性能指标有哪些？设某 DAC 为二进制 12 位，满量程输出电压为 5 V，试问它的分辨率是多少？

10－4　MCS－51 与 DAC0832 接口时，有哪三种连接方式，各有什么特点，各适合在什么场合使用？

10－5　分析 A/D 转换器产生量化误差的原因，一个 8 位的 A/D 转换器，当输入电压为 0～5 V 时，其最大的量化误差是多少？

10－6　目前应用较广泛的 A/D 转换器主要有哪几种类型，它们各有什么特点？

10－7　在一个由 8031 单片机与一片 ADC0809 组成的数据采集系统中，ADC0809 的 8 个输入通道的地址为 7FF8H～7FFFH，试画出有关接口电路图，并编写出每隔 1 分钟轮流采集一次 8 个通道数据的程序，共采样 50 次，其采样值存入片外 RAM 2000H 单元开始存储区中。

# 第 11 章 MCS-51 单片机 C 语言编程

C 语言是一种通用的计算机语言,它既可用来编写系统程序,也可用来编写应用程序。它同时具有汇编语言和高级语言的特点。在单片机开发中,以前基本上使用汇编语言,也有使用 BASIC 语言进行开发的。因为 C 语言具有使用方便、编程效率高及仿真调试容易等突出特点。自 20 世纪 90 年代中期以后使用 C 语言开发单片机成为一种流行的趋势。C51 的版本很多,本章以德国 Keil Software 公司专门为 8051 单片机开发的 Keil C51 编译器为例,对 51 系列单片机如何使用 C51 进行编程做一个简单的介绍。

## 11.1 Keil C51 简介

使用 Keil 的开发工具,其项目开发周期和任何软件开发项目都大致相同,要按下列步骤编程:

(1)创建 C 语言或汇编语言的源程序;

(2)编译或汇编源文件运算符;

(3)纠正源文件中的错误;

(4)从编译器和汇编器连接目标文件;

(5)测试连接的应用程序。

Keil C51 为用户提供了下列主要开发工具:

(1)C51 优化 C 编译器

(2)A51 宏汇编器

(3)8051 工具连接器目标文件转换器库管理器

(4)Windows 版 dScope 源程序级调试器/模拟器

(5)Windows 版 μVision 集成开发环境

Keil C51 既可以编辑、编译和调试汇编语言程序,也可以编辑、编译和调试 C51 程序。是一个基于 WINDOWS 平台的集成开发环境。它不但可以仿真模拟一般的程序运行,同时还可以仿真模拟 I/O 口、定时/计数器、串行口及中断等单片机特有的功能部件,甚至可以模拟在某个 I/O 引脚上输入一个方波或正弦波。鉴于篇幅有限,本书只就 C51 编程的一些基本方法做简要的介绍。如需深入了解可参阅有关专门介绍 Keil C51 的书籍。

## 11.2 C51 程序设计基础知识

### 11.2.1 C 语言的特点

(1)语言简洁、紧凑,使用方便、灵活,运算符极其丰富。其生成的目标代码质量高,程序执行效率较高(与汇编语言相比),可移植性好(与汇编语言相比),可以直接操纵硬件。

### 11.2.2 一个简单的 C51 例子

一个完整的 C51 程序是由一个 main()函数(又称主函数)和若干个其他函数结合而成的,或仅由一个 main()函数构成。

**例 11.1** 仅由 main()函数构成的 C 语言程序。

```
#include <reg51.h>
#include <stdio.h>
#include <intrins.h>
void main (void)
{
  P0 = 0x00;
  P1 = 0x01;
  P2 = 0x02;
  P3 = 0x03;
}
```

【程序说明】

```
#include <reg51.h>
#include <stdio.h>
#include <intrins.h>
```

其中,reg51.h 为寄存器说明头文件;stdio.h 为输入输出说明头文件;intrins.h 为部分特殊指令说明头文件。可根据对 8051 编程的需要选择头文件,一般情况下若只用于简单控制这三个头文件就够了。所以一般编程时先写上这三个头文件,如果编译出错再根据错误信息加其他的头文件。

```
void main (void)
{
  P0 = 0x00;
  P1 = 0x01;
  P2 = 0x02;
  P3 = 0x03;
}
```

这一段程序为 C51 的主函数。由于 P0,P1,P2 及 P3 在 reg51.h 中已有说明,故直接赋值即可。

【运行结果】 将 P0,P1,P2 及 P3 口依次置为 0x00,0x01,0x02 及 0x03(0x00,0x01,0x02 及 0x03 为 C 语言中十六进制 0,1,2 及 3 的表示方法),在 Keil C51 中运行结果如图 11.1 所示。

### 11.2.3 C51 的基础知识

1. 标识符

标识符是指程序中某个对象的名字。这些对象可以是变量、常量、函数、数据类型及语句等。

标识符命名规则如下:

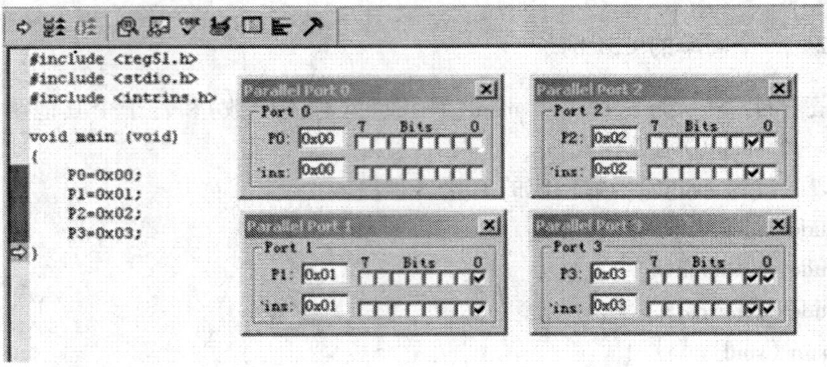


**图 11.1 例 11.1 程序运行结果**

(1)有效字符 只能由字母、数字和下划线组成,且以字母或下划线开头。

(2)有效长度 随系统而异,但至少前 8 个字符有效,如果超长,则超长部分被舍弃。

2.关键字

关键字是 C51 用于说明类型、语句功能等专门用途的标识符,又称保留字,如 int,printf 等。

标准 C 语言的关键字共有 32 个,根据关键字的作用可分为数据类型关键字、控制语句关键字、存储类型关键字和其他关键字四类。结合单片机的特点 C51 在此基础上又扩展了一部分关键字,如 data,sfr 及 bit 等。

### 11.2.4 存储空间定义

单片机由于体积小,不可能像微型计算机那样有很大的存储器,如 8051 内部只有 128 字节的 RAM。因此首先必须根据需要指定各种变量的存放位置。C51 定义的存储器类型关键字及对应存储变量的存储空间如表 11.1 所示。

**表 11.1**

| 存储器类型关键字 | 存储器空间 | 说　　明 |
|---|---|---|
| data | 内部 RAM(00H～7FH) | 128 字节,可直接寻址 |
| Bdata | 内部 RAM (20H～2FH) | 16 字节,可位寻址 |
| Idata | 内部 RAM(00H～FFH) | 256 字节,间接寻址全部内部 RAM |
| Pdata | 外部 RAM(00H～FFH) | 256 字节,用 MOVX @Ri 指令访问 |
| Xdata | 外部 RAM(0000H～0FFFFH) | 64K 字节,用 MOVX @DPPTR 指令访问 |
| CODE | 程序存储器(0000H～0FFFFH) | 64K 字节,用 MOVC @A＋DPTR 指令访问 |

### 11.2.5 C51 数据类型

1.char:字符型(8 位整数)

长度为 1 个字节。

(1)unsigned char:字符或无符号 8 位整数,数据范围为 0~255。

(2)signed char:有符号 8 位整数,其最高位为符号位,数据范围为 -128~+127。

默认值:signed char。

2. int:整型(16 位整数)

长度为 2 个字节。

(1)unsigned int:无符号 16 整数,数据范围为 0~65 535。

(2)signed int:有符号 16 位整数,其最高位为符号位,数据范围为 -32 768~+32 767。

默认值:signed int。

3. long:长整型(32 位整数)

长度为 4 个字节。

(1)unsigned long:无符号 16 整数,数据范围为 0~4 294 967 295。

(2)signed long:有符号 16 位整数,其最高位为符号位。数据范围:-2 147 483 648~+2 147 483 647。

默认值:signed long。

4. float:单精度浮点型

长度为 4 个字节。

5. *:指针型

存放数据地址的变量,即它存放的是需要寻址数据的地址。定义和使用指针型变量可以很方便地对 8051 单片机各部分物理地址直接进行操作。其实际应用参考后面的应用实例。

6. bit:位型

C51 编译器提供的一种扩展数据类型。使用它可定义一个位变量,但不能定义位指针,也不能定义位数组。

```
int bdata ibase;                  /* Bit-addressable int */
char bdata bary[4];               /* Bit-addressable array */
sbit mybit0  = ibase^0;           /* bit 0 of ibase */
sbit mybit15  = ibase^15;         /* bit 15 of ibase */
sbit Ary07 = bary[0]^7;           /* bit 7 of bary[0] */
sbit Ary37 = bary[3]^7;           /* bit 7 of bary[3] */
```

7. sfr:特殊功能寄存器

C51 编译器提供的一种扩展数据类型,用于访问 8051 单片机特殊功能寄存器,sfr 型数据为 1 个字节,是一个仅用于特殊功能寄存器空间的 8 位无符号的整型变量。

```
sfr P0 = 0x80;                    /* Port-0, address 80h */
sfr P1 = 0x90;                    /* Port-1, address 90h */
sfr P2 = 0xA0;                    /* Port-2, address 0A0h */
sfr P3 = 0xB0;                    /* Port-3, address 0B0h */
```

8. sfr16:16 位特殊功能寄存器

C51 编译器提供的一种扩展数据类型。用于以 16 位方式访问 8051 单片机特殊功能寄存器,sfr16 型数据为 2 个字节,也是一个仅用于特殊功能寄存器空间的 16 位无符号的整型变量。

```
sfr16 T2 = 0xCC;                  /* Timer 2: T2L 0CCh, T2H 0CDh */
```

```
sfr16 RCAP2 = 0xCA;          /* RCAP2L 0CAh,RCAP2H 0CBh */
```

9.sbit:可寻址位型

C51 编译器提供的一种扩展数据类型。用于定义和访问 8051 内部 RAM 及特殊功能寄存器中可位寻址的空间。

```
sfr PSW = 0xD0;
sfr IE = 0xA8;
sbit OV = PSW ^ 2;
sbit CY = PSW ^ 7;
sbit EA = IE ^ 7;
```

表 11.2 为 C51 所有支持数据类型一览表。

表 11.2 C51 所有支持数据类型

| 数据类型 | 位数 | 字节数 | 数值范围 | 说　明 |
|---|---|---|---|---|
| bit | 1 | | 0 ~ 1 | 位型 |
| signed char | 8 | 1 | -128 ~ +127 | 有符号字符型 |
| unsigned char | 8 | 1 | 0 ~ 255 | 无符号字符型 |
| enum | 16 | 2 | -32768 ~ +32767 | 枚举型 |
| signed short | 16 | 2 | -32768 ~ +32767 | 有符号短整型 |
| unsigned short | 16 | 2 | 0 ~ 65535 | 无符号短整型 |
| signed int | 16 | 2 | -32768 ~ +32767 | 有符号整型 |
| unsigned int | 16 | 2 | 0 ~ 65535 | 无符号整型 |
| signed long | 32 | 4 | -2147483648 ~ +2147483647 | 有符号长整型 |
| unsigned long | 32 | 4 | 0 ~ 4294967295 | 无符号长整型 |
| float | 32 | 4 | ±1.175494E-38 ~ ±3.402823E+38 | 单精度浮点型 |
| sbit | 1 | | 0 ~ 1 | 可寻址位型 |
| sfr | 8 | 1 | 0 ~ 255 | 8 位特殊功能寄存器型 |
| sfr16 | 16 | 2 | 0 ~ 65535 | 16 位特殊功能寄存器型 |

### 11.2.6 C51 存储空间的定义

变量存储空间按下列两种方式定义。

方式 1:

[数据类型] [存储器类型] 变量名

方式 2:

[存储器类型] [数据类型] 变量名

例如:

```
unsigned char data i,num;
unsigned char data display_data_buff[8]        ;//数据显示缓冲区
```

```
unsigned char data display_code_buff[8]        ;//显示字形缓冲区
unsigned char code display_code[16] =
{
    0x0C0,0x0F9,0x0A4,0x0B0, 0x99,0x92,0x82,0x0F8,  //0,1,2,3,4,5,6,7
    0x80,0x90,0x88,0x83,0x0C6,0x0A1,0x86,0x8E,      //8,9,A,B,C,D,E,F
```

display_data_buff[8]、display_code_buff[8]、i、num 被定义在内部 RAM 中。而 display_code[16]是常数,因此被定义在代码区中。

### 11.2.7 MCS-51 常用运算符

C51 的运算符与 C 语言的运算符基本一致。例如将赋值符"="作为赋值运算符,方括号作为下标运算符。

1.逻辑运算符

C51 提供了三种逻辑运算符:

&&(逻辑与)　　　　‖(逻辑或)　　　　!(逻辑非)

2.位运算符

位运算本来属于汇编语言功能,由于 C 语言最初是为了编写系统程序而设计的,所以它提供了很多类似于汇编语言的处理能力,在 C51 中位运算结合 8051 单片机的具体特点得到了进一步的加强,并专门定义了 sbit 可寻址位型(数据类型)。位操作对单片机的编程非常重要,下面对位操作符进行详细介绍,表 11.3 为位运算符的定义。

表 11.3

| 位运算符 | 操作 | 位运算符 | 操作 |
|---|---|---|---|
| & | 按位与 | ~ | 按位取反 |
| \| | 按位或 | << | 左移位 |
| ^ | 按位异或 | >> | 右移位 |

(1)"按位与"& 运算符

"按位与"的运算规则是如果两个运算对象的对应二进制位都是**1**,则结果的对应位是**1**,否则为**0**。

"按位与"运算有如下一些用途:

①将数据中的某些位清零

例如,假如 x 是字符型变量(占 8 个二进制位),要将 x 的第 2 位置**0**,可进行如下运算:

x = x & 0xfb;　　　或　　　x & = 0xfb;

②可取出数据中的某些位

例如,为了判断 x 的第 4 位是否为 0,可进行如下运算:

if((x & 0x10)! =0)　　　……

若条件表达式为真(即不为**0**),则 x 的第 4 位为**1**,否则为**0**。

(2)"按位或"| 运算符

"按位或"的运算规则是只要两个运算对象的对应位有一个是**1**,则结果的对应位为**1**,否则为**0**。

"按位**或**"运算通常用于对一个数据(变量)中的某些位置1,而其余位不发生变化。如将x中的第6位置1可进行如下运算:

x = x|0x40;　　或　　x| = 0x40;

(3)"按拉**异或**"^运算符

"按位**异或**"的运算规则是如果两个运算对象的对应位不同,则结果的对应位为**1**,否则为**0**。

"按位**异或**"运算符用"^"表示。"按位**异或**"可能的运算组合及其结果如下:

**0 ^ 0 = 0　　0 ^ 1 = 1　　1 ^ 0 = 1　　1 ^ 1 = 0**

"按位**异或**"运算有如下一些应用:

①使数据中的某些位取反,其余位保持不变。即**0**变**1**,**1**变**0**。例如,要将x中的第5位取反,可进行如下的运算:

x = x ^ 0x20;　　或　　x ^ = 0x20;

②同一个数据进行**异或**运算后,结果为0。例如,要将x变量清0,可进行如下运算:

x ^ = x;

**异或**运算具有如下的性质:

( x ^ y ) ^ y = x

例如,若x = 0x17,y = 0x06,则x ^y = 0x11,0x11 ^ y = 0x17。

(4)"按位取反"~运算符

"按位取反"的运算规则是将运算对象中的各位的值取反,即将**1**变**0**,将**0**变**1**。

(5)"左移"≪运算符及"右移"≫运算符

"左移"的运算规则是将运算对象中的每个二进制位向左移动若干位,从左边移出去的高位部分被丢失,右边空出的低位部分补0。

"右移"的运算规则是将运算对象中的每个二进制位向右移动若干位,从右边移出去的低位部分被丢失。对无符号数来讲,左边空出的高位部分补0。

若x = 0x17,则语句x = x << 2;表示将x中的每个二进制位左移2位后存入x中。由于0x17的二进制表示为**00010111**,所以左移2位后,将变为**01011100**,即x = x << 2的结果为0x5C,其中,语句x = x << 2;可以写成:x << = 2。

若x = 0x08,则语句x = x >> 2;表示将x中的每个二进制位右移2位后存入x中。由于0x08的二进制表示为**00001000**,所以右移2位后,将变为**00000010**,即x = x >> 2的结果为0x02,其中语句x = x >> 2;可写成:x >> = 2。

在进行"左移"运算时,如果移出去的高位部分不包含1,则左移1位相当于乘以2,左移2位相当于乘以4,左移3位相当于乘以8,依此类推。因此,在实际应用中经常利用"左移"运算进行2倍的操作。

在进行"右移"运算时,如果移出去的低位部分不包含1,则右移1位相当于除以2,右移2位相当于除以4,右移3位相当于除以8,依此类推。因此,在实际应用中经常利用"右移"运算进行除以2的操作。

【经典应用】

用"左移"8位分离出16位数的高8位。

用"与"0x00ff分离出16位数的低8位。

```
# include < reg51.h >
# include < stdio.h >
# include < intrins.h >
void main (void)
{
  unsigned int data x;          //定义在内部 RAM 中的无符号 16 位整数
  unsigned char data h,l;       //定义在内部 RAM 中的无符号 8 位字符(整数)
  h = x  >> 8;                  //取 x 的高 8 位
  l = x&0x00ff;                 //取 x 的低 8 位
}
```

3.赋值运算符

C51 语言的赋值运算符是"="，它的作用是将赋值运算符右边的表达式的值赋给左边的变量。

x = 12;　　作用是执行一次赋值操作(运算)，将 12 赋给变量 x

a = 5 + x;　　作用是将表达式 5 + x 的值赋给变量 a

在赋值号"="的左边只能是变量，而不能是常量或表达式，如不能写成2 = x;或 x + y = a + b。

4.复合的赋值运算符

C 语言规定，凡是双目运算符都可以与赋值运算符"="一起组成复合的赋值运算符。复合的赋值运算符一共有 10 种，即 += ，? = ，*= ，/ = ，%= ，<<= ，>>= ，&= ，|= ，^= 。.

例如：a += 5　　　等价于 a = a + 5

x *= y + 8　　等价于 x = x * (y + 8)

a%= 2　　　等价于 a = a%2

x%= y + 8　　等价于 x = x%(y + 8)

x <<= 8　　　等价于 x = x << 8

y^ = 0x55　　等价于 y = y^0x55

x&= y + 8　　等价于 x = x&(y + 8)

使用这种复合的赋值运算符有两个优点：一是可以简化程序，使程序精炼；二是可以提高编译效果，产生质量较高的目标代码。

### 11.2.8　C51 的编程规范

现在单片机的程序设计中，C51 已经得到广泛的推广和应用，是单片机的主流设计程序，甚至可以说是单片机开发人员必须要掌握的一门语言。

作为一门语言，最终的目的就是实现功能。在满足这个前提条件下，我们希望我们的程序能够很容易地被别人读懂，或者能够很容易地读懂别人和自己以前编写的程序，在团体合作开发中就能起到事半功倍之效。在网上请求帮助时，如能以规范的写法贴出程序，网友会比较容易地明白你的问题，否则让人看上半天也不明所以然，这样就达不到预期的效果了。因此，为了便于源程序的交流，减少开发中的障碍，需要按规范对 C51 进行编程。下面介绍一下 C51 的编程规范。

1.注释

(1)采用中文

(2)开始的注释

①文件(模块)注释内容:公司名称、版权、作者名称、修改时间、模块功能、背景介绍等,复杂的算法需要加上流程说明。

```
/*****************************************************/
公司名称:
模 块 名:89C5X 编程器                硬件型号:89C51
创 建 人:靳  桅                      日期:2002 - 09 - 08
修 改 人:邬芝权                      日期:2001 - 10 - 19
功能描述:对 89C51、89C52、89S52 编程
其他说明
版    本:2.1
/*****************************************************/
```

②函数开头的注释内容:函数名称、功能、入口参数、返回、函数描述、流程处理、全局变量、调用样例等,复杂的函数需要加上变量用途说明。

```
/*****************************************************/
函数名称:hex_to_ascii
功能描述:十六进制到 ASCII 码转换
入口参数:十六进制数
返回值:相应的 ASCII 码
调用函数:
全局变量:
局部变量:hex_data,ascii_code
/*****************************************************/
unsigned char hex_to_ascii(unsigned char);
unsigned char hex_to_ascii(unsigned char hex_data)
{
  unsigned char ascii_code;
  if (hex_data< =9)
  {
    ascii_code = hex_data + 0x30;
  }
  else
  {
    ascii_code = hex_data + 0x37;
  }
  return ascii_code;
}
```

```
/********************************************************************/
```

(3)程序中的注释内容

修改时间和作者、方便理解的注释等。注释内容应简练、清楚、明了,一目了然的语句不加注释。

2.变量和函数的命名

命名必须具有一定的实际意义,例如:

```
unsigned char ascii_code;
unsigned char hex_data;
unsigned char hex_to_ascii(unsigned char);
```

(1)常量的命名

全部用大写。

```
// 定义命令常量
#define CMD_0                0x00
#define CMD_1                0x01
#define CMD_2                0x02
#define CMD_3                0x03
#define CMD_4                0x04
```

(2)结构体命名

```
/********************************************************************/
struct time_str
{
    unsigned char hour;          //小时
    unsigned char minute;        //分
    unsigned char second;        //秒
    unsigned char second20;      //1/20 秒
}time;
/********************************************************************/
```

(3)函数的命名

函数名首字母大写,若包含两个单词的,每个单词首字母都大写。函数原型说明包括引用外来函数及内部函数,外部引用必须在右侧注明函数来源、模块名及文件名,内部函数只要注释其定义文件名。

3.编辑风格

(1)缩进

缩进以 Tab 为单位,一个 Tab 为四个空格大小。预处理语句、全局数据、函数原型、标题、附加说明、函数说明、标号等均顶格书写。语句块的"{""}"配对对齐,并与其前一行对齐。

(2)空格

数据和函数在其类型、修饰名称之间适当空格并据情况对齐。关键字原则上空一格,如 if (…) 等,运算符的空格规定为"->"、"["、"]"、"++"、"--"、"~"、"!"、"+"、"?"(指正负号)、"&"(取址或引用)、"*"(指使用指针时)等几个运算符两边不空格(其中单目运算符系指与操作数相连的一边),其他运算符(包括大多数二目运算符和三目运算符"?:"两边均空一格，“(”、“)”运算符在其内侧空一格，在作函数定义时还可根据情况多空或不空格来对齐，但在函数实现时可以不用。“，”运算符只在其后空一格，需对齐时也可不空或多空格，对语句行后加的注释应用适当空格与语句隔开并尽可能对齐。

(3)对齐

原则上关系密切的行应对齐，对齐包括类型、修饰、名称、参数等各部分对齐。另外每一行的长度不应超过屏幕太多，必要时适当换行，换行时尽可能在“，”处或运算符处，且最好以运算符打头，并且以下各行均以该语句首行缩进，但该语句仍以首行的缩进为准，如其下一行为“{”应与首行对齐。

(4)空行

程序文件结构各部分之间空两行，若不必要也可只空一行，各函数实现之间一般空两行。

(5)修改

版本封存以后的修改一定要将老语句用/＊ ＊/封闭，不能自行删除或修改，并要在文件及函数的修改记录中加以记录。

(6)形参

在定义函数时，在函数名后面括号中直接进行形式参数说明，不再另行说明

## 11.3 C51基本应用

### 11.3.1 8051 I/O口字节操作应用

**例11.2** 将P1口输入的8位直接由P3口输出。在实际应用中可对输入信号处理后再由P3口输出。

```
#include <reg51.h>
#include <stdio.h>
sfr P1 = 0x90;                  /* 定义特殊功能寄存器P1(SFR) */
sfr P3 = 0xB0;                  /* 定义特殊功能寄存器P2(SFR) */
/*-----------------------------------------------
主程序
------------------------------------------------*/
void main (void)
{
   unsigned char pval;          /* 口临时变量 */
   P1 = 0xFF;                   /* 设置P1口为输入方式 */
   while (1)
   {
      pval = P1;                /* 读P1到口临时变量pval */
                                /*此处可加入处理程序*/
      P3 = pval;                /* 写临时变量pval至P3口 */
```

```
    }
}
```

### 11.3.2 8051 I/O 位口操作应用

**例 11.3** 将 P1.0 的输入位的直接由 P1.1 口输出。在实际应用中可对输入信号处理后再由 P1.1 输出。

```
#include <reg51.h>
#include <stdio.h>
/*------------------------------------------------------------
定义 P1(8 位)的 P1.0 和 P1.1。
------------------------------------------------------------*/
sfr P1 = 0x90;                    /* 定义特殊功能寄存器 P1(SFR) */
sbit P1_0 = P1^0;                 /* 定义位变量 P1_1(P1.1) */
sbit P1_1 = P1^1;                 /* 定义位变量 P1_1(P1.0) */
/*------------------------------------------------------------
主程序
------------------------------------------------------------*/
void main (void)
{
  P1_0 = 1;                       /* 定义 P1.0 为输入方式 */
/*------------------------------------------------------------
循环读 P1.0 并送至 P1.1.
------------------------------------------------------------*/
while (1)
  {
    P1_1 = P1_0;                  /* Copy P1.0 to P1.1 */
  }
}
```

**例 11.4** 用 P1 口输出一倍频方波。

```
#include <reg52.h>                //reg52.h 为包含 51 资源的库文件
void main ( void )
{
  while (1 = =1)
  {
    + +P1;                        //使 P1 口加 1 完成一倍频方波,
  }
}
```

注意:P0 的每个引脚要输出高电平时,必须外接上拉电阻(如 47 kΩ)至 Vcc 电源。

**例 11.5** 用 P1 口输出一倍频方波,要求能用万用表测出方波。

```
#include <reg52.h>
```

```
void main ( void )
{
  unsigned int i,j;
  while (1 = =1)
  {
    + +P1;
    for (i=0;i<1000;i+ +)
    for(j=0;j<1000;j+ +);          //该循环是一个大概的延时,具体时间要看汇编语
                                     言的指令才能判断。
  }
}
```

**例 11.6** 要求从 P1 口输出一方波,要求 P1.7 变化的最快,P1.0 变化的最慢。

```
#include <reg52.h>
void main ( void )
{
  unsigned char m,n;                 //定义两个中间变量完成交换过程
  unsigned int i,j;
  while (1)
  {
    n = 0;
    ++m;
    n|=(m <<7)&0x80;                 //将第0位的值送至第7位
    n|=(m <<5)&0x40;                 //将第1位的值送至第6位
    n|=(m <<3)&0x20;                 //将第2位的值送至第5位
    n|=(m <<1)&0x10;                 //将第3位的值送至第4位
    n|=(m >>1)&0x08;                 //将第4位的值送至第3位
    n|=(m >>3)&0x04;                 //将第5位的值送至第2位
    n|=(m >>5)&0x02;                 //将第6位的值送至第1位
    n|=(m >>7)&0x01;                 //将第7位的值送至第0位
    P1 = n;
    for(i=0;i<1000;i+ +)
      for(j=0;j<1000;j+ +);
  }
}
```

注意:一个字节的 8 位 D7 至 D0,分别输出到 P3.7 至 P3.0,比如 P3 = 0x0f,则 P3.7,P3.6,P3.5,P3.4 四个引脚都输出低电平,而 P3.3,P3.2,P3.1,P3.0 四个引脚都输出高电平。同样,输入一个端口 P2,即将 P2.7 至 P2.0 读入到一个字节的 8 位 D7 至 D0。

### 11.3.3 8051 计数器应用

**例 11.7** 对 P3.4 引脚上的脉冲信号进行计数,计数结果由串行口输出。此例说明了计

数器和串行口的基本应用。

```
#include <reg52.h>
#include <stdio.h>
/*---------------------------------------------------------
主程序
---------------------------------------------------------*/
void main (void)
{
/*---------------------------------------------------------
设置串行口为9600波特,晶振为11.0592 MHz。定时器1为波特率发生器。
---------------------------------------------------------*/
SCON = 0x50;
TMOD |= 0x20;
TH1 = 0xFA;
TR1 = 1;
TI = 1;
PCON |= 0x80;
printf ("\r\nCounter 0 Example Program\r\n");
printf ("\r\nStart toggling P3.4 (T0 input)\r\n\r\n");
/*---------------------------------------------------------
设置定时器0为16位计数方式。
置定时器0运行控制位。
---------------------------------------------------------*/
TMOD = (TMOD & 0xF0) | 0x05;
TR0 = 1;
/*---------------------------------------------------------
由串行口输出计数器值。不断取反P3.4(实时运行时在P3.4加脉冲信号)计数值将增加
---------------------------------------------------------*/
while (1)
  {
    printf ("\rCounter 0 = %2.2bX%2.2bXh",TH0,TL0);
  }
}
```

对于T0,T1定时器,主要的控制寄存器为TMOD,TCON,我们可以通过设置这些寄存器的值来改变定时器的工作情况。

**例11.8** 设置Timer1工作于计数模式,工作于方式2状态,要求每16个脉冲中断一次。

```
#include <reg52.h>
void main ( void )
{
  EA = 1;
```

```
    TMOD = ( TMOD&0XF0 ) | 0x60;
        //设置定时器1工作于方式2,计数模式,并且不改变定时器0的工作状态。
    T1 = 1;                          //设置P3.5为输入状态
    ET1 = 1;                         //允许定时器1中断
    TH1 = -16; TL1 = TH1;            //给定时器送初值
    TR1 = 1;                         //开启定时器1(使计数开始)
    EA = 1;                          //允许中断
    while (1);

void Timer1 _ int( void ) interrupt 3   //定时器1的中断号是3
{
    TF1 = 0;
        //对于定时器0和定时器1可以不用写这句,因为硬件会自动对TF1进行清零
    TXD =! TXD;
}
```

**例 11.9** 完成下面的程序：

(1)Timer0工作在方式2,作为定时器使用,受门控,每100个脉冲中断一次,中断服务程序对RXD取反；

(2)Timer1工作在方式1,作为计数器使用,不受门控,每4567个脉冲中断一次,中断后对TXD取反。

具体程序如下：

```
#include <reg52.h>
void main ( void )
{
    EA = 0;
    TMOD = 0X5A;                     //设置好两个定时器的工作情况
    TH0 = -100; TL0 = TH0;           //给定时器0置初值
    ET0 = 1;
    TH1 = ( -4567) >>8;   TL1 = -4567;
    ET1 = 1;   T1 = 1;   INT0 = 1;
    TR0 = 1;
    EA = 1;
    while ( 1 );
}

void Timer0 _ int ( void ) interrupt 1
{
    RXD =! RXD;
}
void Timer1 _ int ( void ) interrupt 3
```

```
{
  TXD = ! TXD;
  TH1 = ( - 4567) >> 8;
  TL1 = - 4567;
}
```

**例 11.10** 晶体 $f_{OSC}$ = 12M,12 分频,用 T0 或者 T1,每毫秒运行一次函数 TimerCall(),定时精度与晶体相同。

```
# include < reg52.h >
void main ( void )
{
  EA = 0;
  TMOD = ( TMOD&0X0F ) | 0X2F;  //因为要求与晶体的时间一致,所以必须采用方式 2
  TH1 = - 200; TL1 = TH1;
  TR1 = 1;
  EA = 1;
  while ( 1 );
}
void Timer0 _ int ( void ) interrupt 3
{
  static unsigned char TimerC = 4;
  if ( - - TimerC == 0)
    TimerCall ();
    TimerC = 4;
}
```

### 11.3.4 8051 外部中断应用

**例 11.11** 采用外部中断方式对 P3.2 引脚上的脉冲进行计数。

```
# include < REG51.H >
/ * ============================================= */
unsigned char ex0 _ isr _ counter = 0;        //加 1 计数变量
void ex0 _ isr (void) interrupt 0             //外部中断 0 中断服务程序
{
  ex0 _ isr _ counter + + ;                   // 加 1 计数
}
/ ============================================= */
void main (void)
{
/ * -------------------------------------------
设置 INT0 为下降沿中断方式(P3.2).
允许 INT0 中断
```

```
开放中断
------------------------------------------------*/
IT0 = 1;                         //设置 INT0 为下降沿中断方式(P3.2)
EX0 = 1;                         //允许 INT0 中断
EA = 1;                          //开放中断
/*------------------------------------------------
循环等待中断
------------------------------------------------*/
while (1)
  {
  }
}
/*================================================
================================================*/
```

### 11.3.5 8051 串行口中断应用

**例 11.12** 此例说明了串行口中断的基本应用。接收到一个字节后将其加 1 再发送回去。

```
//说明文件
#include <reg51.h>
#include <stdio.h>
#include <intrins.h>
/****************************************************
功能:serial_int
描述:串行口中断服务程序
参数:无.
返回:无.
影响:无.
****************************************************/
void serial_int(void) interrupt 4 using 1
{
  unsigned char data c;
  if (_testbit_(RI))               //接收中断
  {
    c = SBUF;
    SBUF = c + 1;                  //将接收字节加 1 后发送
  }
if (_testbit_(TI))
  {                                //发送中断
  }
```

```
}
/*************************************************************
功能:init
描述:初始化程序
参数:无.
返回:无.
影响:无.
*************************************************************/
void init(void)
{
    TMOD = 0X20;                //定时器 1 作为波特率发生器 4800 波特 8 位无校验
    TH1 = 0x0F3;                //晶振为 12 MHz
    TL1 = 0x0F3;
    TF1 = 0;
    PCON = 0x80;
    SCON = 0x50;
    TI = 0;
    RI = 0;
    TR1 = 1;
    EA = 1;                     //开放串行口中断
    ES = 1;
}
//主函数
main()
{
    init();
    while (1)
    {
    //主程序代码
    }
}
```

首先我们来看对于串口所对应的初始化程序。

```
# include <reg52.h>

void main ( void )
{
    EA = 1;
    TMOD = (TMOD & 0X0F) | 0X20;      //串口工作在方式 1
    TH1 = -22118400L/12/32/9600;      //求当波特率是 9600 时定时器的初值
    TR1 = 1;
```

```
    SCON = 0X42;
    while ( 1 )
    {
        if (TI = = 1){SBUF = 'A';TI = 0;}
    }
}
```

下面我们来完成一个串口收到什么数据就发送什么数据的程序。

```
#include <reg52.h>

void main ( void )
{
    unsigned char ch;
    EA = 0;
    TMOD = (TMOD & 0X0F) | 0X20;        //串口工作在方式1
    TH1 = -22118400L/12/32/9600;         //求当波特率是9600时定时器的初值
    TR1 = 1;
    SCON = 0X52;
    while ( 1 )
    {
        if(RI = =1)
        {
            ch = SBUF;
            RI = 0;
            while (TI = =0);
            SBUF = ch;
            TI = 0;
        }
    }
}
```

# 第 12 章　单片机产品设计

本章从如何设计单片机产品,怎样把非电量转换成计算机能接受的数字量,怎样才能提高产品抗干扰等几个广大读者比较关心的问题着手,着重介绍设计方法和解决问题的方法。

## 12.1　概　　述

学习单片机的最终目的是开发出产品或者是维修与单片机有关的产品,下面具体讨论有关产品设计的问题。

### 12.1.1　单片机产品设计

微型计算机产品一般分为两大类,一类用于科学计算、数据处理、企业管理;另一类用于过程控制。对于前一类产品,通常由单片机、屏幕显示器、键盘、打印机和产品所配置的产品软件所组成。后一类产品是单片机用于过程控制。单片机用于控制产品的特点如下:

(1)控制产品的精度高;

(2)功能强;

(3)可靠性高,抗干扰能力强;

(4)产品的数据记录、处理方便;

(5)体积小、质量轻、功耗省、投资少、见效快。

因此,以单片机为核心的控制产品广泛地应用于各个领域,它将加速我国实现四个现代化的进程。下面对在设计单片机产品时需要考虑的一般问题作以简述。

### 12.1.2　单片机产品设计与调试的一般原则

单片机产品的设计,由于控制对象的不同,其硬件和软件结构有很大差异,但产品设计的基本内容和主要步骤是基本相同的。

在设计单片机控制产品时,一般需要作以下几个方面的考虑。

1.确定产品设计的任务

在进行产品设计之前,必须进行设计方案的调研,包括查找资料、进行调查、分析研究,充分了解委托研制单位提出的技术要求、使用的环境状况以及技术水平。明确任务,确定产品的技术指标,包括产品必须具有哪些功能,这是产品设计的依据和出发点,它将贯穿于产品设计的全过程,这也是整个研制工作成功的关键,因此必须认真做好这项工作。

2.产品方案设计

在产品设计任务和技术指标确定以后,即可进行产品的总体方案设计,一般包括两部分。

(1)机型及支持芯片的选择。机型应适合于产品的要求,设计人员可大体了解市场所能提供的构成单片机产品的功能部件,根据要求进行选择。若作为产品生产,则所选的机种必须要保证有稳定、充足的货源,从可能提供的多种机型中选择最易实现技术指标的机型,如字长、指令产品、执行速度、中断功能等。如果要求研制周期短，则应选择熟悉的机种，并尽量利用现有的开发工具。

(2)综合考虑软、硬件的分工与配合。

因为产品中的硬件和软件具有一定的互换性，就如有些由硬件实现的功能也可以用软件来完成一样。因此，在方案设计阶段要认真考虑软、硬件的分工与配合。考虑的原则是软件能实现的功能尽可能由软件来实现，以简化硬件结构，还可以降低成本。但必须注意，这样做势必增加软件设计的工作量。此外，由软件实现的硬件功能，其响应时间要比直接用硬件时间长，而且还占用了 CPU 的工作时间。因此，在设计产品时，必须考虑这些因素。

3.产品的硬件和软件设计

当软、硬件的分工确定后，硬件和软件的设计工作可以同时进行。但由于微机产品的硬件与软件设计关系密切，在设计过程中还需经常协调，才能设计出比较满意的产品。

(1)产品的硬件设计。

一个产品的硬件电路设计包含两部分：一是产品扩展，即单片机(或微处理器)内部的功能部件，如 RAM、ROM、I/O 口、定时器/计数器、中断等不能够满足产品的要求时，必须在片外进行扩展，选择相应的芯片，实现产品扩展；二是产品配置，即按产品功能要求配置外围设备，如键盘、显示器、打印机、A/D 和 D/A 转换器等，也要设计合适的接口电路。总的来说，硬件设计工作主要是输入、输出接口电路设计和存储器的扩展。一般的单片机产品主要由以下几部分组成，如图 12.1 所示。

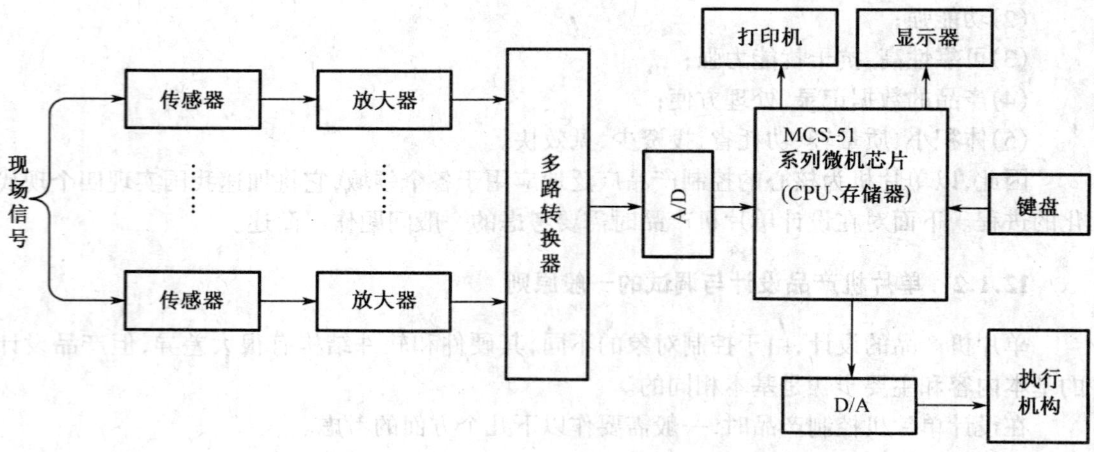


图 12.1 MCS－51 产品组成

传感器将现场采集的各种物理量(如温度、湿度、压力等)变成电量，经放大器放大后送入 A/D 转换器将模拟量转换成二进制数字量，送入 MCS－51 系列 CPU 进行处理，最后将控制信号经 D/A 转换送给受控的执行机构。为监视现场的控制一般还设有键盘及显示器，并通过打印机将控制情况如实记录下来。在有些情况下可以省掉上述组成的某些部分，这要视具体要求来设计。

单片机外接电路较多时必须考虑其驱动能力问题。因为，驱动能力不足会影响产品工作的可靠性。所以当我们设计的产品对 I/O 端口的负载过重时，必须考虑增加 I/O 端口的负载能力,即加接驱动器。如 P0 口需要加接双向数据总线驱动器 74LS245,P2 口接单向驱动器械 74LS244。

对于工作环境恶劣的产品,设计时除在每块板上要有足够的退耦电容外,每个芯片的电源与地之间还需加接 0.1 μF 的退耦电容。电源线和接地线应该加粗些,并注意它们的走向(布线),最好沿着数据的走向。对某些应用场合,输入输出端口还要考虑加光电耦合器件,以提高产品的可靠性及抗干扰能力。

产品中选用的器件要尽可能考虑其性能匹配,如选用 CMOS 芯片的单片机构成产品,则产品中的所有芯片都应该选择低功耗的产品。又如选用的晶振频率较高时,则存储芯片应选用存取速度较高的芯片。

(2)产品的软件设计。

产品软件是根据产品功能要求设计的,应可靠地实现产品的各种功能。一个产品的工作程序实际上就是该产品的监控程序。用于控制产品的应用程序一般是用汇编语言编写的,编写程序时常常与输入、输出接口设计和存储器的扩展交织在一起,因此软件设计是产品研制过程中最重要也是最困难的任务,因为它直接关系到实现产品的功能和性能。

通常在编制程序前要先画出流程框图,要求框图结构清晰、简捷、合理,使编制的各功能程序实现模块化、子程序化。这不仅便于调试、链接,还便于修改和移植。合理划分程序的存储区和数据存储区,既能节省内存容量,也使操作方便。画流程框图可以指定各模块占用 MCS－51 单片机内部 RAM 中的工作寄存器和标志位(安排在 20H～2FH 位寻址区域),让各功能程序的运行状态、运行结果以及运行要求都设置状态标志以便查询,使程序的运行、控制、转移都可通过标志位的状态来控制。并还要估算子程序和中断嵌套的最大级数,用以估算程序中的栈区范围。此外,还应把使用频繁的数据缓冲器尽量设置在内部 RAM 中,以提高产品的工作速度。

完成上述工作之后,就可着手编制软件。软件的编制可借助于开发产品、利用交叉汇编屏幕编辑或手工编制。编制好的程序可通过汇编自动生成或手工汇编成目标程序,然后以十六进制代码形式送入开发产品进行软件调试。

4.产品调试

当硬件和软件设计好后,就可以进行调试了。硬件电路检查分为两步:静态检查和动态检查。硬件的静态检查主要检查电路制作的正确性,因此一般无需借助于开发器;动态检查是在开发产品上进行的。动态检查把开发产品的仿真头连接到产品中,代替产品中的单片机,然后向开发产品输入各种诊断程序,检查产品中的各部分工作是否正常。做完上述检查就可进行软硬件联调,先将各模块程序分别调试完毕,然后再进行连接,连成一个完整的产品应用软件,待一切正常后即可将程序固化到 EPROM 中,此时即可脱离开发产品,进行脱机运行,并到现场进行调试,考验产品在实际应用环境中是否能正常而可靠地工作,同时再检测其功能是否达到技术指标。如果某些功能还未达到要求,则再对产品进行修改,直至满足要求。上述微机产品的设计过程用框图表示,如图 12.2 所示。

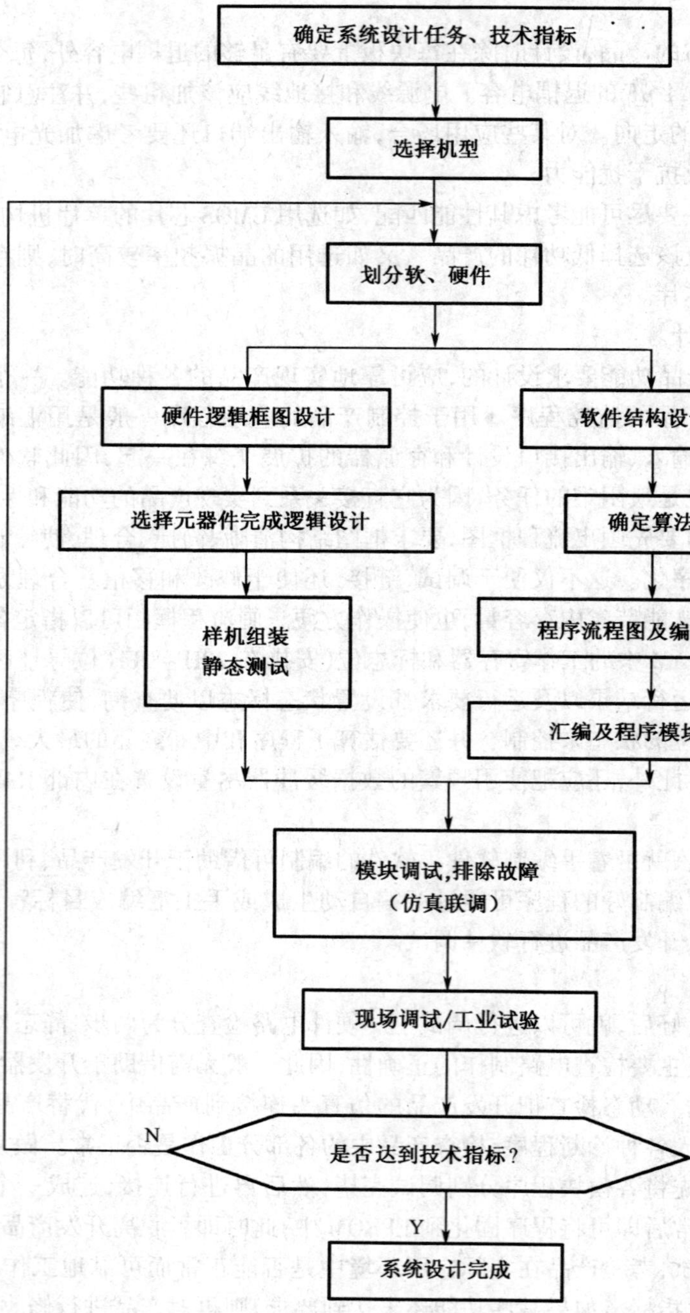


图 12.2 系统调试流程图

# 12.2 单片机产品的抗干扰技术

## 12.2.1 干扰源及其传播途径

为了保证单片机产品能够长期稳定、可靠地工作，在产品设计时必须对抗干扰能力给予足够的重视。随着各种电气设备的大量增加，致使各设备之间产生干扰的机会增多，特别是单片机产品之间，由于产品本身比较复杂，再加上工作环境比较恶劣(如温度和湿度高，有振动和冲击，空气中灰尘多，并含有腐蚀性气体以及电磁场的干扰等)，同时还要受到使用条件(包括电源质量、运行条件、维护条件等)的影响，因而可以毫不夸张地说，当代世界的干扰如同环境污染一样，正危机着现代工业的各个方面。抗干扰方面的课题不但有许多实际问题要解决，而且有不少理论问题要探讨。

1.干扰源

干扰就是由信号以外的噪声或造成恶劣影响的变化部分的总称。干扰产生于干扰源，主要可分为外部干扰源和内部干扰源两种。外部干扰与产品结构无关，而是由使用条件和外界环境因素决定的，主要有太阳及其他天体辐射出的电磁波、广播电台或通信发射台发出的电磁波，周围的电器装置(包括交换工具、工厂和家用电器等)发出的电或磁的工频干扰也可视作外部干扰。而内部干扰则是由产品结构布局、生产工艺等所决定的，主要有交流声，不同信号的感应，如杂散电容、长线传输造成的波的反射、多点接地造成的电位差引起的干扰、寄生振荡引起的干扰、热骚动噪声干扰、颤噪声、散粒噪声、闪变噪声、尖峰或振铃噪声引起的干扰等。

2.干扰的耦合及其传播

图 12.3 表示了噪声侵入单片机产品的基本途径，由图可见，最容易受到干扰的部位是电源、接地产品、输入和输出通道。归纳起来，噪声的耦合和传播途径主要有以下几种。

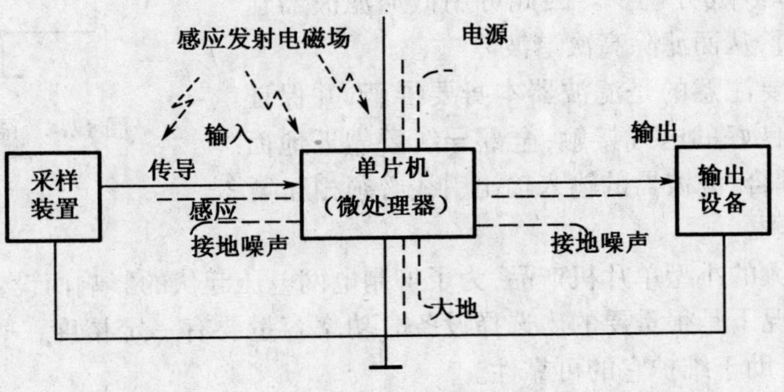


图 12.3 噪声的入侵途径

(1)静电耦合方式。干扰信号通过分布电容的耦合传播到电子装置。

(2)互感耦合方式。它是由电磁器件的漏磁通以及印刷线间和电缆间的互感作用而产生的噪声。

(3)公共阻抗耦合方式。在共用电源和公共接地时，由于电源内部及各接地点之间存在着阻抗，结果会造成电源及接地电位的偏移，进而又影响了逻辑元件的开、关门电平，使线路工作不可靠。

(4)电磁场辐射耦合方式。无线电收发机、广播以及一般通信电波、雷达等,通过空间耦合造成干扰。

(5)传导。噪声通过电源或输入、输出、信号处理线路进行传播,是一种有线的传播方式。

(6)漏电流。印刷线路板表面、端子板表面、继电器端子间、电容器产生的漏电流以及二极管反向电流等,它们会产生干扰信号。

干扰波的无距离传播主要是电磁场传播和长线传播两种途径。总结起来,上面几种干扰途径中电源和接地部分是最值得注意的,而空间干扰相对于其他来看,对单片机产品的影响不是主要的。

### 12.2.2 电源产品的抗干扰措施

现在的计算机大都使用市电(220 V,50 Hz)。电网的冲击、频率的波动将直接影响到实时控制产品的可靠性、稳定性。因此在计算机和市电之间必须配备稳压电源以及采取其他一些抗干扰措施。

(1)输入电源与强电设备动力线分开

单片机产品所使用的交流电源要同接有强电设备的动力线分开,最好从变电所单独拉一组专用供电线,或者使用一般照明电,这样可以减轻干扰影响。

(2)隔离变压器

变压器的初级和次级之间均采用隔离屏蔽层,用漆包线或铜等非导磁材料绕一层(但电气上不能短路),而后引一个头接地。初次级间的静电屏蔽各与初级间的零电位线相接,再用电容耦合入地,如图 12.4 所示。

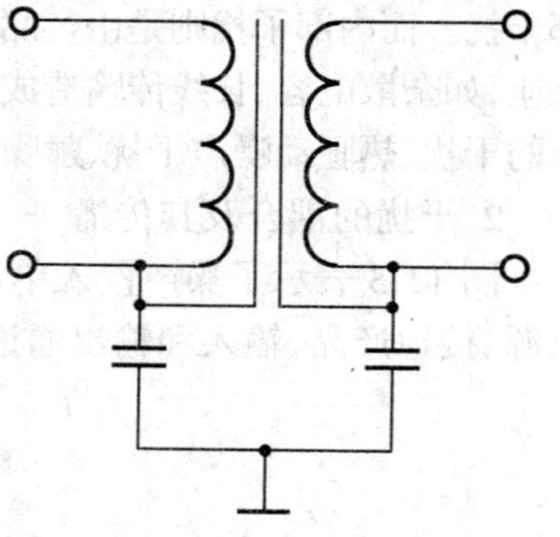

图 12.4 隔离变压器

(3)低通滤波器

由谐波频谱分析可知,毫秒、微秒级的干扰源的大部分为高次谐波,基波成分甚少。因此可用低通滤波器让 50 Hz 的基波通过,从而滤除高次谐波。

使用滤波器要注意的是滤波器本身要屏蔽,并保证屏蔽盒和机壳有良好的电气接触;全部导线要靠近地面布线,尽量减少耦合;滤波器的输入输出引线必须相互隔离。

(4)交流稳压器

对于功率不大的小型单片机产品,为了抑制电网电压起伏的影响而设置交流稳压器,这在目前的具体情况下是很重要的。选择设备时功率容量要有一定裕度,一方面保证其稳压特性,另一方面有助于维护它的可靠性。

(5)采用独立功能块单独供电

最近十几年出现的单片机产品,广泛采用独立功能块供电。在 S－100 总线(BUS)产品中,CPU 板、内存板、4FDC(或者 16FDC)板、TU－ATR 板、A/D 和 D/A 转换板、PRI 板等都采用每一功能块单独设置稳压电源的方式。它们是在每块插件板上用三端稳压集成块,如 7805,7905,7812,7815,7824,7820 等组成稳压电源。

这种分布式独立供电方式比单一集中稳压方式有以下几个优点:

①每个插件板单独对稳压过载进行保护,这样不会因稳压器故障使整个产品遭到破坏。

②对于稳压器产生的热量有很大的散热空间。

③总线上的压降不会影响到插件本身的电压。

(6)采用专用电源电压监测集成电路

美国德州仪器公司最新推出的 ICTL7705 及 TL7700 芯片是专门用于排除电源干扰的芯片，它们不仅具有电源接通时的复位功能，并且还可在电源电压升到正常电压时解除该复位信号，此外还能检测出电源瞬时短路和瞬时降压，同时产生复位信号，如 7705CP 能正确监测出降低的电压( $V_S$ = 4.5 V - 4.6 V)。片内还含有温度补偿的基准电压和正负两种逻辑输出(集电极开路30 mA)，可以在较宽的范围内调节输出复位脉冲的宽度。它是一片具有 8 条引脚，双列直插式的集成电路芯片，器件的引脚功能如图 12.5 所示。

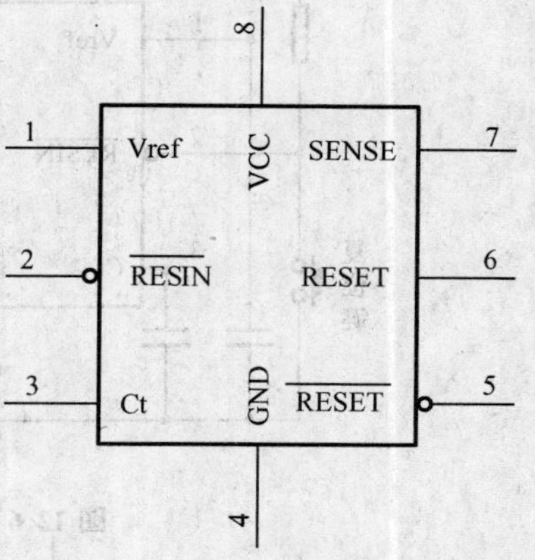


图 12.5　7705 引脚图

$V_{ref}$：基准电压输出端，输出电压为 2.5 V。为了防止电源线所引起的冲击杂音及振荡，需要一只 0.1 μF 以上的旁路电容 $C_t$，其输出电流必须小于 30 mA。如果要使用的电流大于 30 mA，则该引脚的输出必须要加缓冲放大器。

$\overline{\text{RESN}}$：复位输入端，低电平有效，它用以强制复位输出端有效。

$C_t$：定时电容的连接端。连接定时电容器用以确定复位输出脉冲宽度，脉宽可调范围从 100 μs ~ 10 μs。

GND：接地端。

$\overline{\text{RESET}}$：复位输出端，低电平有效，其输出是集电极开路方式的，故必须外接上拉电阻。

RESET：复位输出端，高电平有效，其输出是集电极开路方式的，故必须外接下拉电阻。

SENSE：被测电压的输入电压的输入端，检测 4.5 V 以上的电平。

$V_{CC}$：电源端，工作电压范围 3.5 V ~ 18 V。

图 12.6 为该芯片用于 8031 产品中对 + 5 V 源监视与复位的电路，图 12.7 为电源电压的变化及输出状态的变化波形。由图可见，在电源接通，电压开始上升，瞬间电压降和瞬间干扰脉冲时，电源监测器都能正确而及时地输出复位脉冲信号，图中 $V_S$ 为被监测电平。$t_{op}$ 为复位脉冲的宽度，其可由 $C_t$ 来设定，$t_s$ 为反应时间，对该芯片而言约为 500 ns 左右，同时可外加 RC 延时网络来加长 $t_s$ 时间，用以降低噪声影响和器件的灵敏度，上电时 RESET 有效，直到 $V_{CC}$ 达到 $V_S$ 以后，再经过 $t_{op}$时间 RESET 无效，当 $V_{CC}$ 下降或有干扰时，只要 $V_{CC}$ 小于 $V_S$，经过时间 $t_s$ 后 RESET 有效，当 $V_{CC}$ 恢复到 $V_S$ 以上或干扰脉冲过后，再经过 $t_{op}$时间 RESET 变为无效。

当用 7705 控制 8031 复位端时，如图 12.6 所示，还需软件配合，才能使用。因为 8031 复位端有效时，8031 被初始化复位，使程序计数器 PC 和其余的特殊功能寄存器置零，使 P0 ~ P3 口都置成 FFH 等，程序从0000H 开始执行，若 8031 正在执行某一程序(例如采样程序或控制程序)当中时，产品受到干扰，器件在微秒级内便有反应，使整个产品复位，包括接口部分。待干扰脉冲过后程序设计数器从0000H 开始执行，而并不是从原来干扰时，程序断点处执行，这就破坏了整个产品的工作。所以在程序的初始化部分要加上软件开关或相应的状态标志，即在程序执行之前，首先

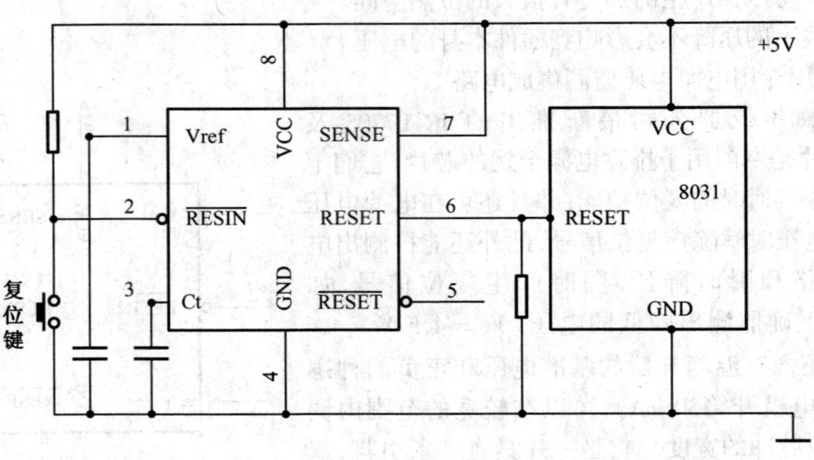


图 12.6　7705 用作电压监视及复位电路

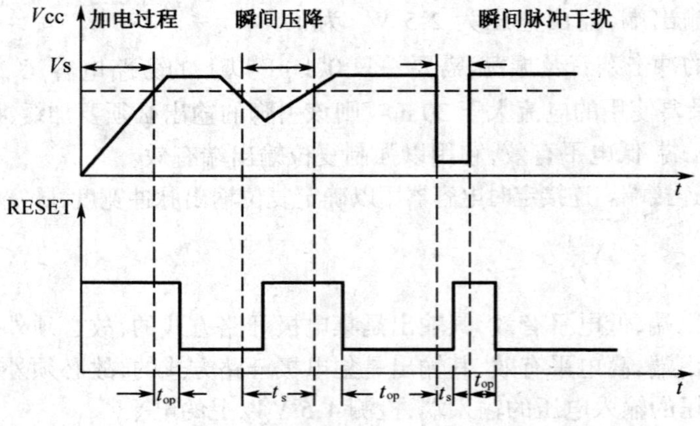


图 12.7　电源电压变化与输出状态的变化图

要打开与自身有关的软件开关或置相应的状态标志，同时关掉与自身无关的软件开关或状态标志，然后再执行程序。这样做以后，当产品受到干扰而进入初始化程序时，首先应判断各个软件开关和状态标志，继而程序自动转向被中断的原程序断点继续执行。

以上所列出的六项措施，经过实践证明是行之有效的，但对每个具体产品而言，还要根据实际情况来确定具体采取哪几项措施。

### 12.2.3　地线产品

在实际控制产品中，接地是抑制干扰的主要方法。在设计中如能把接地和屏蔽正确地结合起来使用，是可以解决大部分干扰问题的。因此产品设计时，对接地方法须加以充分而全面的考虑。

计算机控制产品中，大致有以下几种地线：

(1)数字地（又叫逻辑地）。这种地作为逻辑开关网络的零电位。

(2)模拟地。这种地作为 A/D 转换前置放大器或比较器的零电位。当 A/D 转换器在录取

0～50 mV这类小信号时，模拟地必须认真地对待，否则，将会给产品带来不可估量的误差。

(3)功率地。这种地为大电流网络部件的零电位。

(4)信号地。通常为传感器的地。

(5)屏蔽地(又叫机壳地)。为防止静电感应和磁场感应而设。

上述这些地线如何处理是单片机控制产品设计、安装、调试的一个大问题，本节就这些问题作以分析。

1.一点接地和多点接地的应用原则

(1)根据常识，高频电路应就近多点接地，低频电路应一点接地。由于高频时，地线上具有电感，因而增加了地线阻抗。同时各地线之间又产生电感耦合，特别是当地线长度为1/4波长的奇数倍时，地线阻抗就会变得很高。这时地线变成了天线，可以向外辐射噪声信号。因此，若采用一点接地，则其地线长度不得超过1/20波长，否则，应采用多点接地。

(2)交流地与信号地不能共用。因为在一段电源地线的两点间会有数毫伏，甚至几伏电压。对低电平的信号电路来说，这是一个非常严重的干扰。

(3)信号地SG和机壳地FG的连接必须避免形成闭环回路。如图12.8所示，由于A，B两个装置各将SG和FG接上，因而就形成虚线所示的闭环回路。

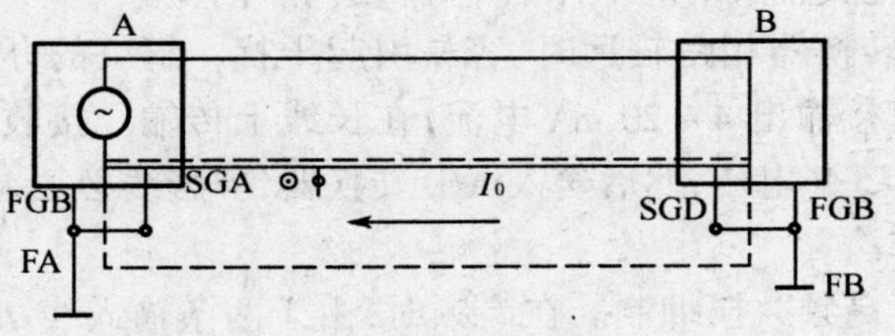


图12.8 形成不回路SG(信号地)和FG(机壳地)的接线方法

如果在这个闭环回路中有链接磁通 $\varphi$，则闭环回路中就会感应出电压，在SGA和SGB之间便存在电位差，形成干扰信号。解决方法有三个：①将SG和FG断开，即把装置的公共接地点悬空。②可采用光耦合元件或变压器隔离。但SG与FG仍连接，这样可使动作稳定。③可在FG和SG间短路，使动作稳定。对低频而言，又不会形成闭环回路。但以上各种方法的效果随装置而言，须根据具体情况决定采用何种措施效果较好。

2.印刷线路板的地线布置

印刷线路板的地线主要指TTL，CMOS印刷板的接地。印刷板中的地线应成网状，而且其他布线不要形成环路，特别是环绕外周的环路，在噪声干扰上这是很值得注意的问题。

印刷电路板上的接地线，根据电流通路最好逐渐加宽，并且不要小于3 mm。图12.9为导线宽和允许电流之间的关系。

当安装大规模集成电路芯片时，要让芯片跨越平行的地线和电源线，这样可以减少干扰。

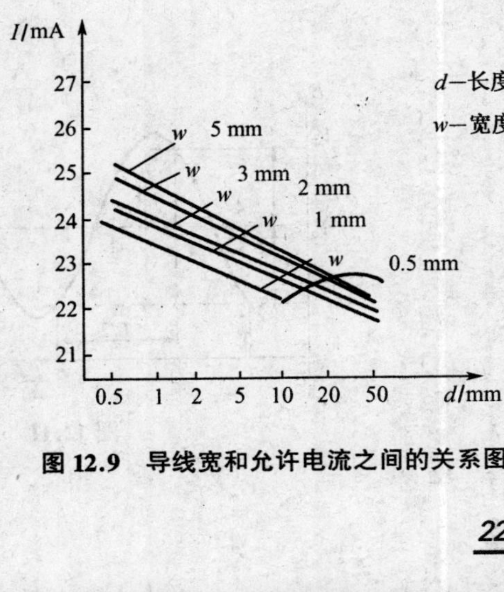


图12.9 导线宽和允许电流之间的关系图

### 12.2.4 A/D 和 D/A 转换器的抗干扰措施

图 12.10 为单片机实时控制产品的示意图。由图可见,在控制产品中,连接传感器与单片机之间的 A/D 转换电路和连接单片机与执行机构之间的 D/A 转换电路是必不可少的。

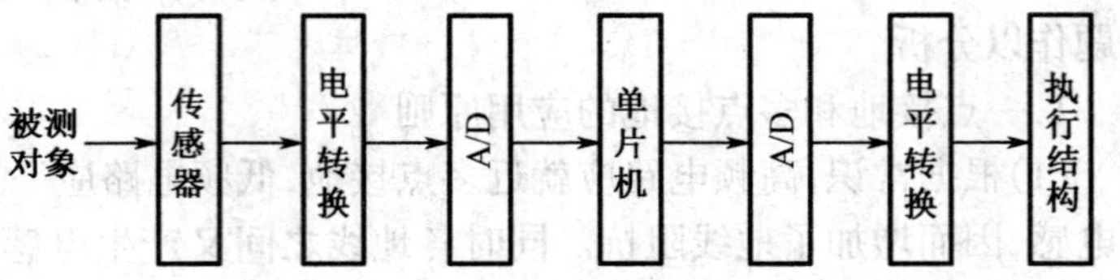


图 12.10 单片机控制产品示意图

A/D 和 D/A 转换器是一种精密的测量装置,在现场使用时的首要问题就是排除干扰。下面就常态干扰和共态干扰讨论其对策。

1.抗常态干扰的方法

(1)在常态干扰严重的场合,可以用积分式或双积分式 A/D 转换器,这样转换的是平均值。瞬间干扰和高频噪声对转换结果影响较小。因为用同一积分电路进行正反两次积分,使积分电路的非线性误差得到了补偿,所以转换精度较高,动态性能好,但转换速度较慢。

(2)低通滤波,对于低频干扰,可以采用同步采样的方法加以排除。这就要先检测出干扰的频率,然后选取与此成整数倍的采样频率,并使两者同步。

(3)传感器和 A/D 转换器相距较远时,容易引起干扰。解决的办法可以用电流传输代替电压传输。传感器直接输出 4 ~ 20 mA 电流,在长线上传输。接收端并 250 Ω 左右的电阻,将此电流转换成 1 ~ 5 V 电压,然后送入 A/D 转换器,屏蔽线必须在接收端一点入地。

2.抗共态干扰的方法

利用屏蔽法来改善高频共模抑制。在高频时,由于两条输入线 *RC* 时间常数的不平衡(串联导线电阻分布电容以及放大器内部的不平衡)会导致共模抑制的下降,当加入屏蔽防护后,此误差可以降低,同时屏蔽本身也减少了其他信号对电路的干扰耦合。注意屏蔽网是接在共模电压上,而不能接在地或与其他屏蔽网相连。

3.软件方法提高 A/D 转换器抗干扰能力

被控现场的工频(50 Hz)干扰一般都较大,因此在 A/D 转换器的输入电压上常会叠加一些工频成分,如图 12.11 所示。显然,工频会直接给 A/D 转换器带来干扰,并影响 A/D 转换精度。由图可知,$t_1$ 时刻的采样值 $V_1$ 为

$$V_1 = V_o + e$$

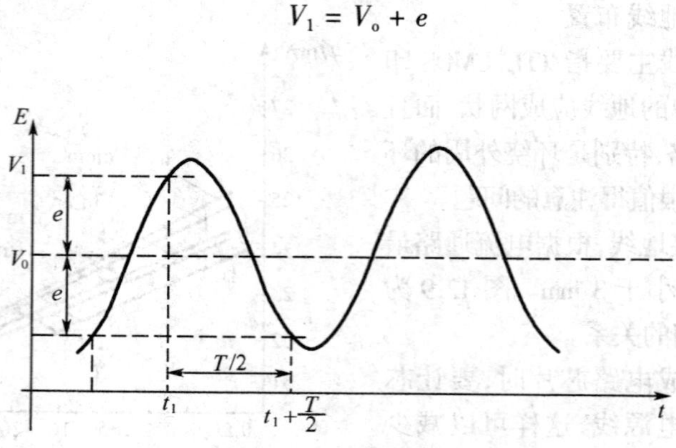


图 12.11 工频成分图

其中 $e$ 是叠加在 $V_o$ 上的工频干扰信号的瞬时值。$T + T/2$ 时刻($T$ 为工频周期)的采样值 $V_1'$ 为

$$V_1' = V_o - e$$

显而易见 $V_1$ 和 $V_1'$ 的算术平均值为 $V_o$。因此对带有工频干扰的监测电压取样进行 A/D 转换时,可用软件方法滤除这种叠加在模拟信号上的工频干扰。具体做法是在硬件上使实时时钟频率与工频频率保持倍频且又同步的关系;在软件上,响应 A/D 转换的请求时,连续采样两次进行 A/D 转换,两次取样的时间间隔应是 T/2。考虑到工频的周期会有所波动,因此,连续两次取样进行 A/D 转换的操作都应与实时时钟中断处理同步,这样就可以有效地滤除工频干扰,保证 A/D 转换的精度。

对非工频的其他干扰,从原则上讲上述方法也可以采用。

### 12.2.5 长线传输干扰的排除

单片机实时控制产品是一个从传感器到执行机构的庞大自动控制产品。处于中央控制室的计算机不但要接收从传感器等检测仪表发来的信息,而且要将控制指令送往执行机构。由现场到主机的连接线往往长达几十米,甚至数百米。信息在长线上传输将会遇到延时、畸变、衰减和干扰等,因此在长线传输过程中,必须采取一系列有效措施。

1.双绞线的使用

屏蔽导线对静电感应的作用比较大,但对电磁感应却不太起作用。电磁感应噪声是磁通在一来一往的导线构成的闭环通路中链接产生的。因此,为了消除这种噪声,往复导线要使用双绞线。双绞线中感应电流的方向前后相反,故从整体来看,感应相互抵消了,如图 12.12 所示。

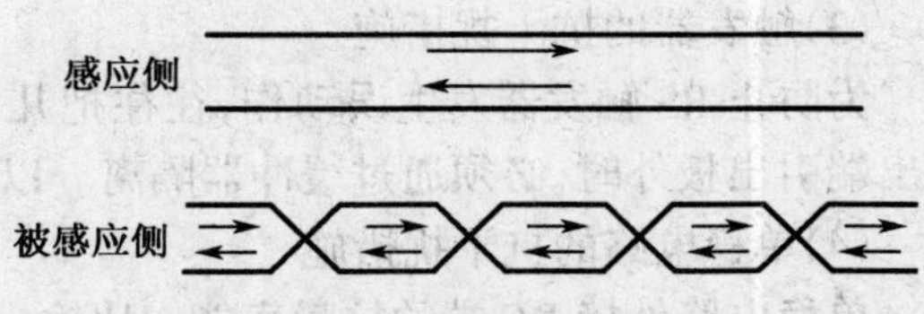

图 12.12 利用双绞线消除电磁感应噪声

2.长线传输过程中的窜扰

很多计算机采用美观的“经纬”走线、横线和直线规则地排列,因而相邻线平等度极高。由于平行线之间存在着互感和分布电容,因此进行信息传送时会产生窜扰,影响产品的工作可靠性。例如功率线、载流线与小信号线一起并行走线,电位线与脉冲线一起平行走线,电力线与信号线平行走线都会引起窜扰。消除窜扰的方法如下。

(1)分开走线。长线传送时,功率线、载流线和信号线分开;电位线和脉冲线分开;电力电缆必须单独走线,而且最好用屏蔽线。

(2)交叉走线。

3.逻辑设计时要考虑消除窜扰问题

当 CPU 向外送数时,如 16 位送全**1**,数字电平信号发生负跳变将在发送控制线上产生窜扰,影响产品正常工作;同样当 16 位数据线中有 15 位为**1**,一位为**0**时,则 15 位**1**信号将对 1 位**0**信号发生窜扰。这时可用“避”和“清”两种方法加以解决。所谓“避”就是在时间上避开窜扰脉冲;所谓“清”就是送数前先清**0**,将干扰脉冲引起的误动作先清除,然后再送命令。

### 12.2.6 几种元器件的抗干扰措施

1.门电路、触发器、单稳电路的抗干扰措施

(1)对信号整形

为了保持门电路输入信号和触发器时钟脉冲的正确波形，如规定的上升时间 $t_a$ 和下降时间 $t_f$，以及确保一定的脉冲宽度，如果前一级有 *RC* 型积分电路时，后面要用斯密特型电路整形。

(2)组件不用的输入端处理

一般有如图 12.13 所示的几种方法。图中(a)所示的方法最简单，但增加了前级门的负担。图(b)把不用的输入端通过一个电阻接 + 5 V。这种方法适用于慢速、多干扰的场合。图(c)利用印刷电路板上多余的反相器，让其输入接地，使其输出去控制工作门不用的输入端。

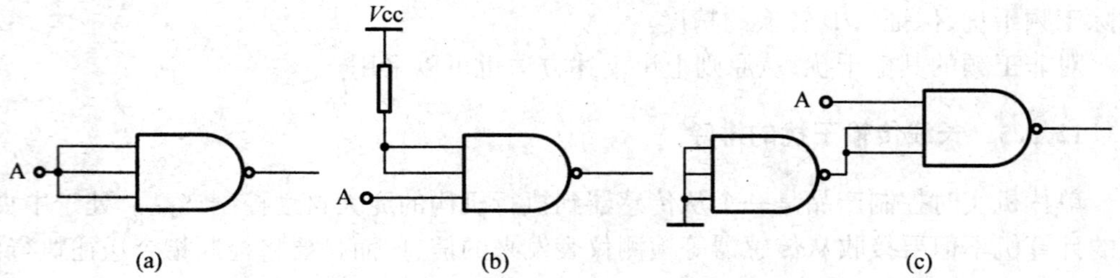


**图 12.13　输入端处理方法图**

(3)触发器的抗干扰措施

为防止 RS 触发器发生误动作，往往把几个信号相与作为它的输入信号。同时触发器输出端引出板外时，必须通过缓冲器隔离。以非信号传输抗干扰能力较强。

(4)单稳电路的抗干扰措施

单稳电路外接 RC 端的抗噪声能力比输入端低得多，因此要尽量缩短这里的连线，减小闭环流，以防止由于感应产生的误触发。当接入可变电阻时，应当将电阻接在单稳电路侧。

2.光电耦合器件

光电耦合器件的应用非常广泛，概括起来可以分为两大类：一类是输入输出的隔离，避免形成地环路，这样可以任意选择接地点；其二是可以消除和抑制噪声。下面就这两方面来讨论。

(1)输入输出隔离

当光电耦合用回路的隔离方法时，线路非常简单，不必担心输入、输出的接地问题。

①脉冲电路方面的应用。门电路将不同电位的信号加到光电耦合器上，构成简单的逻辑电路，能很方便地用于各种逻辑电路互连的输入端，并且只把信号送到输出端，而输入端的噪声不传给输出端。

②斩波器。在测量微弱的电流时，往往使用斩波放大器。如果使用机械换流器或场效应线路时，电路寿命短、响应速度慢，而且出现尖峰干扰，影响电路工作。若使用光电耦合器就没有这样的问题。因为光电耦合器的输入输出之间是隔离的，尖峰噪声可以去掉。

(2)消除由负载引起的噪声

用逻辑电路的信号来驱动可控硅，如图 12.14 所示，负载为电感性的开关电路，用了光电耦合器，负载所产生的尖峰噪声不会反

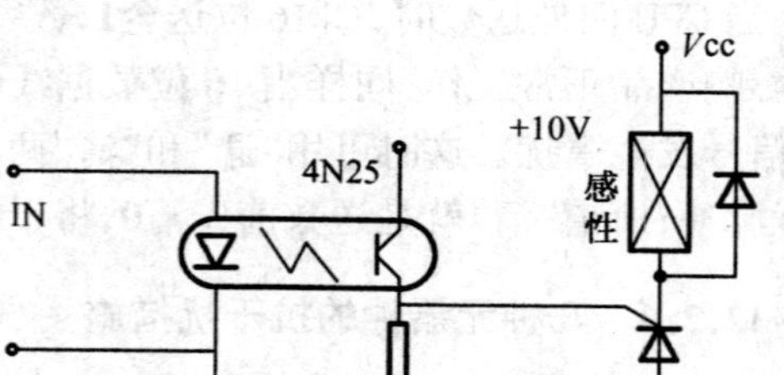


**图 12.14　可控硅感性负载开关电路**

馈到逻辑电路。

3.机械触点及交、直流电路的噪声抑制

(1)机械触点的抗干扰措施

开关、按钮、继电器触点等在操作时经常要发生抖动,如不采取措施则会造成误动作。这类器件可采用图 12.15 所示的办法,以获得没有振荡的逻辑信号。

(2)防止电感性负载闭合、断开噪声的措施

接触器、继电器的线圈断电时会产生很高的反电势,这不仅会损坏元件,而且可以成为感应噪声,通过电源直接侵入到单片机装置中,也会在配线间因静电感应而耦合。因此,在输入/输出通道中使用这类器件时,必须在线圈两端并接噪声抑制器。交、直流电路的噪声抑制器接法可参见图 12.16。

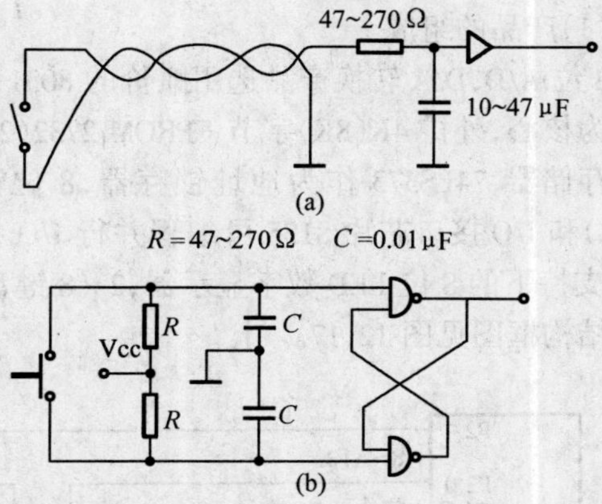


图 12.15 机械触点的抗干扰措施

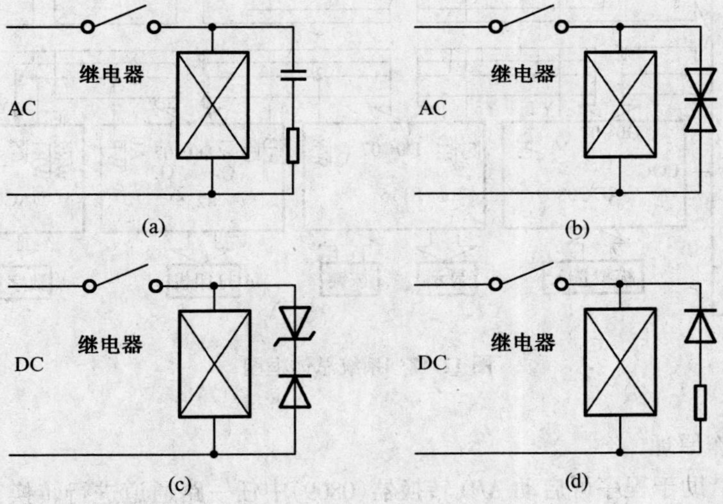


图 12.16 交、直流电路的噪声抑制器

## 12.3 8 位 A/D,D/A 转换产品的设计实例

在单片机的智能仪器仪表、数据采集以及实时控制产品中,被控对象往往是一些连续变化的模拟量,例如温度、压力、形变、位移、流量等。这些非电的模拟量必须通过传感器转换成电模拟量,再转换成数字量后,才能输入到计算机进行加工处理。有时还要求将处理结果转换成模拟量以实现对被控对象的控制,并要求通过键盘置数、显示、打印等。本产品设计

能完成上述各方面要求，通过修改和增加软件还可扩展功能，故可称本产品是一个通用的，且可进一步开发应用的8位A/D，D/A转换产品。

1.产品的硬件设计

(1)产品的组成

8位A/D，D/A转换产品选用廉价的8031单片机为主机，由于其片内无程序存储器，故以其为核心，外扩4K(8K)字节EPROM 2732(2764)作为程序存储器，2K字节RAM 6116作为数据存储器，74LS373作为地址锁存器，8位输入A/D转换器(0809)，一路D/A转换输出(0832)和I/O接口芯片8155可编程并行I/O扩展接口、8255可编程的平行口。并由8155，8255支持下的8位LED数字显示器，2×8键盘输入和PP40打印机，以实现人机通信。产品总体结构框图见图12.17。

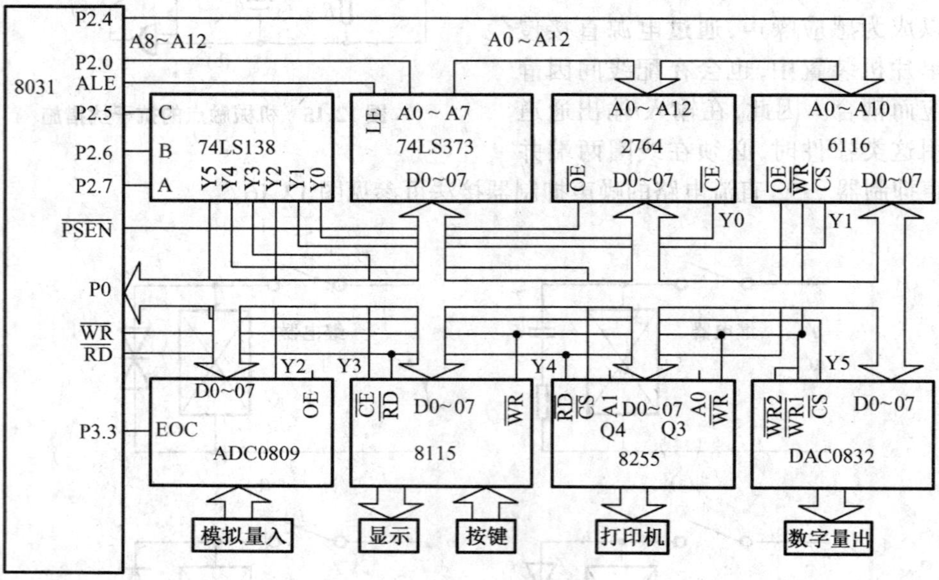


图12.17 系统总体框图

(2)产品工作原理

主机8031借助于程序可启动A/D转换器(0809)中任一路通道进行转换工作，现设7通道被启动工作，开始将采样输入的模拟量转换成数字量，转换完成后向8031请求中断。本产品软件设计为每当8031响应转换中断到255次时，将最后一次转换所得的数据存入RAM(6116)。同时将此数据送显示缓冲区经LED显示，并送D/A转换器(0832)输出。还可根据需要按打印键，将内存单元中内容成批打印出来。

(3)产品硬件设计

①显示电路

由8155中的PA口、PB口、8只LED显示器和3片段07组成显示电路。LED选用共阴极的七段显示器，并采用动态显示原理，即由低位到高位一位一位显示，对于每一位显示器来说，每隔一段时间点亮一次。因此，控制显示器公共阴极电位的I/O口只需一个，现选用PB口(称为扫描口)，即用PB口输出位选码。位选码中为**0**的位是被选中的显示位。8位二进制代码中,每次只有一位为0的被选位。此外,控制各位显示器所显示的字形也需一个I/O口,现选用PA口。PA口的输出与LED相连,完成“段选”功能。来自PA口的各位和LED各段的对应关系如下:

| PA7 | PA6 | PA5 | PA4 | PA3 | PA2 | PA1 | PA0 | 段选数据口 |
|---|---|---|---|---|---|---|---|---|
| a | b | c | d | e | f | g | h′ | |

其中称PA口为段选数据口。如果 PAi = 1,则位选码中为0的位相应段的发光管发光,反之 PAi = 0则相应段不发光。这样,PA口中的段选码和PB口中的位选码相配合就可显示相应位的数码了,其逻辑电路如图12.18。

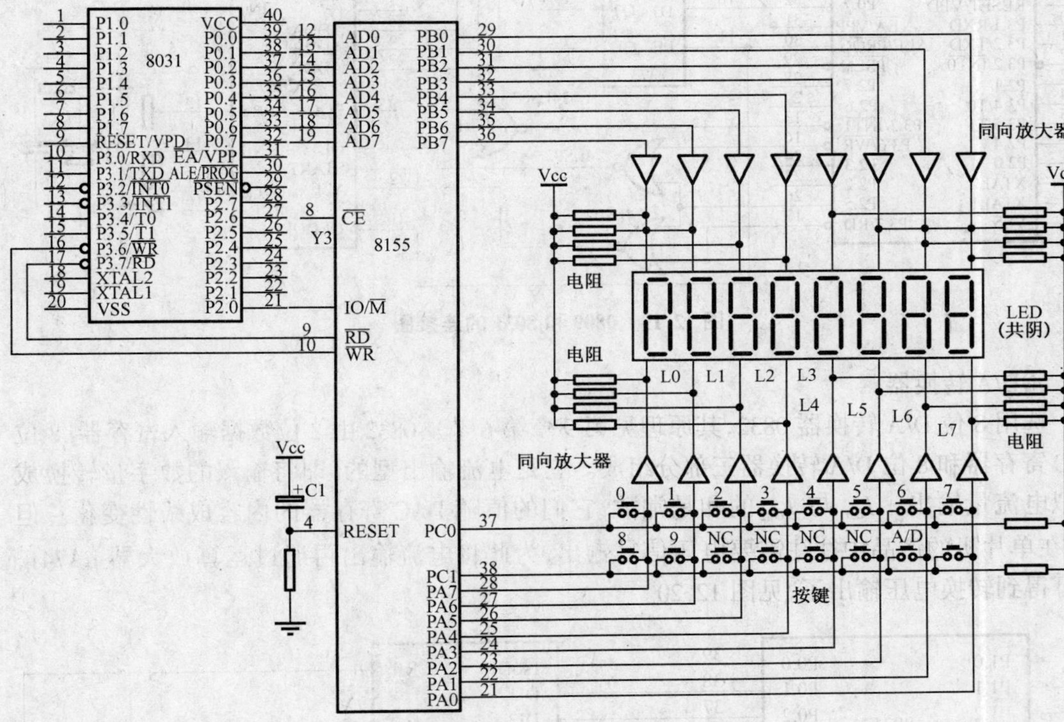


图 12.18 显示电路

②键盘电路

由8155PA口、PC口和2×8矩阵结构形式的16只键组成,其中10只数码键、6只功能键。产品中暂用2只功能键:A/D转换键和打印键。键盘排列见图12.18所示。

在键盘扫描电路中,8155的PA口用作控制键扫描的列线是输出口,也称键扫描口,同时也是8位显示器的段选数据口。PC口用作输入口,其中PC0~PC1接键盘的行线,称键输入口。根据该键所在的行、列值决定闭合键的键值。例如,闭合键4,键4所在的行为第0行,其行首键号为0,第4列,闭合键值由下式可计算得到:

$$键值 = 行首键号 + 列号 = 0 + 4 = 4$$

③A/D转换器

当前A/D转换电路的型号很多,它们在精度、速度和价格上的差别也很大。本产品中选用0809 A/D转换器,在精度、速度和价格等方面都属中等,这对一般实时控制、数据采集产品来讲是合适的。ADC0809 有 8 个通道的模拟量输入，在程序控制下可令任意通道进行 A/D转换并可得到相应的 8 位二进制数字量。由于 0809 要求转换时的时钟信号频率不能高于 640 kHz(当频率为 640 kHz 时，转换速度约为 100 μs)，本产品采用 250 kHz。其中与 8031 连接图见图 12.19。

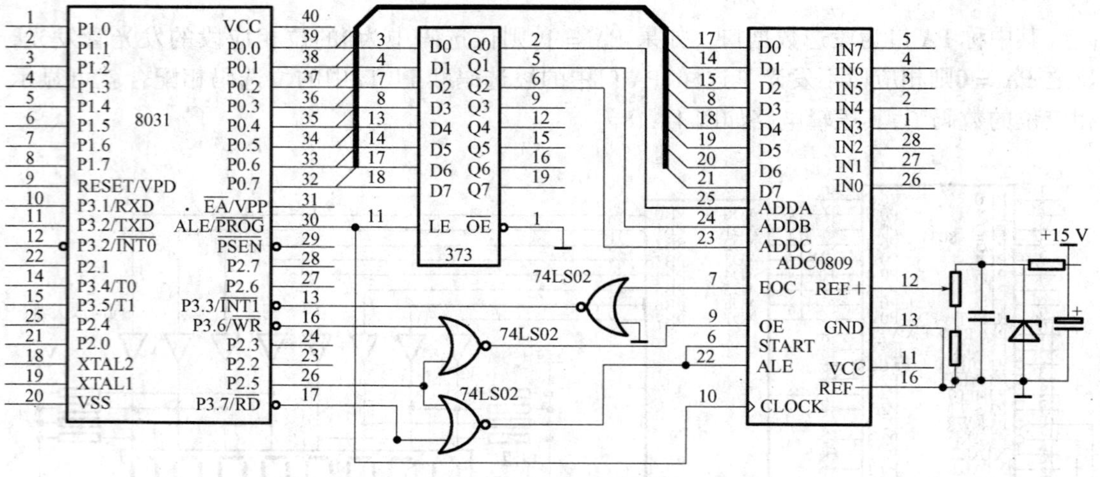

**图 12.19　0809 和 8031 的连接图**

④D/A 转换器

选用 8 位 D/A 转换器 0832，其原理见第 9 章第 6 节。0832 由 8 位数据输入寄存器、8 位 DAC 寄存器和 8 位 D/A 转换器三部分组成。它是电流输出型的，即将输入的数字量转换成模拟电流量输出。$I_{out1}$ 与 $I_{out2}$ 的和是常数，它们的值随 DAC 寄存器的内容成线性变化。但是，在单片机的产品中往往需要电压信号输出，为此将电流输出再通过运算放大器 μA741，即可得到转换电压输出了，见图 12.20。

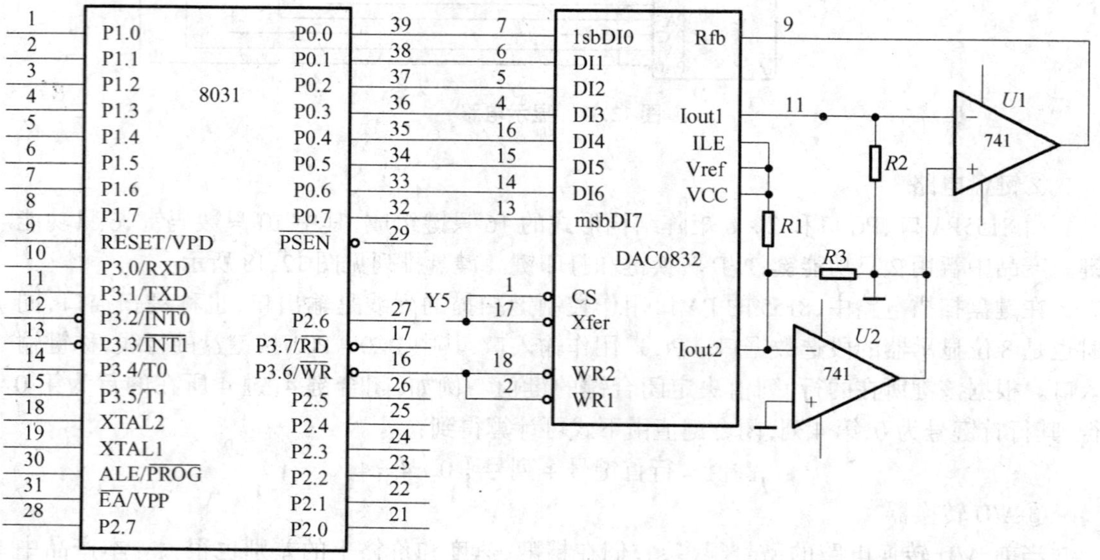

**图 12.20　0832 和 8031 的连接图**

⑤打印机

单片机产品中，经常选用微型打印机，如 PP40，GP16 等。本产品选用 PP40 微型彩色绘图器，因其接口简单、功能强，能打印 ASCII 码字符和描绘各种彩色图案。8031 通过 8255 的 PA 口输出要打印的数据到 PP40 打印机的数据输入端，当 8031 向 PP40 输出选通信号 STROBE 时，数据就打入到 PP40，并启动 PP40 打印机的机械装置，进行打印或绘图。当 PP40 正在打印（或描绘）时，其状态输出线 BUSY 呈高电平，空闲时输出低电平。故 BUSY 可作为中断请求线或供CPU查询用。PP40 打印机和 8255 连接如图 12.21 所示。PP40 打印机的详细介绍请参阅有关说明书。

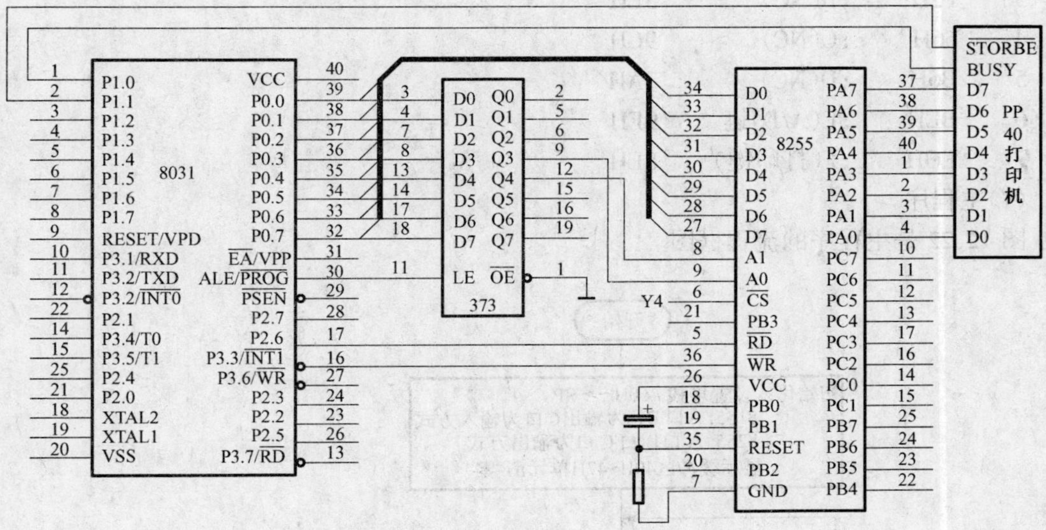


图 12.21 8255 和打印机连接图

2.产品软件设计

产品软件设计采用模块化结构。整个程序由主程序、显示、键盘扫描、A/D、D/A 转换以及连接打印机打印等子程序模块组成。

8031 单片机产品中，片内、外 RAM、ROM 以及 I/O 口存储空间的地址编制是统一的，现地址分配如下。

堆栈栈顶地址设置在片内 RAM 数据缓冲区 60H。

显示缓冲区设在片内 RAM40H ~ 47H 单元。

6116：RAM 地址设定为 8000H ~ 87FFH。

2764：EPROM 存储区地址为 0000H ~ 1FFFH。

8155：状态口　DF00H　；内部 RAM 地址范围为　DE00H ~ DEFFH

　　A 口　DF01H

　　B 口　DF02H

　　C 口　DF03H

8255：状态口　3FFFH

　　A 口　3FE7H

B 口　3FEFH(没使用)
C 口　3FF7H(没使用)
0809:口地址　5FFFH
0832:口地址　BFFFH

键盘值对应的七段码列表如下:

```
0    FCH    ;8          FEH
1    60H    ;9          F6H
2    DAH    ;A(NC)      EEH
3    F2H    ;B(NC)      3EH
4    66H    ;C(NC)      9CH
5    B6H    ;D(NC)      7AH
6    BEH    ;E(A/D)键   9EH
7    EOH    ;F(打印键)  8EH
```

(1)主程序

图 12.22 是主程序的流程框图。

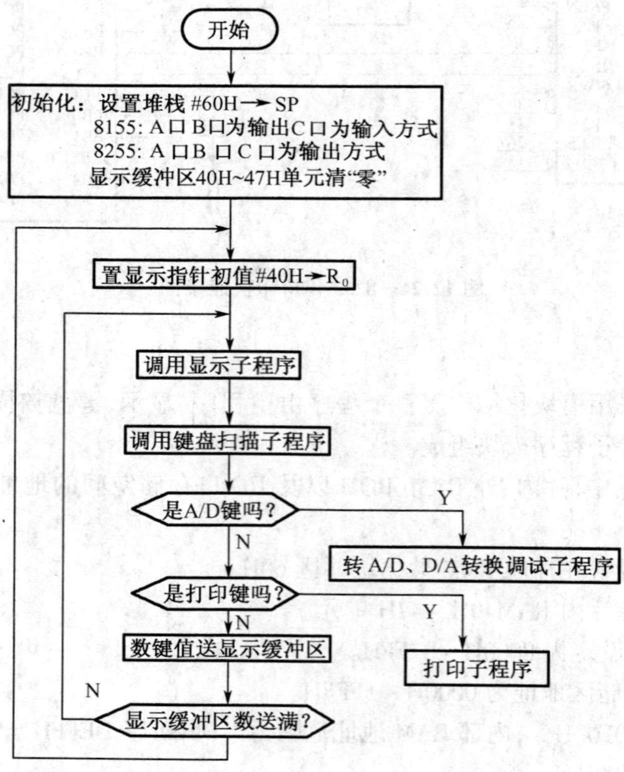


图 12.22　主程序流程框图

```
        ORG     8000H           ;设置堆栈
MAIN:   MOV     SP, # 60H       ;设置堆栈
        MOV     DPTR, # 0DF00H  ;8155A 口、B 口为输出
```

```
        MOV     A, # 03H            ;C 口为输入方式
        MOVX    @DPTR, A
        MOV     DPTR, # 3FFFH       ;8255A 口、B 口、C 口为输出方式
        MOV     A, # 80H
        MOVX    @DPTR, A
        MOV     R0, # 40H           ;显示缓冲区 40H ~ 47H 清"0"
        MOV     A, # 00H
ML0:    MOV     @R0, A
        INC     R0
        CJNE    R0, # 48H, MLO
ML1:    MOV     R1, # 40H
ML2:    ACALL   DIR                 ;调用显示子程序
        ACALL   KEYI                ;调用键盘扫描子程序
        CJNE    A, # 0EH, AD1       ;如果 A≠OEH 转 AD1
        AJMP    ONE                 ;A = OEN 转 A/D、D/A 工作子程序
AD1:    CJNE    A, # 0FH, AD2       ;如果 A≠OFH 就为按数键转 AD2
        AJMP    TWO                 ;如果是打印键,转打印子程序
AD2:    ANL     A, # 0FH            ;数字键,键值送显示缓冲区
        MOV     @R1, A              ;
        INC     R1                  ;修改显示缓冲区指针
        CJNE    R1, # 48H, ML2      ;8 位显示没完,转 ML2
        AJMP    ML1
```

(2)显示子程序

子程序流程框图如图 12.23 所示。

```
DIR:    MOV     R0, # 40H           ;置显示缓冲区指针初值
        MOV     R2, # 0FEH          ;置位选码初值送 8155B 口
        SETB    C
DIRL:   MOV     DPTR, # 0DF02H
        MOV     A, R2
        MOVX    @DPTR, A
        MOV     A, @R0              ;取显示数据
        ADD     A, # 14H            ;加偏移量
        MOVC    A, @A + PC          ;查表取段选码
        MOV     DPTR, # 0DF01H      ;段选码→8155A 口
        MOV     @DPTR, A
        MOV     R7, 02H             ;软件延时 1ms
DL:     MOV     R6, # 0FFH
DL6:    DJNZ    R6, DL6
        DJNZ    R7, DL
        INC     R0                  ;修改显示缓冲区指针
```

```
        MOV     A,R2
        RLC     A                ;显示字左移1位
        MOV     R2,A
        JC      DIRL,            ;8位没有显示完跳DIRL
        RET
        DB      0FCH,60H,0DAH    ;七段码数据表
        DB      0F2H             ;不包括小数点
        DB      66H,0B6H,0BEH
        DB      0E0H
        DB      0F6H,0F6H,0EEH
        DB      3EH
        DB      9CH,7AH,9EH,8EH
```

(3)键盘扫描子程序

键盘扫描子程序有如下两方面功能：

①判别键盘上是否有键按下。方法是让扫描口 PA0 ~ PA7 输出为全**0**,然后读 PC 口的状态,若 PC0 ~ PC1 为全**1**(键盘上行线全为高电平),则键盘上没键按下,若 PC0 ~ PC1 不全为**1**,则有键按下。但是,为了排除由于键盘上键的机械抖动而产生的误判,可以在判到有键按下后,经软件延时一段时间再判键盘的状态,若仍有键按下,则认为键盘有键闭合上,否则就认为是键的抖动。

②判别闭合键的键号。方法是对键盘的列线依次进行扫描,扫描口 PA0 ~ PA7 依次输出。

| PA7 | PA6 | PA5 | PA4 | PA3 | PA2 | PA1 | PA0 |
|---|---|---|---|---|---|---|---|
| 1 | 1 | 1 | 1 | 1 | 1 | 1 | 0 |
| 1 | 1 | 1 | 1 | 1 | 1 | 0 | 1 |
| 1 | 1 | 1 | 1 | 1 | 0 | 1 | 1 |
| | | | | ⋮ | | | |
| | | | | ⋮ | | | |
| 1 | 0 | 1 | 1 | 1 | 1 | 1 | 1 |
| 0 | 1 | 1 | 1 | 1 | 1 | 1 | 1 |

相应地顺次读 PC 口的状态,若 PC0 ~ PC7 为全**1**,则表示列线为**0**的这一列没有键闭合,否则就确认这一列上有键闭合。闭合键的键号等于 PA 口输出为**0**的列线号加上 PC 口输入**0**的行线上的首键号。例如 PA 口输出为**11111101**时,读入 PC0 ~ PC1 为**10**,则说明 1 行,6 列相交的键处于闭合状态。第 1 行的首键号为 8,列线号为 6,闭合键的键号为：

键号 N = 行首键号 + 列线号 = 8 + 6 = EH(即为 A/D 功能键)

CPU 对查到的闭合处理是待闭合键释放以后再进行的。键扫描子程序的流程图如图 12.24 所示。其中延时时间采用调用显示子程序,其优点是进入键扫描子程序后,显示器一直是亮的。

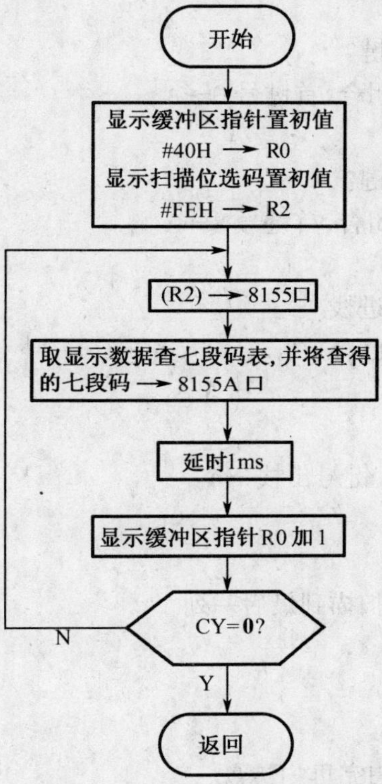


图 12.23　显示子程序流程框图

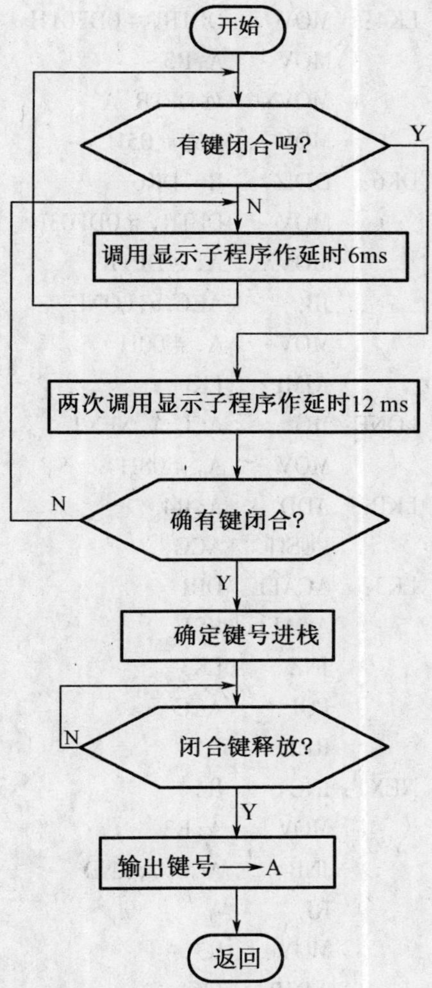


图 12.24　键扫描子程序流程框图

键扫描子程序：

```
KEYI:  ACALL  KS1           ;调用判是否有键闭合子程序
       JNZ    LK1
NI:    ACALL  DIR           ;调用显示子程序延时 6 ms
       AJMP   KEYI
LK1:   ACALL  DIR           ;初判有键闭合延时 12 ms,排除误判
       ACALL  DIR
       ACALL  KS1           ;确有键闭合吗?
       JNZ    LK2
       AJMP   NI
LK2:   MOV    R3, # 0FFH    ;键号确定,由行号、列号决定
```

```
        MOV     R4, # 00H           ;置列号起始值
LK4:    MOV     DPTR, # 0DF01H      ;列线扫描值送 8155A 口
        MOV     A,R3
        MOVX    @DPTR,A
        MOV     R6, # 05H           ;软件延时
DK6:    DJNZ    R6,DK6
        MOV     DPTR, # 0DF03H      ;读入 8155C 口状态
        MOVX    A,@DPTR
        JB      ACC.o,LONE          ;是第 1 行键?
        MOV     A, # 00H            ;0 行有键闭合,首键号 0→A
        AJMP    LKP
LONE:   JB      ACC.1,NEXT          ;是第 1 行键?
        MOV     A, # 08H            ;1 行有键闭合,首键号 8→A
LKP:    ADD     A,R4                ;键号计算
        PUSH    ACC                 ;键号保护进栈
LK3:    ACALL   DIR                 ;判键是否已释放?
        ACALL   KS1
        JNZ     LK3
        POP     ACC                 ;键已释放,键号出栈→A
        RET
NEXT:   INC     R4                  ;修改列号
        MOV     A,R3                ;判是否已扫描到最后一列
        JNB     ACC.7,KND
        RL      A
        MOV     R3,A
        AJMP    LK4                 ;8 列键末扫完再扫键盘
KND:    AJMP    KEYI
KSI:    MOV     DPTR, # 0DF01H      ;全"0"送 8155A 口
        MOV     A, # 00H
        MOVX    @DPTR,A
        MOV     R6, # 05H
DS6:    DJNZ    R8,DS6
        MOV     DPTR, # 0DF03H      ;读 8155C 口键入状态
        MOVX    A,@DPTR
        COL     A
        ANL     A, # 03H            ;屏蔽高 6 位
        RET
```

(4)A/D,D/A 转换子程序及 A/D 中断服务程序

当键盘扫描查到 A/D 键闭合,即转 A/D,D/A 转换子程序。本程序用以测试产品中 A/D,D/A 工作的正确性。把输入模拟量经 A/D 转换成数字量,并直接通过 D/A 转换输出模拟

信号送示波器输入端,即可见到转换的真实性。产品中0809A/D转换器作为 8031 的一个外部中断源。因此,在启动A/D,D/A 转换前 CPU 先开中断,并设置允许外部中断边沿触发方式请求中断,然后 CPU 才启动 0809 进入转换。现设启动 7 通道,当转换完成时,向 CPU 发外部中断请求 INT1,CPU 响应中断,但不立即采集 A/D 转换结果,而是继续启动 A/D 工作。直到连续中断响应 255 次时,CPU 才将最后一次 A/D 转换结果送片外 RAM 6116(3800H ~ 3EFFH)存储,并将结果送 D/A 转换输出和 LED 显示。

①A/D, D/A 转换子程序流程框图如图 12.25 所示。

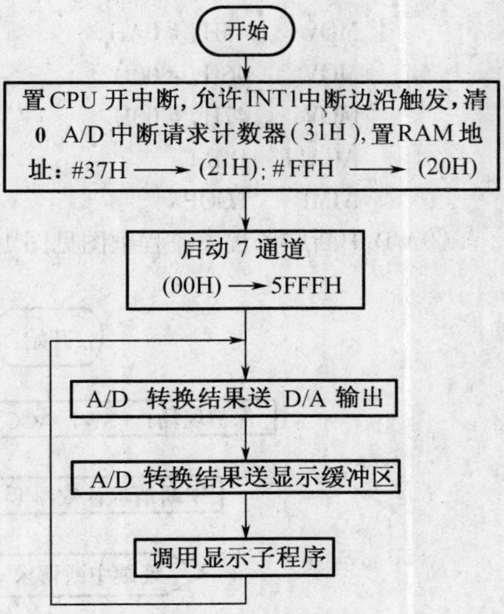


**图 12.25　A/D,D/A 转换子程序流程框图**

A/D,D/A 转换子程序如下:

```
ONE:  MOV    31H, #00H
      MOV    20H, #0FFH
      MOV    21H, #37H
      SETB   IT1                ;允许 INT1 边沿触发
      NOP
      SETB   EA                 ;CPU 开中断
      NOP
      SETB   EX1                ;允许 INT1 中断
      NOP
      MOV    DPTR, #05FFFH      ;启动 0809 的 7 通道
      MOV    A, #00H
      MOVX   @DPTR, A
LOOP: MOV    DPTR, #0BFFFH      ;A/D 转换结果送 D/A 输出
      MOV    A,30H
      MOVX   @DPTR, A
      MOV    R0, #40H           ;A/D 转换结果送显示缓冲区
      MOV    A,30H
      ANL    A, #0F0H
      MOV    @R0, A
      INC    R0
      MOV    A,30H
      ANL    A, #0F0H
      SWAP   A
      MOV    @R0, A
      MOV    42H, #0EEH
      MOV    43H, #0EEH
```

```
        MOV     44H, # 0DH
        MOV     45H, # 0AH
        MOV     46H, # 00H          ;不显示
        MOV     47H, # 00H          ;不显示
        ACALL   DIR                 ;调显示子程序
        AJMP    LOOP
```

②A/D 中断服务程序流程框图见图 12.26 所示。

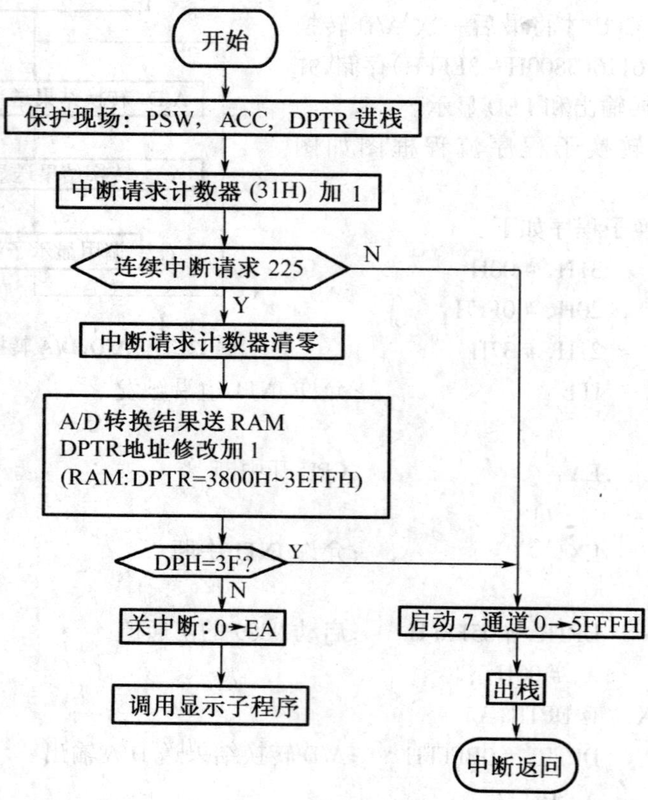


图 12.26 A/D 中断服务子程序流程框图

A/D 中断服务程序如下：

```
PINTI:  PUSH    PSW                 ;保护现场进栈
        PUSH    ACC
        PUSH    DPL
        PUSH    DPH
        INC     31H
        MOV     A,31H               ;A/D 中断请求次数为 255 次,8031 才采集一点
        CJNE    A, # 0FFH, CCT
        MOV     31H, # 00H
        MOV     DPTR, # 5FFFH       ;A/D 转换结果→RAM
```

```
        MOVX    A,@DPTR
        MOV     30H,A
        MOV     DPL,20H          ;修改 RAM 地址
        MOV     DPH,21H
        INC     DPTR
        MOV     A,30H
        MOVX    @DPTR,A
        MOV     20H,DPL
        MOV     21H,DPII
        MOV     A,21H
        MOV     A,21H
        CJNE    A,#3FH,CCT       ;RAM 地址>3EFFH 关中断
        CLR     EA
        AJMP    CCE
CCT:    MOV     A,#00H           ;启动 7 通道
        MOV     DPTR,#5FFFH
        MOVX    @DPTR,A
        POP     DPH
        POP     DPL
        POP     ACC
        POP     PSW
        RETI
CCE:    MOV     42H,#0EEH
        MOV     43H,#0EEH
        MOV     44H,#0EEH
        MOV     45H,#0EEH
        MOV     46H,#00H
        MOV     47H,#00H
CCF:    ACALL   DIR
        AJMP    CCF
```

(5)打印子程序

程序流程框图如图 12.27 所示。打印机驱动子程序流程框图如图 12.28 所示。十六进制数转换成 ASCII 码程序流程如图 12.29 所示。

打印子程序如下：

```
TWO:    MOV     20H,#0FFH        ;将 3800H~38FFH 中内容逐个打印输出
        MOV     21H,#37H
MOV     R3,#00H
LOK:    SETB    P1.1             ;启动打印机
        MOV     A,20H            ;#37FFH→DPTR
        MOV     82H,A
```

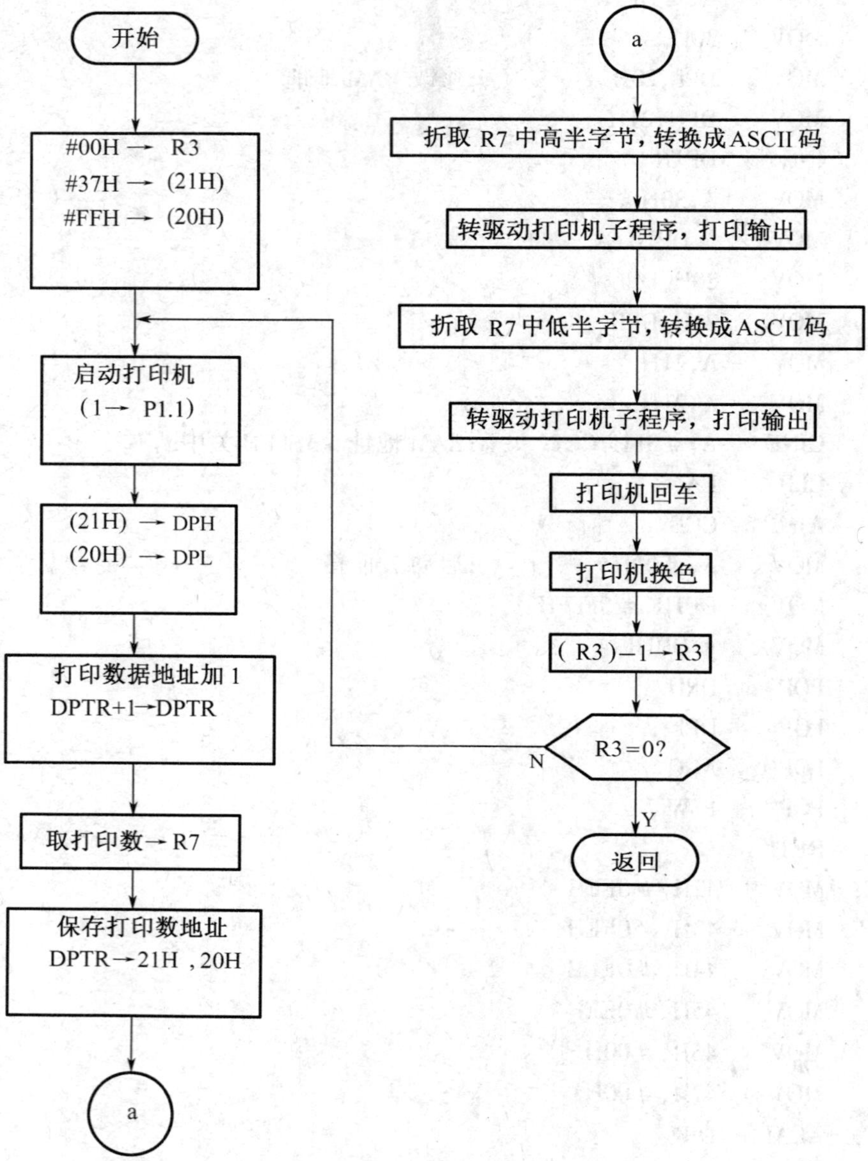


图 12.27　打印子程序流程框图

```
MOV     A,21H
MOV     83H,A
INC     DPTR              ;地址修改
MOVX    A,@DPTR           ;取打印数到 R7
MOV     R7,A
MOV     A,82H             ;保存打印数地址
MOV     20H,A
MOV     A,83H
```

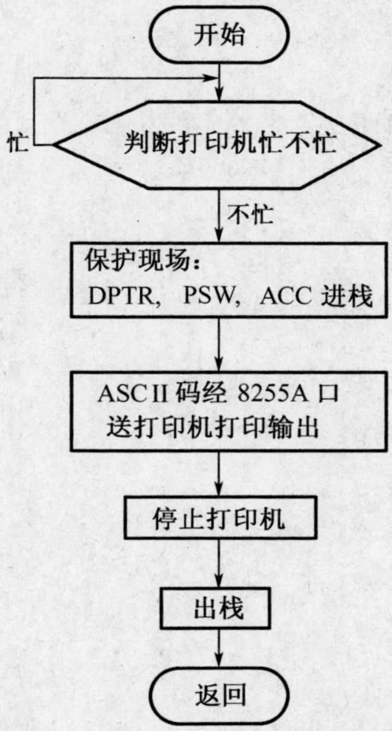


图 12.28　打印驱动子程序流程框图

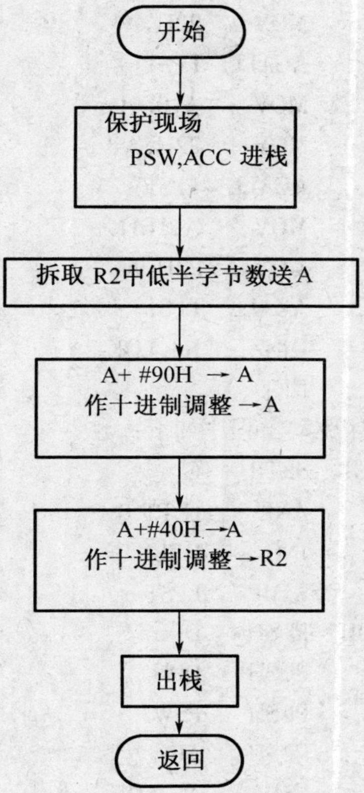


图 12.29　十六进制数转换成 ASCⅡ码子程序流程框图

```
MOV     21H,A
MOV     A,R7                    ;取打印数高半字节
ANL     A,#0F0H
RR      A
RR      A
RR      A
RR      A
MOV     R2,A                    ;打印数高半字节转换成 ASCII 码
ACALL   ASC
MOV     A,R2
MOV     22H,A
ACALL   LPST                    ;转打印机驱动子程序
MOV     A,R7                    ;析取打印数低半字节转换成 ASCII 码打印输出
ANL     A,0FH
MOV     R2,A
ACALL   ASC
```

```
        MOV     A,R2
        MOV     22H,A
        ACALL   LPST
        MOV     A,0DH              ;驱动打印机回车
        MOV     22H,A
        ACALL   LPST
        MOV     A,1DH              ;打印机驱动换色
        MOV     22H,A
        ACALL   LPST
        DJNZ    R3,LOK
        RET
```

打印驱动子程序如下：

```
LPST:   SETB    C                  ;1 送 CY
        ANL     C,P1.0             ;判打印机忙吗?
        JNC     REL1               ;不忙转
        AJMP    LPST
REL1:   PUSH    DPL
        PUSH    DPH
        PUSH    PSW
        PUSH    ACC
        MOV     A,22H
        MOV     DPTR,#0FE7H
        MOVX    @DPTR,A
        CPL     P1.1
        NOP
        NOP
        CPL     P1.1
        POP     ACC
        POP     PSW
        POP     DPH
        POP     DPH
        RET
```

十六位进制转换成 ASCII 码子程序如下：

```
ASC:    PUSH    PSW
        PUSH    ACC
        MOV     A,R2
        ANL     A,#0FH
        ADD     A,#90H
        DA      A
        ADDC    A,#40H
```

```
DA      A
MOV     R2,A
POP     ACC
POP     PSW
RET
```

## 习题与思考题

12－1 单片机的产品设计包括哪些步骤？

12－2 本章叙述的传感器接口有哪几种？

12－3 简述产生干扰的途径，以及电源产品抗干扰的措施有哪些？

12－4 以8031单片机组成8路温度检测产品。每隔20 ms采样一次，并把结果打印和显示出来(即各路信号循环显示，20 ms后刷新)。试绘出产品逻辑图和程序流程图。

12－5 试为8031单片机设计一个自动管理交通信号灯产品。设在一个十字路口的两个路口均有一组交通信号灯(红、黄、绿)，控制要求：主干线绿灯亮时间为30秒，然后转为黄灯亮，2秒后即转为红灯亮。

当主干线绿灯和黄灯亮时，支干线为红灯亮，直到主干线黄灯熄时才转为绿灯亮。其绿灯亮的持续时间为20秒，然后黄灯亮2秒即转为红灯，如此反复控制。试绘出产品逻辑图、程序流程图，并编制程序。

12－6 当MCS－51单片机运行出错或程序陷入死循环时，如何来摆脱困境？

# 第 13 章 单片机实验

## 13.1 多路开关状态指示

1.实验任务

如图 13.1 所示,AT89C51 单片机的 P1.0 ~ P1.3 接四个发光二极管 L1 ~ L4,P1.4 ~ P1.7 接了四个开关 K1 ~ K4,编程将开关的状态反映到发光二极管上(开关闭合,对应的灯亮,开关断开,对应的灯灭)。

2.电路原理图

硬件电路原理图如图 13.1 所示。

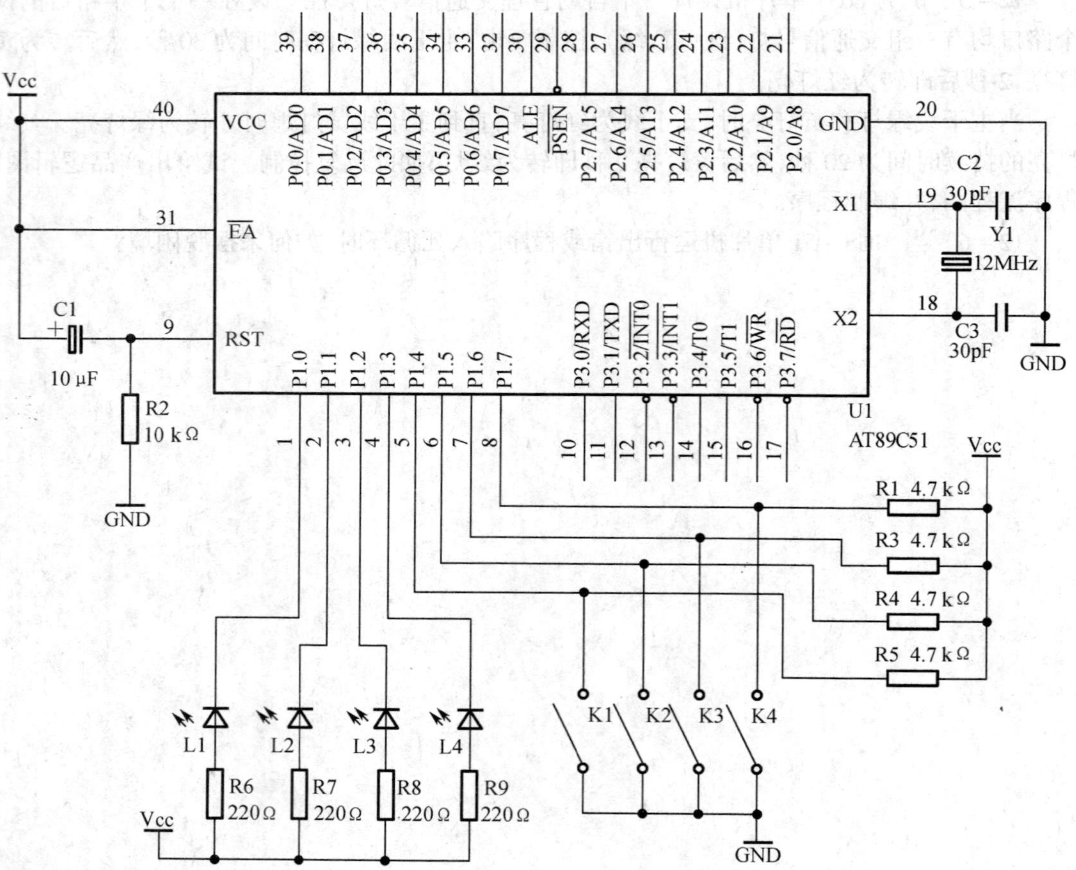

图 13.1

3.系统板上硬件连线

(1)把"单片机系统"区域中的 P1.0 ~ P1.3 用导线连接到"八路发光二极管指示模块"区

域中的 L1 ~ L4 端口上；

(2)把“单片机系统”区域中的 P1.4 ~ P1.7 用导线连接到“四路拨动开关”区域中的 K1 ~ K4 端口上。

4.程序设计内容

(1)开关状态检测

开关状态检测，相对单片机来说，是检测输入关系，我们可轮流检测每个开关状态，根据每个开关的状态让相应的发光二极管指示，可以采用 JB P1.X，REL 或 JNB P1.X，REL 指令来完成；也可以一次性检测四路开关状态，然后让其指示，可以采用 MOV A，P1 指令一次把 P1 端口的状态全部读入，然后取高 4 位的状态来指示。

(2)输出控制

根据开关的状态，由发光二极管 L1 ~ L4 来指示，我们可以用 SETB P1.X 和 CLR P1.X 指令来完成，也可以采用 MOV P1，# 1111 ×××× B 方法一次指示。

5.程序框图

程序框图如图 13.2 所示。

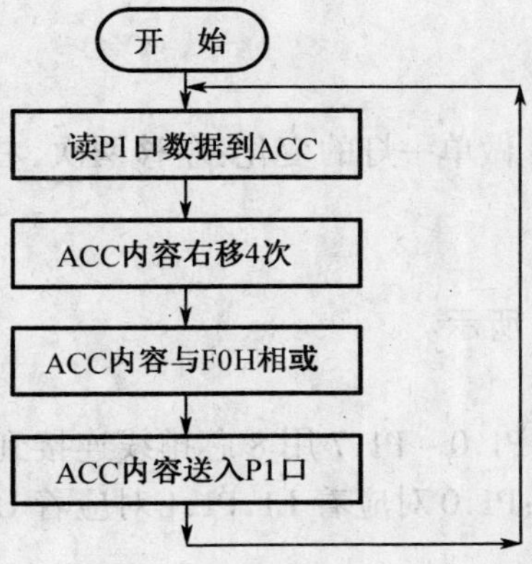


**图 13.2**

6.汇编源程序

```
        ORG     00H
START:  MOV     A, P1
        ANL     A, # 0F0H
        RR      A
        RR      A
        RR      A
        RR      A
        XOR     A, # 0F0H
        MOV     P1, A
        SJMP    START
        END
```

7.C语言源程序

```
#include <AT89X51.H>
unsigned char temp;
void main(void)
{
while(1)
{
temp = P1 >>4;
temp = temp | 0xf0;
P1 = temp;
}
}
```

## 13.2 广告灯(利用取表方式)

1.实验任务

利用取表的方法使端口P1做单一灯的变化:左移两次,右移两次,闪烁两次(延时时间0.2秒)。

2.电路原理图

硬件电路原理图如图13.3所示。

3.系统板上硬件连线

把"单片机系统"区域中的P1.0~P1.7用8芯排线连接到"八路发光二极管指示模块"区域中的L1~L8端口上,要求:P1.0对应着L1,P1.1对应着L2……P1.7对应着L8。

4.程序设计内容

在用表格进行程序设计的时候,要用以下的指令来完成:

(1)利用MOV DPTR,#DATA16指令来使数据指针寄存器指到表的开头;

(2)利用MOVC A,@A+DPTR指令,根据累加器的值再加上DPTR的值,就可以使程序计数器PC指到表格内所要取出的数据位置。

因此,只要把控制码建成一个表,利用MOVC A,@A+DPTR作取码的操作,就可方便地处理一些复杂的控制动作。

5.程序框图

程序框图如图13.4所示。

6.汇编源程序

```
        ORG     0
START:  MOV     DPTR,#TABLE
LOOP:   CLR     A
        MOVC    A,@A+DPTR
        CJNE    A,#01H,LOOP1
        JMP     START
```

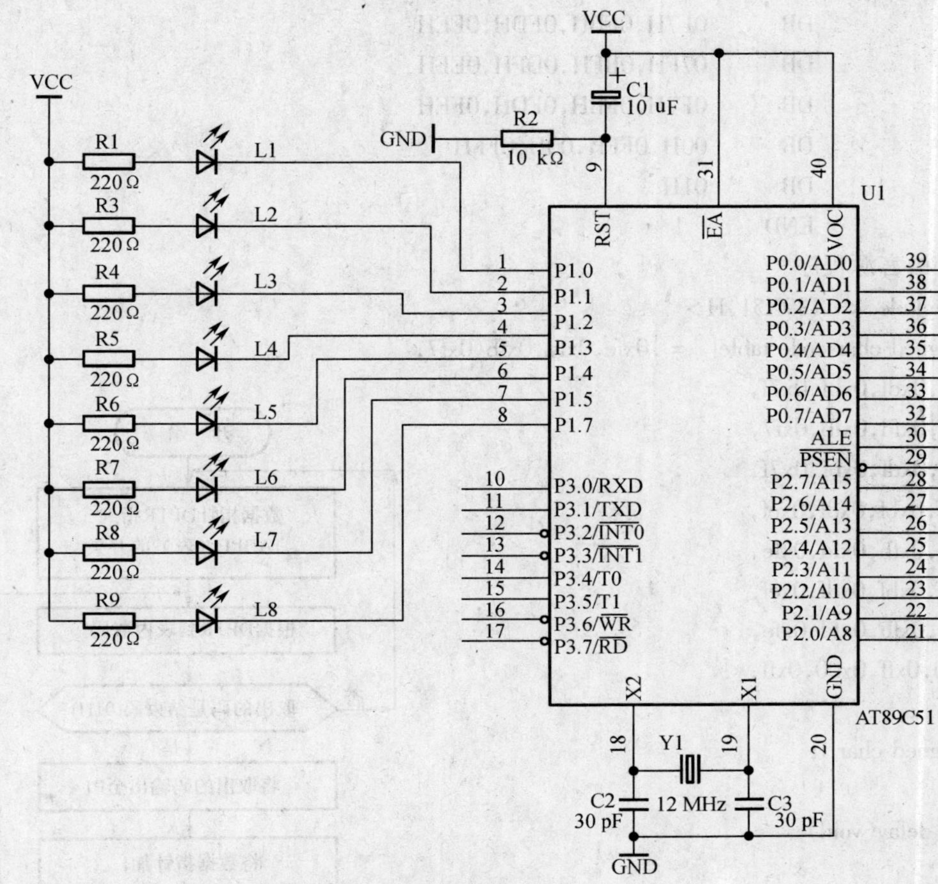


图 13.3

```
LOOP1:    MOV     P1, A
          MOV     R3, #20
          LCALL   DELAY
          INC     DPTR
          JMP     LOOP
DELAY:    MOV     R4, #20
D1:       MOV     R5, #248
          DJNZ    R5, $
          DJNZ    R4, D1
          DJNZ    R3, DELAY
          RET
TABLE:    DB      0FEH, 0FDH, 0FBH, 0F7H
          DB      0EFH, 0DFH, 0BFH, 07FH
          DB      0FEH, 0FDH, 0FBH, 0F7H
          DB      0EFH, 0DFH, 0BFH, 07FH
```

```
        DB      07FH,0BFH,0DFH,0EFH
        DB      0F7H,0FBH,0FDH,0FEH
        DB      07FH,0BFH,0DFH,0EFH
        DB      0F7H,0FBH,0FDH,0FEH
        DB      00H,0FFH,00H,0FFH
        DB      01H
        END
```

7.C语言源程序

```
#include <AT89X51.H>
unsigned char code table[] = {0xfe,0xfd,0xfb,0xf7,
0xef,0xdf,0xbf,0x7f,
0xfe,0xfd,0xfb,0xf7,
0xef,0xdf,0xbf,0x7f,
0x7f,0xbf,0xdf,0xef,
0xf7,0xfb,0xfd,0xfe,
0x7f,0xbf,0xdf,0xef,
0xf7,0xfb,0xfd,0xfe,
0x00,0xff,0x00,0xff,
0x01};
unsigned char i;

void delay(void)
{
unsigned char m,n,s;
for(m=20;m>0;m--)
for(n=20;n>0;n--)
for(s=248;s>0;s--);
}

void main(void)
{
while(1)
{
if(table[i]! =0x01)
{
P1=table[i];
i++;
delay();
}
else
```

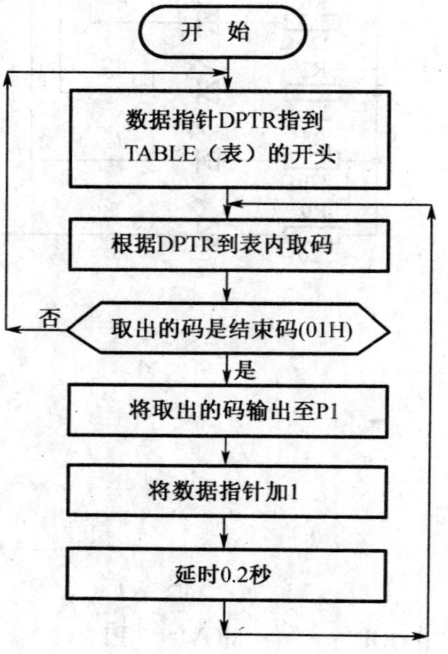


图 13.4

```
{
i = 0;
}
}
}
```

## 13.3 警报产生器

1.实验任务

用 P1.0 输出 1 kHz 和 500 Hz 的音频信号驱动扬声器作报警信号，要求 1 kHz 信号响 100 ms，500 Hz 信号响 200 ms，交替进行，P1.7 接一开关进行控制，当开关合上响报警信号，当开关断开告警信号停止。

2.电路原理图

电路原理图如图 13.5 所示。

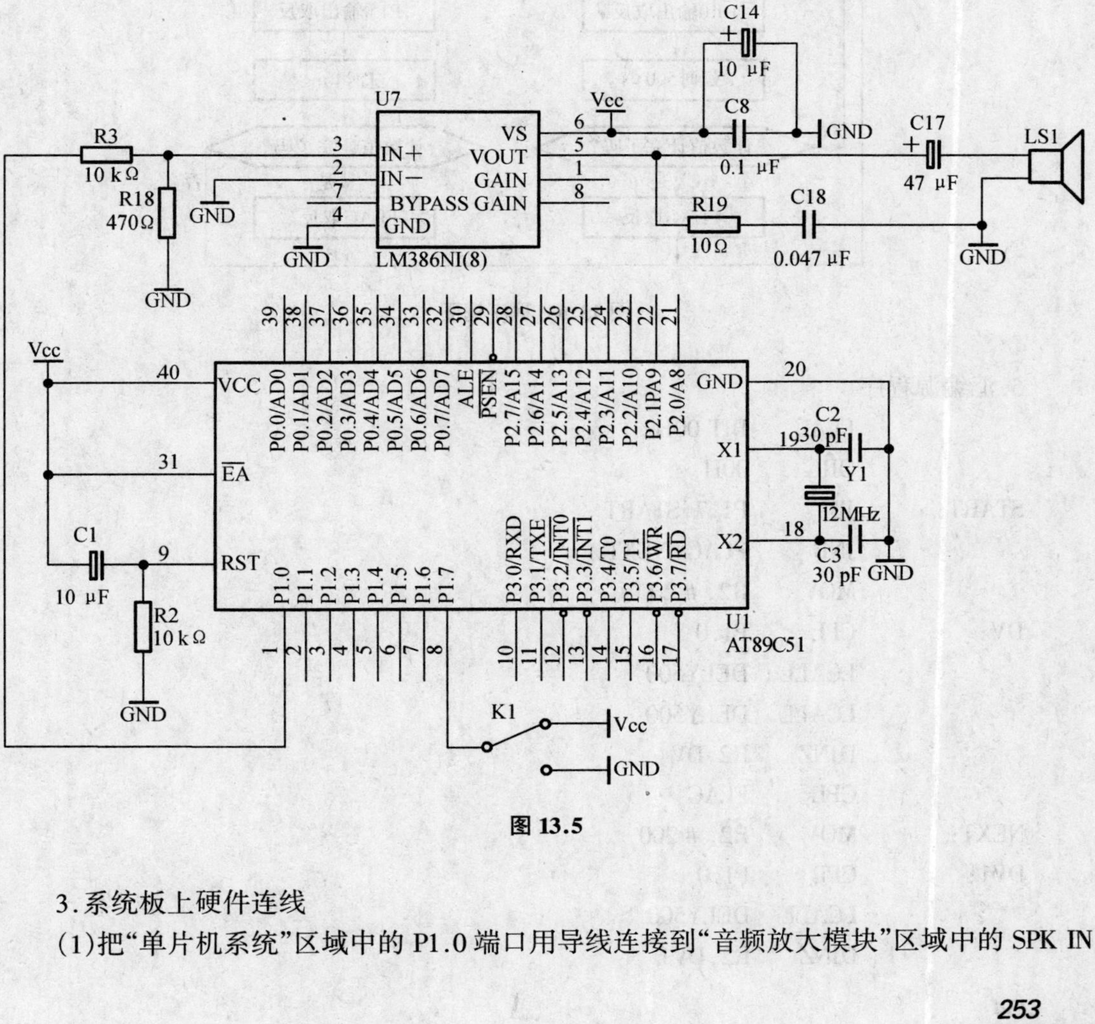

图 13.5

3.系统板上硬件连线

(1)把“单片机系统”区域中的 P1.0 端口用导线连接到“音频放大模块”区域中的 SPK IN

端口上；

(2)在“音频放大模块”区域中的SPK OUT端口上接上一个8 Ω的或者是16 Ω的喇叭；

(3)把“单片机系统”区域中的P1.7/$\overline{RD}$端口用导线连接到“四路拨动开关”区域中的K1端口上。

4.程序设计内容

500 Hz信号周期为2 ms,信号电平为每1 ms变反1次,1 kHz的信号周期为1 ms,信号电平每500 us变反1次；

5.程序框图(图13.6)

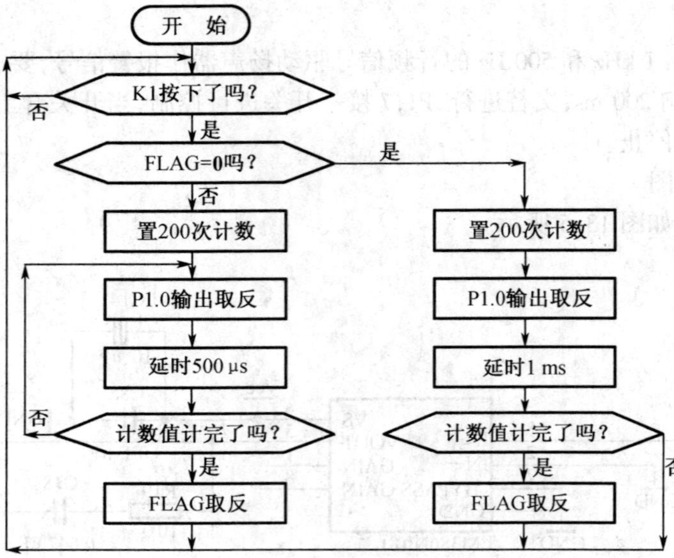


图13.6　程序框图

6.汇编源程序

```
            FLAG    BIT 00H
            ORG     00H
START:      JB      P1.7,START
            JNB     FLAG,NEXT
            MOV     R2,#200
DV:         CPL     P1.0
            LCALL   DELY500
            LCALL   DELY500
            DJNZ    R2,DV
            CPL     FLAG
NEXT:       MOV     R2,#200
DV1:        CPL     P1.0
            LCALL   DELY500
            DJNZ    R2,DV1
```

```
            CPL     FLAG
            SJMP    START
DELY500:    MOV     R7, #250
LOOP:       NOP
            DJNZ    R7,LOOP
            RET
            END
```

7.C语言源程序

```
#include <AT89X51.H>
#include <INTRINS.H>

bit flag;
unsigned char count;

void dely500(void)
{
unsigned char i;
for(i=250;i>0;i--)
{
_nop_();
}
}

void main(void)
{
while(1)
{
if(P1_7==0)
{
for(count=200;count>0;count--)
{
P1_0=~P1_0;
dely500();
}
for(count=200;count>0;count--)
{
P1_0=~P1_0;
dely500();
dely500();
}
```

```
    }
  }
}
```

## 13.4 I/O 并行口直接驱动 LED 显示

1.实验任务

如图 13.7 所示,利用 AT89C51 单片机的 P0 端口的 P0.0～P0.7 连接到一个共阴数码管的 a～h 的字段上,数码管的公共端接地。在数码管上循环显示 0～9 十个数字,时间间隔 0.2 秒。

2.电路原理图

硬件电路原理图如图 13.7 所示。

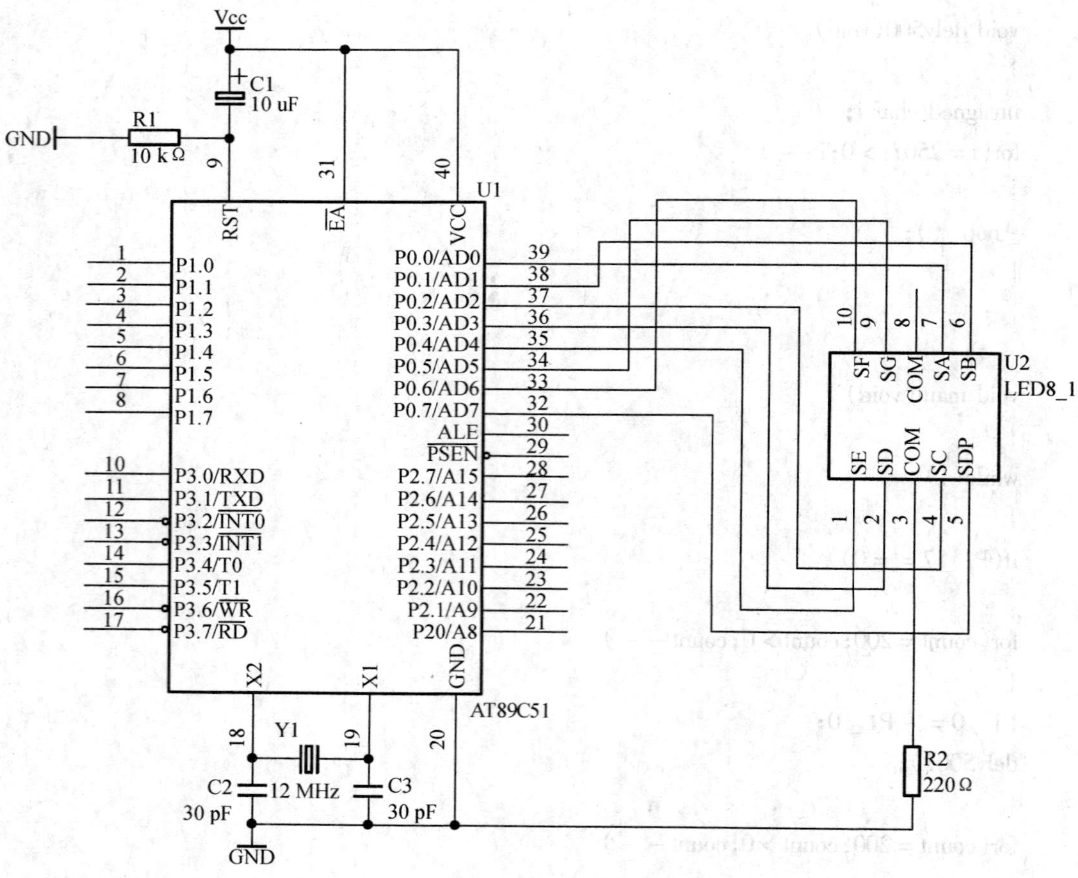

图 13.7 硬件电路图

3.系统板上硬件连线

把"单片机系统"区域中的 P0.0/AD0～P0.7/AD7 端口用 8 芯排线连接到"四路静态数码

显示模块"区域中的任一个数码管的 a ~ h 端口上。要求：P0.0/AD0 与 a 相连，P0.1/AD1 与 b 相连，P0.2/AD2 与 c 相连……P0.7/AD7 与 h 相连。

4.程序设计内容

(1)LED 数码显示原理

七段 LED 显示器内部由七个条形发光二极管和一个小圆点发光二极管组成，根据各管的极管的接线形式，可分成共阴极型和共阳极型。

LED 数码管的 g ~ a 七个发光二极管因加正电压而发亮，因加零电压而不发亮，不同亮暗的组合就能形成不同的字形，这种组合称为字形码，共阴极的字形码见表 13.1。

表 13.1

| | | | |
|---|---|---|---|
| "0" | 3FH | "8" | 7FH |
| "1" | 06H | "9" | 6FH |
| "2" | 5BH | "A" | 77H |
| "3" | 4FH | "b" | 7CH |
| "4" | 66H | "C" | 39H |
| "5" | 6DH | "d" | 5EH |
| "6" | 7DH | "E" | 79H |
| "7" | 07H | "F" | 71H |

(2)由于显示的数字 0 ~ 9 的字形码没有规律可循，只能采用查表的方式来完成我们所需的要求了。这样我们按着数字 0 ~ 9 的顺序，把每个数字的笔段代码按顺序排好 TABLE DB 3FH,06H,5BH,4FH,66H,6DH,7DH,07H,7FH,6FH。

5.程序框图(图 13.8)

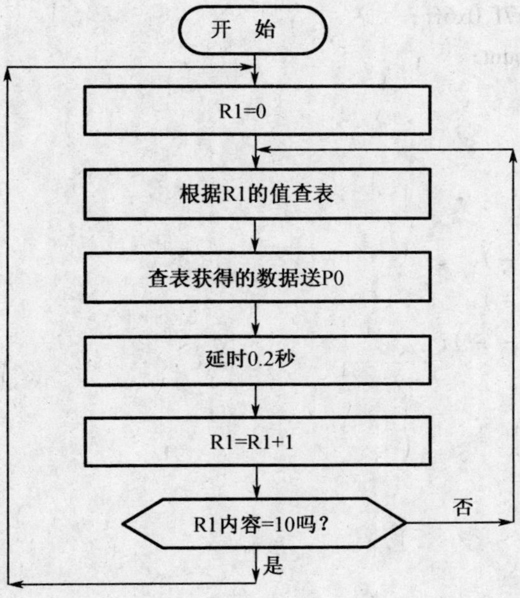


图 13.8

6.汇编源程序

```
        ORG     0
START:  MOV     R1, # 00H
NEXT:   MOV     A,R1
        MOV     DPTR, # TABLE
        MOVC    A,@A + DPTR
```

```
                MOV     P0,A
                LCALL   DELAY
                INC     R1
                CJNE    R1,#10,NEXT
                LJMP    START
DELAY:          MOV     R5,#20
D2:             MOV     R6,#20
D1:             MOV     R7,#248
                DJNZ    R7,$
                DJNZ    R6,D1
                DJNZ    R5,D2
                RET
                TABLE:  DB 3FH,06H,5BH,4FH,66H,6DH,7DH,07H,7FH,6FH
                END
```

7.C语言源程序

```
#include <AT89X51.H>
unsigned char code table[]={0x3f,0x06,0x5b,0x4f,0x66,
0x6d,0x7d,0x07,0x7f,0x6f};
unsigned char dispcount;

void delay02s(void)
{
unsigned char i,j,k;
for(i=20;i>0;i--)
for(j=20;j>0;j--)
for(k=248;k>0;k--);
}

void main(void)
{
while(1)
{
for(dispcount=0;dispcount<10;dispcount++)
{
P0=table[dispcount];
delay02s();
}
}
}
```

## 13.5　一键多功能按键识别技术

1.实验任务

如图 13.9 所示，开关 SP1 接在 P3.7 $\overline{RD}$管脚上，在 AT89C51 单片机的 P1 端口接有四个发光二极管，上电的时候 L1 接在 P1.0 管脚上的发光二极管闪烁，当每一次按下开关 SP1 的时候，L2 接在 P1.1 管脚上的发光二极管闪烁，再按下开关 SP1 的时候，L3 接在 P1.2 管脚上的发光二极管闪烁，再按下开关 SP1 的时候，L4 接在 P1.3 管脚上的发光二极管闪烁，再按下开关 SP1 的时候，又轮到 L1 闪烁了，如此轮流下去。

2.电路原理图

硬件电路原理图如图 13.9 所示。

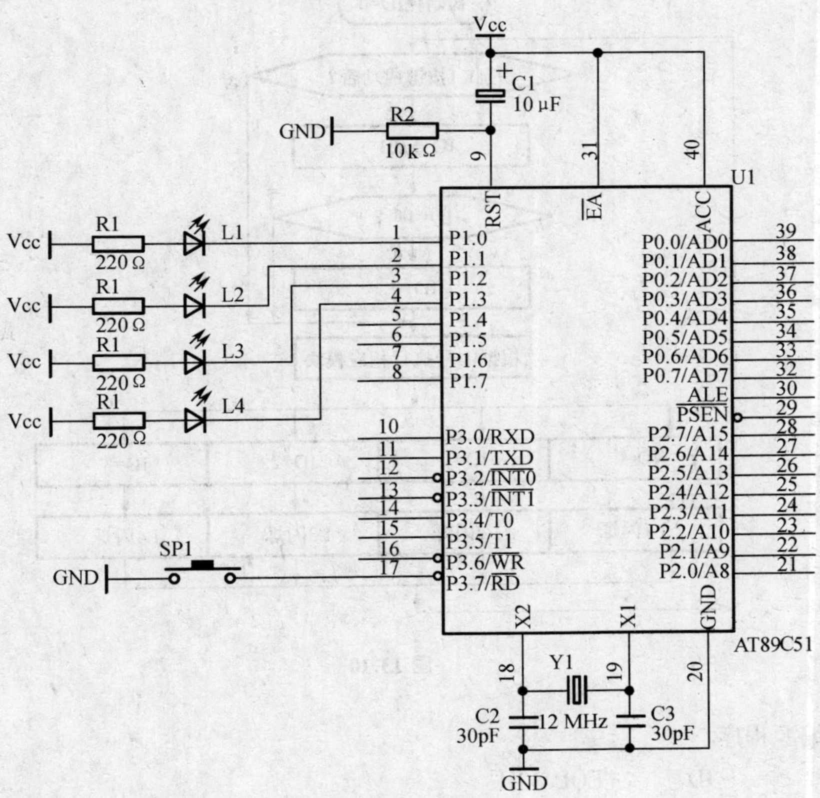


图 13.9

3.系统板上硬件连线

(1)把“单片机系统”区域中的 P3.7 $\overline{RD}$端口连接到“独立式键盘”区域中的 SP1 端口上；

(2)把“单片机系统”区域中的 P1.0～P1.4 端口用 8 芯排线连接到“八路发光二极管指示模块”区域中的“L1～L8”端口上；要求 P1.0 连接到 L1，P1.1 连接到 L2，P1.2 连接到 L3，P1.3 连接到 L4 上。

4.程序设计方法

(1)设计思想

在我们生活中,每个人有不同的名字,我们就容易通过名字认出人来。同样,要通过一个按键来识别不同的功能,我们给每个不同的功能模块不同的 ID 号标识,这样每按下一次按键,ID 的值是不相同的,所以单片机就很容易识别不同的功能。

(2)设计方法

从上面的要求我们可以看出,L1 到 L4 发光二极管在每个时刻的闪烁时间受开关 SP1 控制,我们给 L1 到 L4 闪烁的时段定义出不同的 ID 号。当 L1 闪烁时,ID = 0;当 L2 闪烁时,ID = 1;当 L3 闪烁时,ID = 2;当 L4 闪烁时,ID = 3。很显然,只要每次按下开关 K1 时,分别给出不同的 ID 号我们就能够完成上面的任务了。

5.程序框图(图 13.10)

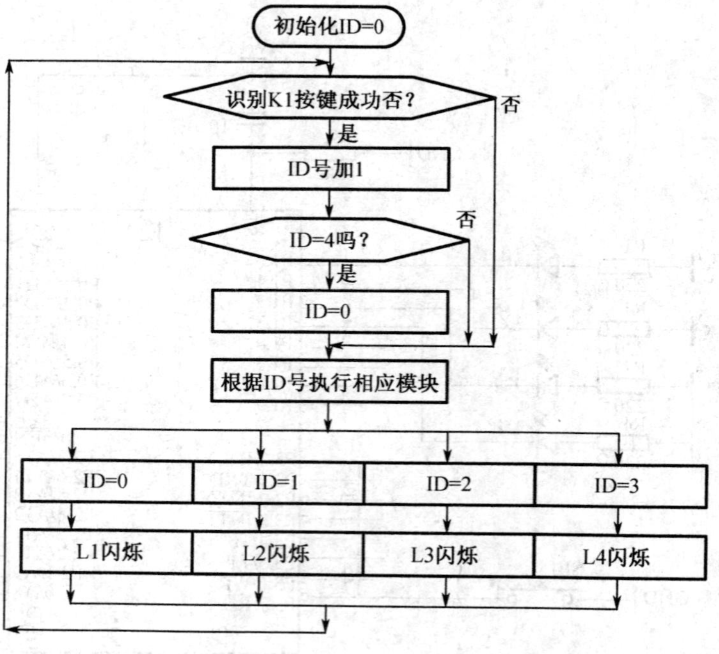


图 13.10

6.汇编源程序

```
        ID      EQU 30H
        SP1     BIT P3.7
        L1      BIT P1.0
        L2      BIT P1.1
        L3      BIT P1.2
        L4      BIT P1.3
        ORG     0
        MOV     ID, # 00H
START:  JB      K1,REL
```

```
            LCALL   DELAY10MS
            JB      K1,REL
            INC     ID
            MOV     A,ID
            CJNE    A,#04,REL
            MOV     ID,#00H
REL:        JNB     K1,$
            MOV     A,ID
            CJNE    A,#00H,IS0
            CPL     L1
            LCALL   DELAY
            SJMP    START
IS0:        CJNE    A,#01H,IS1
            CPL     L2
            LCALL   DELAY
            SJMP    START
IS1:        CJNE    A,#02H,IS2
            CPL     L3
            LCALL   DELAY
            SJMP    START
IS2:        CJNE    A,#03H,IS3
            CPL     L4
            LCALL   DELAY
            SJMP    START
IS3:        LJMP    START
DELAY10MS:  MOV     R6,#20
LOOP1:      MOV     R7,#248
            DJNZ    R7,$
            DJNZ    R6,LOOP1
            RET
DELAY:      MOV     R5,#20
LOOP2:      LCALL   DELAY10MS
            DJNZ    R5,LOOP2
RET
END
```

7.C语言源程序

```
#include <AT89X51.H>
unsigned char ID;
void delay10ms(void)
{
```

```
unsigned char i,j;
for(i=20;i>0;i--)
for(j=248;j>0;j--);
}

void delay02s(void)
{
unsigned char i;
for(i=20;i>0;i--)
{delay10ms();
}
}

void main(void)
{ while(1)
{ if(P3_7==0)
{delay10ms();
if(P3_7==0)
{
ID++;
if(ID==4)
{
ID=0;
}
while(P3_7==0);
}
}
switch(ID)
{ case 0:
P1_0=~P1_0;
delay02s();
break;
case 1:
P1_1=~P1_1;
delay02s();
break;
case 2:
P1_2=~P1_2;
delay02s();
break;
```

```
case 3:
P1_3 = ~P1_3;
delay02s();
break;
}
}
}
```

## 13.6 00~99计数器

1.实验任务

利用AT89C51单片机来制作一个手动计数器，在AT89C51单片机的P3.7管脚接一个轻触开关，作为手动计数的按钮，用单片机的P2.0~P2.7接一个共阴数码管，作为00~99计数的个位数显示，用单片机的P0.0~P0.7接一个共阴数码管，作为00~99计数的十位数显示。

2.电路原理图

电路原理图如图13.11所示。

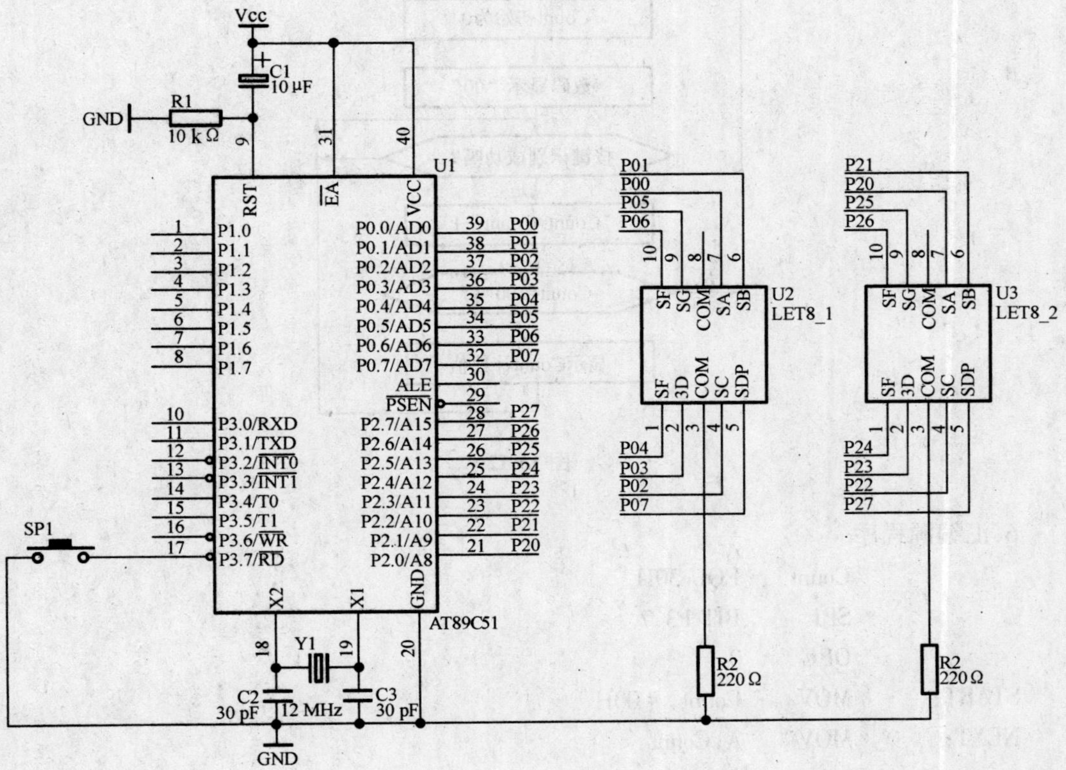

图13.11

3.系统板上硬件连线

(1)把"单片机系统"区域中的 P0.0/AD0～P0.7/AD7 端口用 8 芯排线连接到"四路静态数码显示模块"区域中的任一个 a～h 端口上;要求 P0.0/AD0 对应着 a,P0.1/AD1 对应着 b……P0.7/AD7 对应着 h。

(2)把"单片机系统"区域中的 P2.0/A8～P2.7/A15 端口用 8 芯排线连接到"四路静态数码显示模块"区域中的任一个数码管的 a～h 端口上。

(3)把"单片机系统"区域中的 P3.7/RD 端口用导线连接到"独立式键盘"区域中的 SP1 端口上。

4.程序设计内容

(1)单片机对按键的识别过程处理。

(2)单片机对正确识别的按键进行计数,计数满时,又从零开始计数。

(3)单片机对计的数值要进行数码显示,计得的数是十进数,含有十位和个位,我们要把十位和个位拆开分别送出这样的十位和个位数值到对应的数码管上显示。可以把所计得的数值对 10 求余,即得个位数字,对 10 整除,即可得到十位数字了。

(4)通过查表方式,分别显示出个位和十位数字。

5.程序框图(图 13.12)

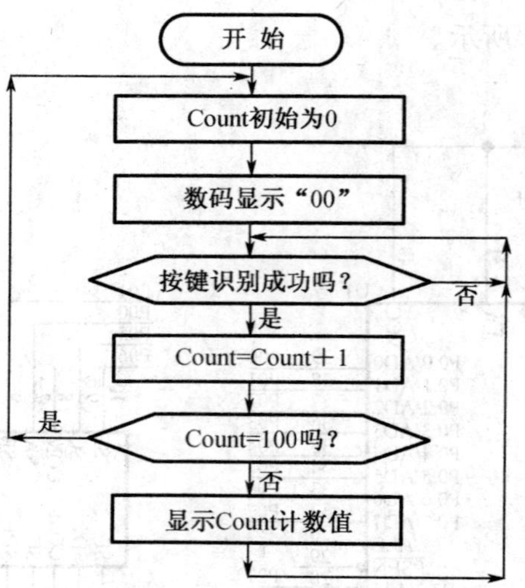


图 13.12

6.汇编源程序

```
         Count   EQU 30H
         SP1     BIT P3.7
         ORG     0
START:   MOV     Count, # 00H
NEXT:    MOV     A, Count
         MOV     B, # 10
         DIV     AB
```

```
          MOV     DPTR, # TABLE
          MOVC    A, @A + DPTR
          MOV     P0, A
          MOV     A, B
          MOVC    A, @A + DPTR
          MOV     P2, A
WT:       JNB     SP1, WT
WAIT:     JB      SP1, WAIT
          LCALL   DELY10MS
          JB      SP1, WAIT
          INC     Count
          MOV     A, Count
          CJNE    A, # 100, NEXT
          LJMP    START
DELY10MS: MOV     R6, # 20
D1:       MOV     R7, # 248
          DJNZ    R7, $
          DJNZ    R6, D1
          RET
TABLE:    DB      3FH,06H,5BH,4FH,66H,6DH,7DH,07H,7FH,6FH
          END
```

7.C语言源程序

```
# include < AT89X51.H >
unsigned char code table[ ] = {0x3f,0x06,0x5b,0x4f,0x66,
0x6d,0x7d,0x07,0x7f,0x6f};
unsigned char Count;

void delay10ms(void)
{
unsigned char i,j;
for(i = 20;i > 0;i -- )
for(j = 248;j > 0;j -- );
}

void main(void)
{
Count = 0;
P0 = table[Count/10];
P2 = table[Count%10];
while(1)
```

```
{
if(P3_7==0)
{
delay10ms();
if(P3_7==0)
{
Count++;
if(Count==100)
{
Count=0;
}
P0=table[Count/10];
P2=table[Count%10];
while(P3_7==0);
}
}
}
}
```

## 13.7 定时计数器T0作定时应用技术(一)

1.实验任务

用AT89C51单片机的定时/计数器T0产生1秒的定时时间,作为秒计数时间,当1秒产生时,秒计数加1,秒计数到60时,自动又从0开始。

2.电路原理图

硬件电路如图13.13所示。

3.系统板上硬件连线

(1)把"单片机系统"区域中的P0.0/AD0~P0.7/AD7端口用8芯排线连接到"四路静态数码显示模块"区域中的任一个a~h端口上;要求P0.0/AD0对应着a,P0.1/AD1对应着b……P0.7/AD7对应着h。

(2)把"单片机系统"区域中的P2.0/A8~P2.7/A15端口用8芯排线连接到"四路静态数码显示模块"区域中的任一个a~h端口上;要求P2.0/A8对应着a,P2.1/A9对应着b……P2.7/A15对应着h。

4.程序设计内容

AT89C51单片机的内部16位定时/计数器是一个可编程定时/计数器,它既可以工作在13位定时方式,也可以工作在16位定时方式和8位定时方式。只要通过设置特殊功能寄存器TMOD即可完成。定时/计数器何时工作也是通过软件设定TCON特殊功能寄存器来完成的。

若选择16位定时工作方式,对于T0来说,最大定时只有65 536 μs,即65.536 ms,无法达

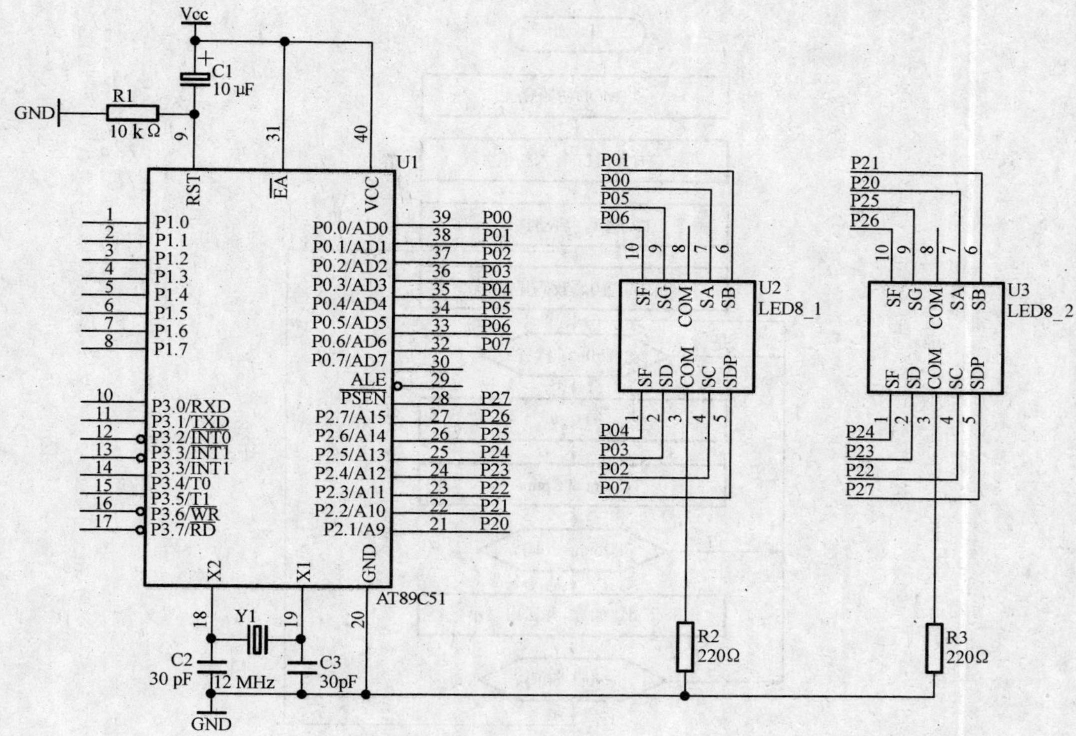

图 13.13

到所需要的 1 秒的定时，因此必须通过软件来处理这个问题。假设取 T0 的最大定时为 50 ms，即要定时 1 秒需要经过 20 次的 50 ms 的定时。对于这 20 次就可以采用软件的方法来统计了。

因此，设定 TMOD = **00000001**B，即 TMOD = 01H，要给 T0 定时/计数器的 TH0，TL0 装入预置初值，通过下面的公式可以计算出

$$TH0 = (2^{16} - 50000)/256$$

$$TL0 = (2^{16} - 50000) \quad MOD \quad 256$$

当 T0 在工作的时候，通过检测 TCON 特殊功能寄存器中的 TF0 标志位检测到 50 ms 的定时时间，如果 TF0 = **1**表示定时时间已到。

5. 程序框图（图 13.14）

6. 汇编源程序（查询法）

```
        SECOND  EQU 30H
        TCOUNT  EQU 31H
        ORG     00H
START:  MOV     SECOND, #00H
        MOV     TCOUNT, #00H
        MOV     TMOD, #01H
        MOV     TH0, #(65536 - 50000) / 256
```

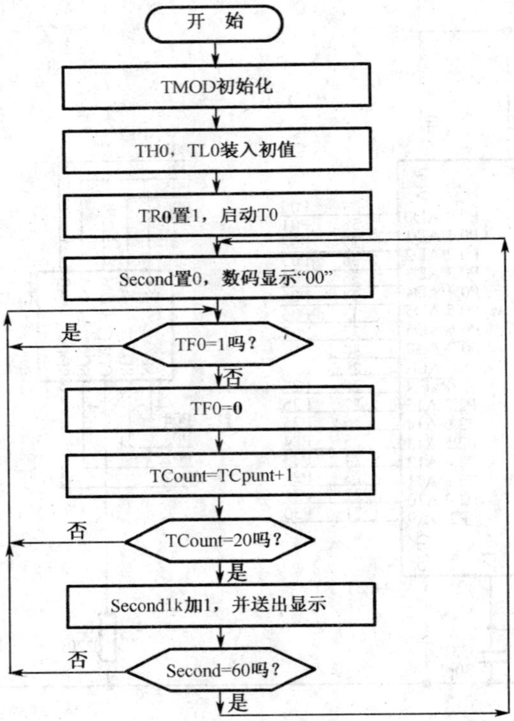


图 13.14

```
            MOV     TL0, #(65536 - 50000) MOD 256
            SETB    TR0
DISP:       MOV     A,SECOND
            MOV     B,#10
            DIV     AB
            MOV     DPTR,#TABLE
            MOVC    A,@A + DPTR
            MOV     P0,,A
            MOV     A,B
            MOVC    A,@A + DPTR
            MOV     P2,A
WAIT:       JNB     TF0,WAIT
            CLR     TF0
            MOV     TH0,#(65536 - 50000) /256
            MOV     TL0,#(65536 - 50000) MOD 256
            INC     TCOUNT
            MOV     A,TCOUNT
            CJNE    A,#20,NEXT
```

```
          MOV     TCOUNT, # 00H
          INC     SECOND
          MOV     A, SECOND
          CJNE    A, # 60, NEX
          MOV     SECOND, # 00H
          NEX:    LJMP DISP
          NEXT:   LJMP WAIT
TABLE:    DB      3FH,06H,5BH,4FH,66H,6DH,7DH,07H,7FH,6FH
          END
```

7.C语言源程序(查询法)

```
#include <AT89X51.H>

unsigned char code dispcode[] = {0x3f,0x06,0x5b,0x4f,
0x66,0x6d,0x7d,0x07,
0x7f,0x6f,0x77,0x7c,
0x39,0x5e,0x79,0x71,0x00};
unsigned char second;
unsigned char tcount;

void main(void)
{
TMOD = 0x01;
TH0 = (65536 - 50000)/256;
TL0 = (65536 - 50000)%256;
TR0 = 1;
tcount = 0;
second = 0;
P0 = dispcode[second/10];
P2 = dispcode[second%10];
while(1)
{
if(TF0 == 1)
{
tcount ++;
if(tcount == 20)
{
tcount = 0;
second ++;
if(second == 60)
{
```

```
second = 0;
}
P0 = dispcode[second/10];
P2 = dispcode[second%10];
}
TF0 = 0;
TH0 = (65536 - 50000)/256;
TL0 = (65536 - 50000)%256;
}
}
}
```

8.汇编源程序(中断法)

```
        SECOND  EQU 30H
        TCOUNT  EQU 31H
        ORG     00H
        LJMP    START
        ORG     0BH
        LJMP    INT0X
START:  MOV     SECOND, #00H
        MOV     A,SECOND
        MOV     B, #10
        DIV     AB
        MOV     DPTR, #TABLE
        MOVC    A,@A+DPTR
        MOV     P0,A
        MOV     A,B
        MOVC    A,@A+DPTR
        MOV     P2,A
        MOV     TCOUNT, #00H
        MOV     TMOD, #01H
        MOV     TH0, #(65536-50000) / 256
        MOV     TL0, #(65536-50000) MOD 256
        SETB    TR0
        SETB    ET0
        SETB    EA
        SJMP    $
INT0X:  MOV     TH0, #(65536-50000) / 256
        MOV     TL0, #(65536-50000) MOD 256
        INC     TCOUNT
        MOV     A,TCOUNT
```

```
        CJNE    A, # 20, NEXT
        MOV     TCOUNT, # 00H
        INC     SECOND
        MOV     A, SECOND
        CJNE    A, # 60, NEX
        MOV     SECOND, # 00H
NEX:    MOV     A, SECOND
        MOV     B, # 10
        DIV     AB
        MOV     DPTR, # TABLE
        MOVC    A, @A + DPTR
        MOV     P0, A
        MOV     A, B
        MOVC    A, @A + DPTR
        MOV     P2, A
NEXT:   RETI
TABLE:  DB      3FH,06H,5BH,4FH,66H,6DH,7DH,07H,7FH,6FH
        END
```

9. C 语言源程序(中断法)

```
# include <AT89X51.H>

unsigned char code dispcode[] = {0x3f,0x06,0x5b,0x4f,
0x66,0x6d,0x7d,0x07,
0x7f,0x6f,0x77,0x7c,
0x39,0x5e,0x79,0x71,0x00};
unsigned char second;
unsigned char tcount;
void main(void)
{
TMOD = 0x01;
TH0 = (65536 - 50000)/256;
TL0 = (65536 - 50000)%256;
TR0 = 1;
ET0 = 1;
EA = 1;
tcount = 0;
second = 0;
P0 = dispcode[second/10];
P2 = dispcode[second%10];
```

```
while(1);
}

void t0(void) interrupt 1 using 0
{
tcount++;
if(tcount==20)
{
tcount=0;
second++;
if(second==60)
{
second=0;
}
P0=dispcode[second/10];
P2=dispcode[second%10];
}
TH0=(65536-50000)/256;
TL0=(65536-50000)%256;
}
```

## 13.8 定时计数器 T0 作定时应用技术(二)

1.实验任务

用 AT89C51 的定时/计数器 T0 产生 2 秒钟的定时,每当 2 秒定时到来时,更换指示灯闪烁,每个指示灯闪烁的频率为 0.2 秒,也就是说,开始 L1 指示灯以 0.2 秒的速率闪烁,当 2 秒定时到来之后,L2 开始以 0.2 秒的速率闪烁,如此循环下去。0.2 秒的闪烁速率也由定时/计数器 T0 来完成。

2.电路原理图(图 13.15)

3.系统板硬件连线

把"单片机系统"区域中的 P1.0 ~ P1.3 用导线连接到"八路发光二极管指示模块"区域中的 L1 ~ L4 上。

4.程序设计内容

(1)由于采用中断方式来完成,因此对于中断源必须知道它的中断入口地址,对于定时/计数器 T0 来说,中断入口地址为 000BH,因此在中断入口处加入长跳转指令来执行中断服务程序。书写汇编源程序格式如下:

```
ORG     00H
LJMP    START
ORG     0BH                     ;定时/计数器 T0 中断入口地址
```

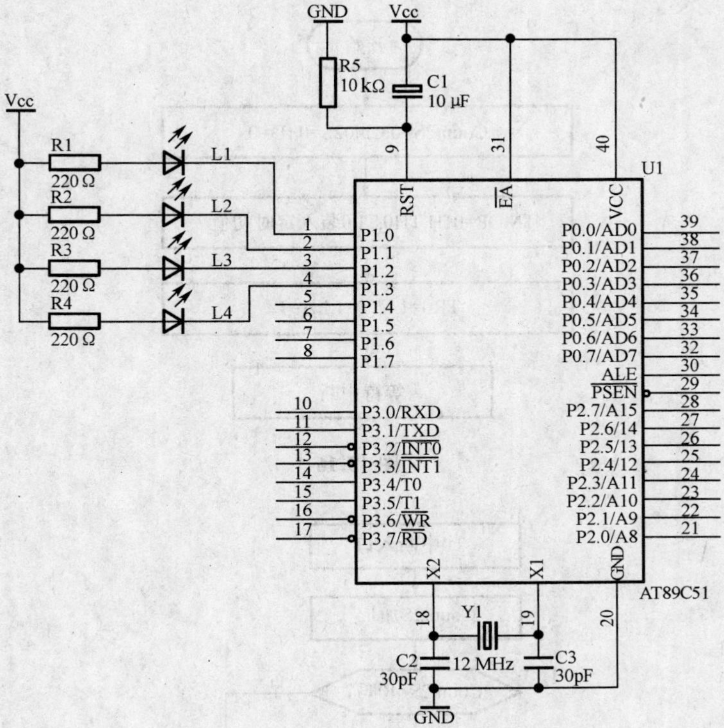


图 13.15

```
          LJMP      INT_T0
START:    NOP                          ;主程序开始
  ⋮
INT_T0:   PUSH ACC                     ;定时/计数器 T0 中断服务程序
          PUSH      PSW
  ⋮
          POP       PSW
          POP       ACC
          RETI                         ;中断服务程序返回
          END
```

(2)定时 2 秒,采用 16 位定时 50 ms,共定时 40 次才可达到 2 秒,每 50 ms 产生一中断,定时的 40 次数在中断服务程序中完成,同样需要 4 次才可达到 0.2 秒。对于中断程序,在主程序中要开中断。

(3)由于每次 2 秒定时到时,L1 ~ L4 要交替闪烁,采用 ID 号来识别。当 ID = 0 时,L1 闪烁;当 ID = 1 时,L2 闪烁;当 ID = 2 时,L3 闪烁;当 ID = 3 时,L4 闪烁。

5.程序框图

T0 中断服务程序框图如图 13.16 所示。主程序框图如图 13.17 所示。

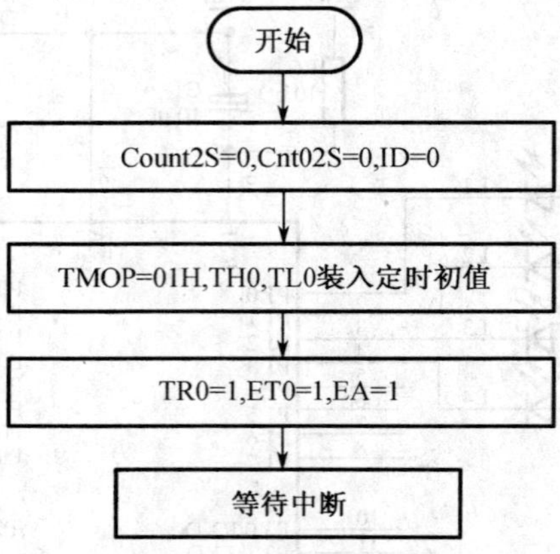
开始
Count2S=0,Cnt02S=0,ID=0
TMOP=01H,TH0,TL0装入定时初值
TR0=1,ET0=1,EA=1
等待中断

图 13.16

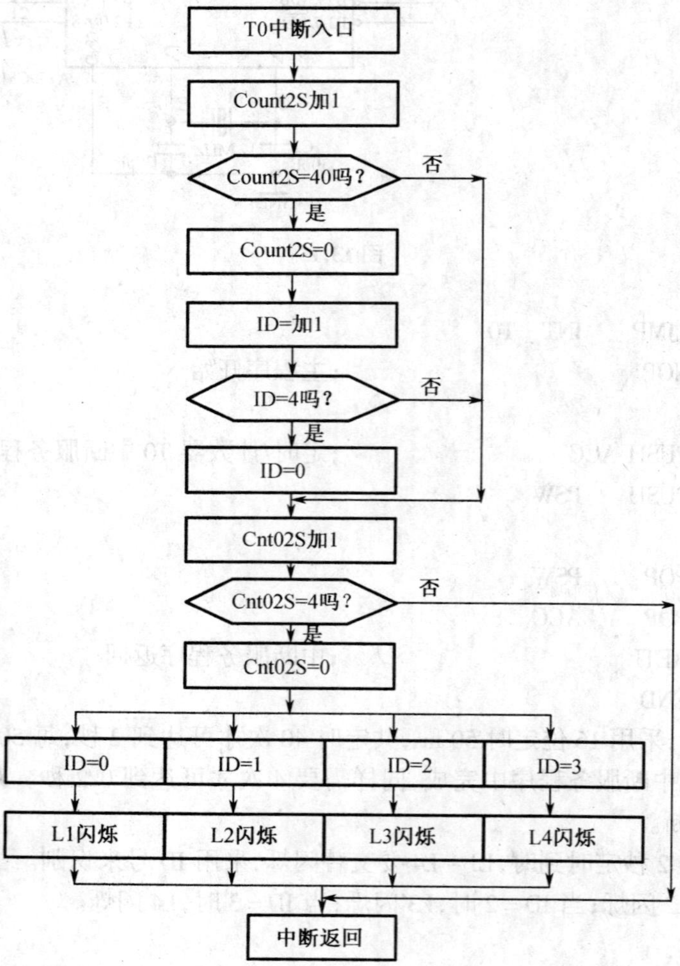
T0中断入口
Count2S加1
Count2S=40吗?
否
是
Count2S=0
ID=加1
ID=4吗?
否
是
ID=0
Cnt02S加1
Cnt02S=4吗?
否
是
Cnt02S=0
ID=0
ID=1
ID=2
ID=3
L1闪烁
L2闪烁
L3闪烁
L4闪烁
中断返回

图 13.17

6.汇编源程序

```
         TCOUNT2S  EQU 30H
         TCNT02S   EQU 31H
         ID        EQU 32H
         ORG       00H
         LJMP      START
         ORG       0BH
         LJMP      INT_T0
START:   MOV       TCOUNT2S,#00H
         MOV       TCNT02S,#00H
         MOV       ID,#00H
         MOV       TMOD,#01H
         MOV       TH0,#(65536-50000)/256
         MOV       TL0,#(65536-50000) MOD 256
         SETB      TR0
         SETB      ET0
         SETB      EA
         SJMP      $
INT_T0:  MOV       TH0,#(65536-50000)/256
         MOV       TL0,#(65536-50000) MOD 256
         INC       TCOUNT2S
         MOV       A,TCOUNT2S
         CJNE      A,#40,NEXT
         MOV       TCOUNT2S,#00H
         INC       ID
         MOV       A,ID
         CJNE      A,#04H,NEXT
         MOV       ID,#00H
NEXT:    INC       TCNT02S
         MOV       A,TCNT02S
         CJNE      A,#4,DONE
         MOV       TCNT02S,#00H
         MOV       A,ID
         CJNE      A,#00H,SID1
         CPL       P1.0
         SJMP      DONE
SID1:    CJNE      A,#01H,SID2
         CPL       P1.1
         SJMP      DONE
SID2:    CJNE      A,#02H,SID3
```

```
        CPL     P1.2
        SJMP    DONE
SID3:   CJNE    A,#03H,SID4
        CPL     P1.3
SID4:   SJMP    DONE
DONE:   RETI
        END
```

## 13.9 数 字 钟

1.实验任务

(1)开机时,显示 12:00:00,开始计时;

(2)P0.0/AD0 控制“秒”的调整,每按一次加 1 秒;

(3)P0.1/AD1 控制“分”的调整,每按一次加 1 分;

(4)P0.2/AD2 控制“时”的调整,每按一次加 1 个小时。

2.电路原理图

硬件电路原理图如图 13.18 所示。

3.系统板上硬件连线

(1)把“单片机系统”区域中的 P1.0 ~ P1.7 端口用 8 芯排线连接到“动态数码显示”区域中的 a ~ h 端口上;

(2)把“单片机系统”区域中的 P3.0 ~ P3.7 端口用 8 芯排线连接到“动态数码显示”区域中的 S1 ~ S8 端口上;

(3)把“单片机系统”区域中的 P0.0/AD0,P0.1/AD1,P0.2/AD2 端口分别用导线连接到“独立式键盘”区域中的 SP1,SP2,SP3 端口上;

4.相关基本知识

(1)动态数码显示的方法

(2)独立式按键识别过程

(3)“时”,“分”,“秒”数据送出显示处理方法

5.程序框图

程序框图如图 13.19 所示。

6.程序(略)

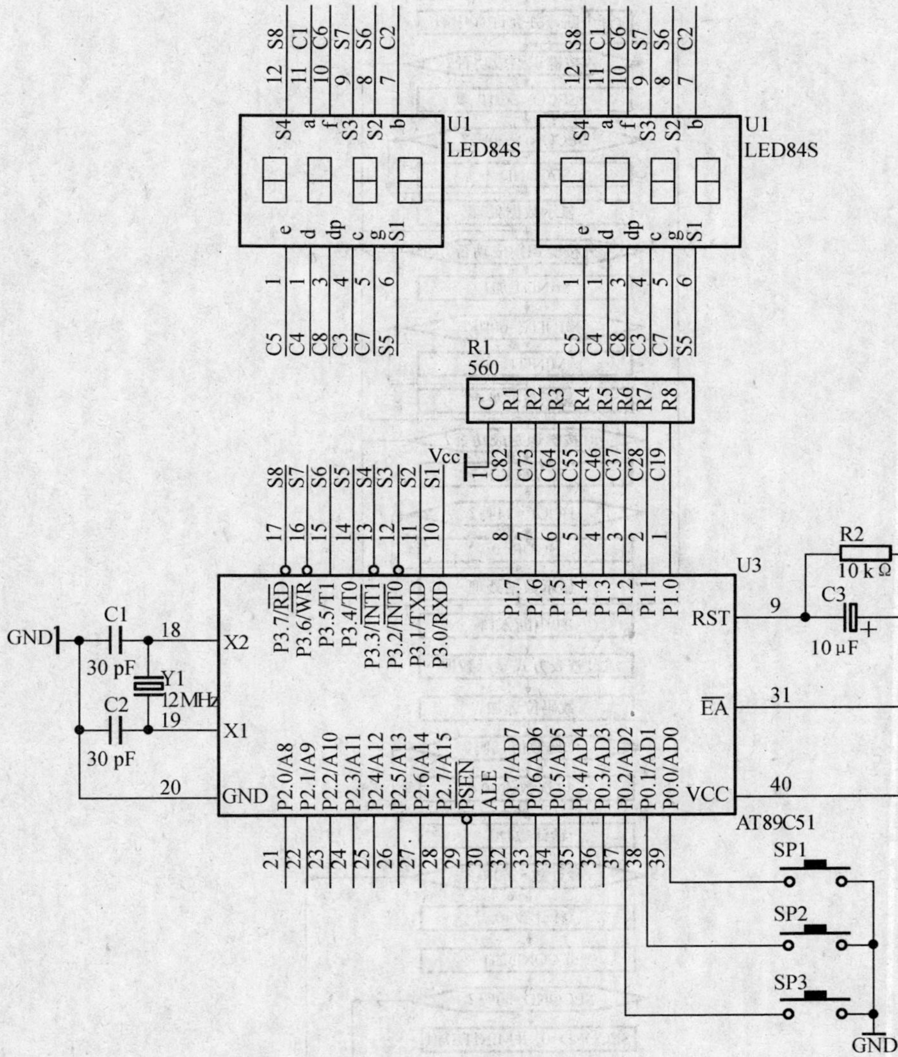

图 13.18

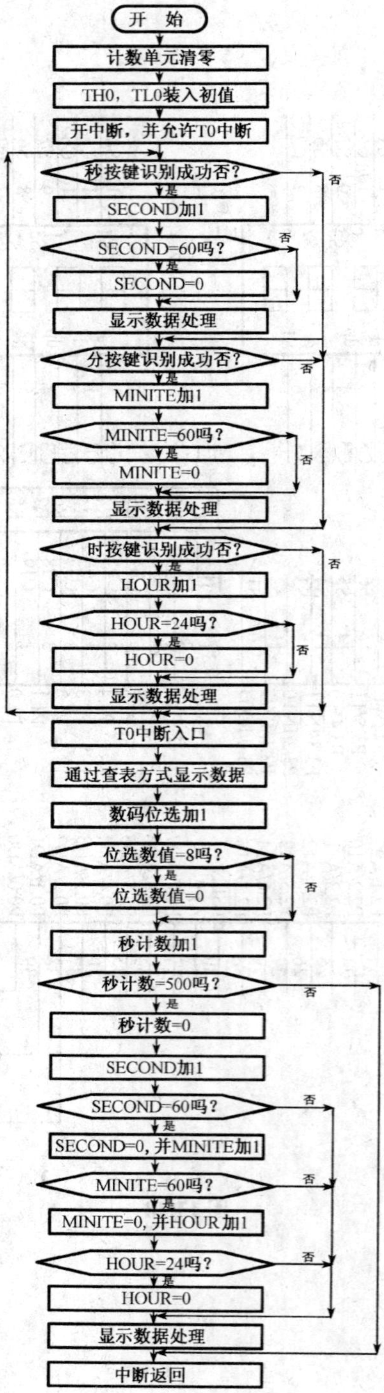
开 始
计数单元清零
TH0，TL0装入初值
开中断，并允许T0中断
秒按键识别成功否？
是
否
SECOND加1
SECOND=60吗？
SECOND=0
显示数据处理
分按键识别成功否？
MINITE加1
MINITE=60吗？
MINITE=0
显示数据处理
时按键识别成功否？
HOUR加1
HOUR=24吗？
HOUR=0
显示数据处理
T0中断入口
通过查表方式显示数据
数码位选加1
位选数值=8吗？
位选数值=0
秒计数加1
秒计数=500吗？
秒计数=0
SECOND加1
SECOND=60吗？
SECOND=0，并MINITE加1
MINITE=60吗？
MINITE=0，并HOUR加1
HOUR=24吗？
HOUR=0
显示数据处理
中断返回

图 13.19

## 13.10 数字电压表

1.实验任务

利用单片机 AT89C51 与 ADC0809 设计一个数字电压表,能够测量 0 ~ 5 V 之间的直流电压值,四位数码显示,但要求使用的元器件数目最少。

2.电路原理图

电路原理图如图 13.20 所示。

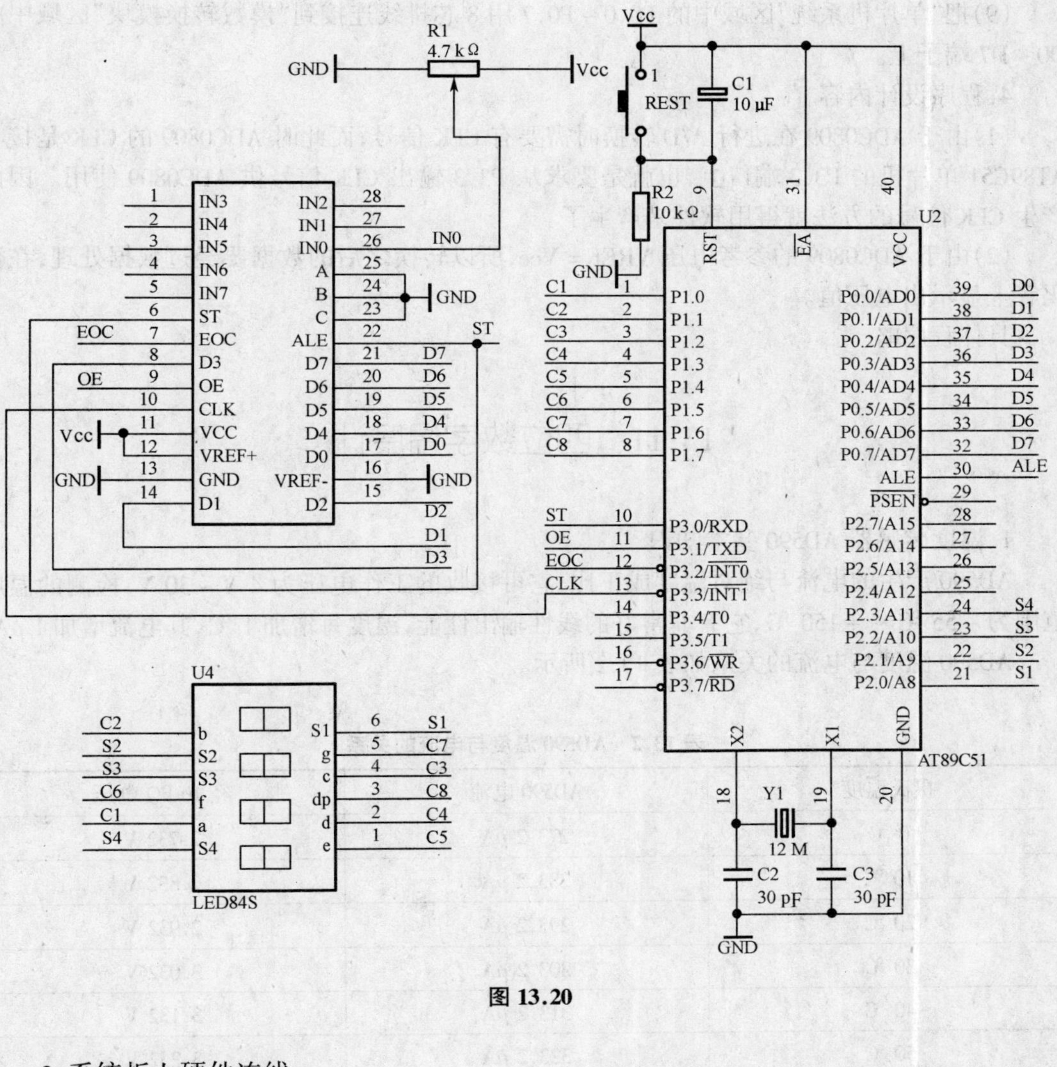


图 13.20

3.系统板上硬件连线

(1)把“单片机系统”区域中的 P1.0 ~ P1.7 与“动态数码显示”区域中的 a ~ h 端口用 8 芯排线连接。

(2)把“单片机系统”区域中的 P2.0 ~ P2.7 与“动态数码显示”区域中的 S1 ~ S8 端口用 8

芯排线连接。

(3)把“单片机系统”区域中的P3.0与“模数转换模块”区域中的ST端子用导线相连接。

(4)把“单片机系统”区域中的P3.1与“模数转换模块”区域中的OE端子用导线相连接。

(5)把“单片机系统”区域中的P3.2与“模数转换模块”区域中的EOC端子用导线相连接。

(6)把“单片机系统”区域中的P3.3与“模数转换模块”区域中的CLK端子用导线相连接。

(7)把“模数转换模块”区域中的A2A1A0端子用导线连接到“电源模块”区域中的GND端子上。

(8)把“模数转换模块”区域中的IN0端子用导线连接到“三路可调电压模块”区域中的VR1端子上。

(9)把“单片机系统”区域中的P0.0~P0.7用8芯排线连接到“模数转换模块”区域中的D0~D7端子上。

4.程序设计内容

(1)由于ADC0809在进行A/D转换时需要有CLK信号,而此时ADC0809的CLK是接在AT89C51单片机的P3.3端口上,也就是要求从P3.3输出CLK信号供ADC0809使用。因此产生CLK信号的方法就得用软件来产生了。

(2)由于ADC0809的参考电压VREF=Vcc,所以转换之后的数据要经过数据处理,在数码管上显示出电压值。

具体程序略。

## 13.11 四位数字温度计

1.温度传感器AD590基本知识

AD590产生的电流与绝对温度成正比,它可接收的工作电压为4 V~30 V,检测的温度范围为-55 ℃~+150 ℃,它有非常好的线性输出性能,温度每增加1 ℃,其电流增加1 μA。

AD590温度与电流的关系如表13.2所示。

**表13.2 AD590温度与电流的关系**

| 摄氏温度 | AD590电流 | 经10 kΩ电压 |
|---|---|---|
| 0 ℃ | 273.2 μA | 2.732 V |
| 10 ℃ | 283.2 μA | 2.832 V |
| 20 ℃ | 293.2 μA | 2.932 V |
| 30 ℃ | 303.2 μA | 3.032 V |
| 40 ℃ | 313.2 μA | 3.132 V |
| 50 ℃ | 323.2 μA | 3.232 V |
| 60 ℃ | 333.2 μA | 3.332 V |
| 100 ℃ | 373.2 μA | 3.732 V |

2.实验任务

利用AD590温度传感器完成温度的测量,把转换的温度值的模拟量送入ADC0809的其中一个通道进行A/D转换,将转换的结果进行温度值变换后送入数码管显示。

3.电路原理图

电路原理图如图13.21所示。

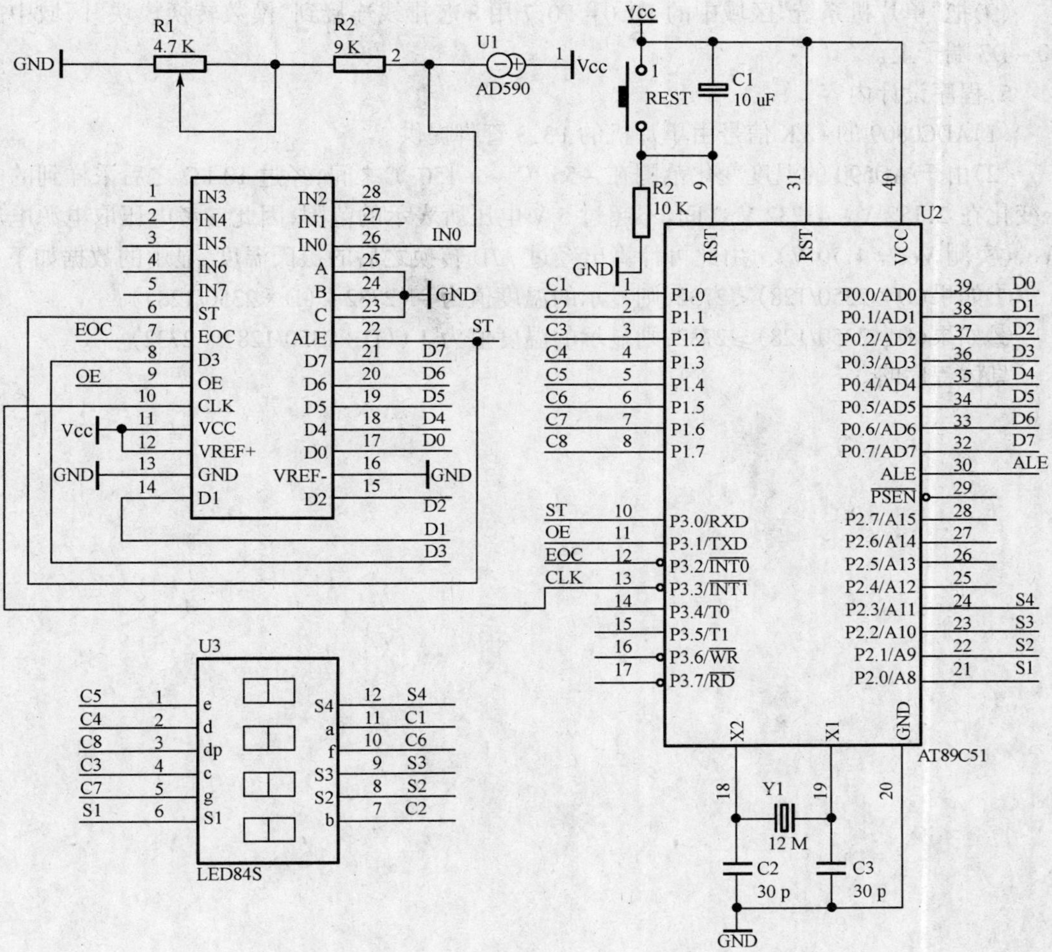

图 13.21

4.系统板上硬件连线

(1)把"单片机系统"区域中的P1.0~P1.7与"动态数码显示"区域中的a~h端口用8芯排线连接。

(2)把"单片机系统"区域中的P2.0~P2.7与"动态数码显示"区域中的S1~S8端口用8芯排线连接。

(3)把"单片机系统"区域中的P3.0与"模数转换模块"区域中的ST端子用导线相连接。

(4)把"单片机系统"区域中的P3.1与"模数转换模块"区域中的OE端子用导线相连接。

(5)把"单片机系统"区域中的P3.2与"模数转换模块"区域中的EOC端子用导线相

连接。

(6)把“单片机系统”区域中的 P3.3 与“模数转换模块”区域中的 CLK 端子用导线相连接。

(7)把“模数转换模块”区域中的 A2A1A0 端子用导线连接到“电源模块”区域中的 GND 端子上。

(8)把“模数转换模块”区域中的 IN0 端子用导线连接到自制的 AD590 电路上。

(9)把“单片机系统”区域中的 P0.0 – P0.7 用 8 芯排线连接到“模数转换模块”区域中的 D0 ~ D7 端子上。

5.程序设计内容

(1)ADC0809 的 CLK 信号由单片机的 P3.3 管脚提供。

(2)由于 AD590 的温度变化范围在 – 55 ℃ ~ + 150 ℃之间,经过 10 kΩ 之后采样到的电压变化在 2.182 V ~ 4.232 V 之间,不超过 5 V 电压所表示的范围,因此参考电压取电源电压 Vcc,(实测 Vcc = 4.70 V)。由此可计算出经过 A/D 转换之后的摄氏温度,显示的数据如下:

①如果(D * 2350/128) < 2732,则显示的温度值为 – (2732 – (D * 2350/128));

②如果(D * 2350/128) ≥ 2732,则显示的温度值为 + ((D * 2350/128) – 2732)。

具体程序略。

# 参考文献

[1] 何立民.单片机应用技术选编[M].北京:北京航空航天大学出版社,2000.
[2] 张慰兮.微型计算机原理、接口及应用[M].南京:南京大学出版社,1999.
[3] 房小翠,王金凤.单片机实用系统设计技术[M].北京:北京航空航天大学出版社,1999.
[4] 李朝青.单片机原理及接口技术[M].北京:北京航空航天大学出版社,1999.
[5] 朱宇光.单片机应用新技术教程[M].北京:电子工业出版社,2000.
[6] 张淑清,姜万录等.单片微型计算机接口技术及其应用[M].北京:国防工业出版社,2001.
[7] 杨忠煌,黄博俊,李文昌.单芯片 8051 实务与应用[M].北京:中国水利水电出版社,2001.
[8] 曹琳梨,曹巧媛.单片机原理及接口技术[M].长沙:国防科技大学出版社,2000.
[9] 徐仁贵,廖哲智.单片微型计算机应用技术[M].北京:机械工业出版社,2001.
[10] 肖洪兵,胡辉,郭速学.跟我学用单片机[M].北京:北京航空航天大学出版社,2002.
[11] 胡汉才.单片机原理及系统设计[M].北京:清华大学出版社,2002.
[12] 闫玉德,俞虹.MCS-51 单片机原理与应用(C 语言版)[M].北京:机械工业出版社,2003.
[13] 徐煜明,韩雁.单片机原理及应用教程[M].北京:电子工业出版社,2003.
[14] 陆子明,徐长根.单片机设计与应用基础教程[M].北京:国防工业出版社,2005.
[15] 张毅刚,彭喜源.单片机原理及接口技术[M].北京:人民邮电出版社,2008.
[16] 张洪润,孙悦.单片机原理及应用[M].北京:清华大学出版社,2008.
[17] 周明德.单片机原理与技术[M].北京:人民邮电出版社,2008.
[18] 吴金戌等.8051 单片机实践与应用[M].北京:清华大学出版社,2002.
[19] 李建忠.单片机原理及应用[M].西安:西安电子科技大学出版社,2002 年.
[20] 沈红卫.单片机应用系统设计实例与分析[M].北京:北京航空航天大学出版社,2003.